U0281633

中 国 植 物 园 图 鉴 系 列

华南植物园导赏图鉴

徐晔春 龚理 杨凤玺 著

重庆大学出版社

图书在版编目(CIP)数据

华南植物园导赏图鉴 / 徐晔春，龚理，杨凤玺著
.--重庆：重庆大学出版社，2020.9
（好奇心书系.中国植物园图鉴系列）
ISBN 978-7-5689-2219-7

I.①华… II.①徐… ②龚… ③杨… III.①植物园—植物—广州—图集 IV.①Q9 48.526.51-64

中国版本图书馆CIP数据核字(2020)第119038号

好奇心书系
中国植物园图鉴系列

华南植物园导赏图鉴
HUANAN ZHIWUYUAN DAOSHANG TUJIAN

徐晔春　龚　理　杨凤玺　著
策划编辑：梁　涛
策　　划：鹿角文化工作室
责任编辑：梁　涛　　版式设计：周　娟　刘　玲
责任校对：邹　忌　　责任印刷：赵　晟

*

重庆大学出版社出版发行
出版人：饶帮华
社址：重庆市沙坪坝区大学城西路21号
邮编：401331
电话：(023) 88617190　88617185（中小学）
传真：(023) 88617186　88617166
网址：http://www.cqup.com.cn
邮箱：fxk@cqup.com.cn（营销中心）
全国新华书店经销
天津图文方嘉印刷有限公司印刷

*

开本：787mm ×1092mm　1/16　印张：42.25　字数：1462千
2020年9月第1版　2020年9月第1次印刷
印数：1—5 000
ISBN 978-7-5689-2219-7　定价：298.00元

前　言

中国科学院华南植物园前身为国立中山大学农林植物研究所，由著名植物学家陈焕镛院士创建于1929年，1954年改隶中国科学院，同时易名为中国科学院华南植物研究所，2003年10月更名为中国科学院华南植物园。华南植物园地处南亚热带，是世界上同纬度地区最大的南亚热带植物园，位于广东省广州市天河区兴科路723号。华南植物园的植物迁地保护园区及对外开放园区占地4 237亩，有38个专类园区，迁地保育植物17 560个分类群，是国家AAAA级旅游景区。

华南植物园观赏植物繁多，一年四季花开不断，春花之娇艳，夏花之绚烂，秋花之静美，冬花之俏丽，不同时节均可观赏心仪之花。随着社交网络的日渐发达，华南植物园的许多植物得到快速传播，因此也让一批有特色的植物成为花友们追捧的“网红植物”，如形似麻雀的白花油麻藤与大果油麻藤、松石绿色的翡翠葛、花色迷人的须弥葛、国内罕见的木本马兜铃、花色近黑色的异叶三宝木、美若天仙的天女花、花期可遇不可求的翅茎西番莲等。

随着植物爱好者群体越来越壮大，植物爱好者们对植物知识的需求也日益增加，植物园挂牌的信息难以满足他们的需求，而当下又尚缺更加全面的资料，为能更好地帮助广大植物爱好者们了解植物园内植物，我们将多年来在植物园记录到的部分植物整理成册，同时也希望起到抛砖引玉的作用。

本书按植物园的专类园区进行介绍，主要有温室群景区，藤本园，生物园，澳洲植物园及能源植物园，姜园，兰园及药用植物园，水生植物园及新石器时期遗址，苏铁园及裸子植物区，凤梨园，木兰园，山茶园及杜鹃园，木本花卉区、经济植物区及稀树草坪，棕榈园及孑遗植物区，蕨园，园林树木区及中心大草坪，其他园区。此外，为了节约本书篇幅，我们将收录植物种类较少的几个园区归并到其他园区中作统一介绍，这些区主要有彩叶植物区、露兜园、樟科植物区、紫金牛科植物区、城市景观区、檀香园及部分园路等。

由于植物园引种的植物种类繁多，国外引种的植物亦不在少数，其中有部分植物没有中文名，少量由我们自行拟名，因此中文名可能是首次在印刷物中出现。在拟名过程中，有些根据拉丁学名翻译而来，如柳叶火轮树 *Stenocarpus salignus*，种加词 salignus 表示叶片似柳叶，故拟此名；有些是根据形态拟的名，如鸭掌西番莲，因其叶形似鸭掌而拟。此外，部分植物也采用了某些专业网站上新拟的名称，如中国自然标本馆（CFH）和中国植物图像库（PPBC）。

在植物鉴定过程中，我们也更正了一些挂牌错误或者网上流传错误。如西番莲科的毒腺蔓 *Adenia venenata*，长期以来被误认为是幻蝶蔓 *A. glauca*；稀树草坪上的树头菜常被鉴定为台湾鱼木；小苞黄脉爵床 *Sanchezia parvibracteata* 是一种常见的园林植物，却一直被误认为是黄脉爵床 *S. speciosa*；以及由于历史原因，全世界都认错的红花西番莲 *Passiflora miniata*，这个种在园艺上广泛应用，但一直都被误认为是 *P. coccinea*，直至 2006 年才被重新发表为新种。此外，还有一些被当成原种的品种，本书也做了更正。需特别说明的是，本书所鉴定的植物名称也仅为一家之言，若有不同意见，则当以权威文献资料为准。

本书蕨类植物采用 PPG I 分类系统，裸子植物采用多识裸子植物系统，被子植物采用 APG IV 分类系统。为方便熟悉《中国植物志》的读者查阅，本书将恩格勒被子植物分类系统（Engler system）作为辅助系统，并加括号附于后以示区别。为了方便普通爱好者快速查阅，科下各属按照中文名拼音首字母顺序排列，属下等级则按照拉丁字母顺序排列。

本书共收录 157 科（142 科）573 属 1 012 种（含品种）有较高观赏价值的植物，共精选了 2 700 张高清图片，其中蕨类植物 10 科（11 科）13 属 15 种，裸子植物 6

科（6 科）12 属 22 种，被子植物 141 科（125 科）548 属 975 种（含种下等级及栽培品种，下同）。每种植物附有中文名、拉丁学名、科属、别名、简介、产地及观赏地点等信息，便于读者了解植物相关知识。

本书在编写过程中得到了众多花友的帮助，包括提供花讯、植物分布点、植物鉴定、植物考证以及植物拟名等，在此对他们表示由衷的感谢，他们是（排名不分先后）@ 土豆的核桃、@ 小铖明明不存在、@ 菁菁、@ 米宝、@Emily 的花时间、@ 汪远 VK、@ 版纳花轮君等。此外，还要特别感谢华南植物园植物交流群全体成员。

由于编者时间与能力所限，本书难免有错漏之处，敬请广大读者批评批正。

编　者

2020 年 6 月 20 日

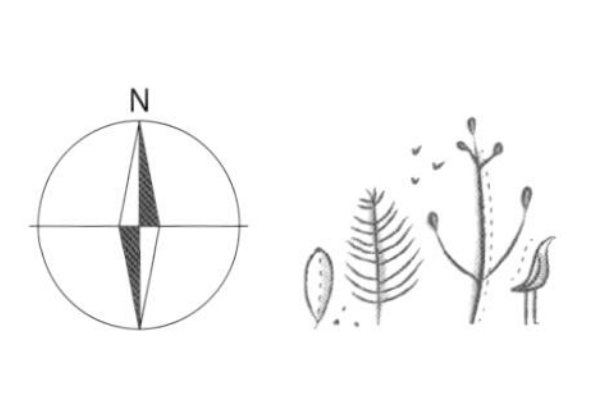

华南植物园导览图

往市区
天源路
植物园
莱王椰路
经济
木本花
稀树草坪
景观园路
温室群
杜鹃园
山茶园
山茶路
杜鹃园
百果园
城市景观园
岭南郊野观花区
澳洲植物园
青山路
百草园
停车场
檀香园
澳洲园路
植物园西门
兴科路
能源植物园
能源园路

蒲岗路
蒲岗桥
蒲岗自然教育径
细叶榕路
子遗植物区
凤梨园
面条树路
南药路
蕨园
药用植物园
华南快速
细叶榕路
分类区
长叶竹柏路
文昌桥
蒲葵路
中心大草坪
兰园
彩虹桥
园林树木区
裸子植物区
人面子路
苏铁园
三拱桥
度假村路
引种保育中心
（非开放区）
濒危园路
凤凰大道
望瀑桥
生物园
扁桃路
藤本园
水生园路
木兰园
水生植物园
露兜园
玉兰桥
第一村路
木兰路
飞鹅一桥
竹园路
彩叶植物区
姜园
竹园
华南快速
樟科植物区
飞鹅二桥
益智桥
壳斗科植物区
姜园路
紫金牛科植物区
飞鹅岭路

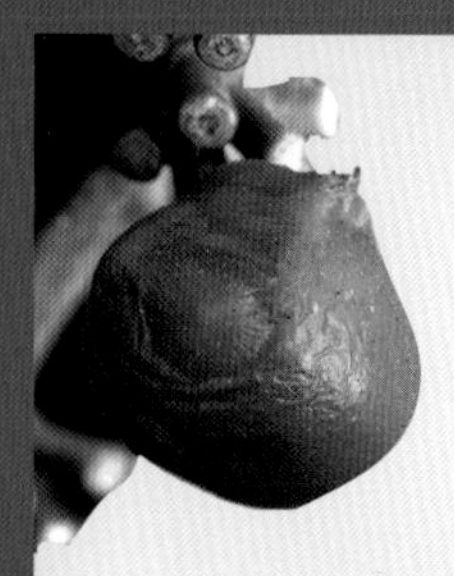

目录

温室群景区

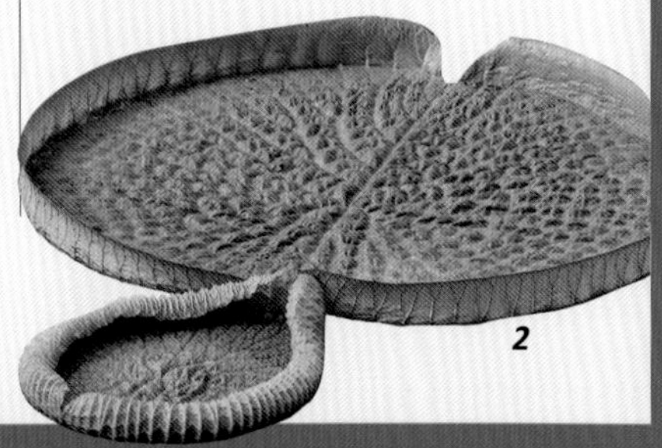

藤本园

生物园

被子植物 194

澳洲植物园及能源植物园

被子植物 248

姜园

兰园及药用植物园

水生植物园及新石器时期遗址

被子植物 392

苏铁园及裸子植物区

1 裸子植物 424

2 被子植物 433

凤梨园

被子植物 442

木兰园

被子植物 457

山茶园及杜鹃园

被子植物 478

木本花卉区、经济植物区及稀树草坪

1 裸子植物 494

2 被子植物 495

棕榈园及孑遗植物区

蕨园

园林树木区及中心大草坪

其他园区

温室群景区

温室群景区始建于 2004 年，2008 年正式对外开放，是罕见的大型异型钢结构建筑。温室群由四个独立的温室组成，每个温室的设计灵感来源于广州市的市花——木棉花。温室群与周边水域完美结合，远看宛如四朵漂在水上的木棉花。

温室群景观规划理念是植物世界（The World of Plants），意即利用不同的主题展馆，集世界植物之大成，将温室群打造成世界级的全景式展示“从雨林至沙漠，从高山至水下”等不同植物景观类型的特色景观温室。温室群景区总占地面积 112.15 亩（1 亩 =666.67 m^2），总建筑面积 19.5 亩，建筑最高 27.4 m。其中热带雨林植物室 7 607 m^2，高山 / 极地植物室 1 200 m^2，奇异植物室 1 558 m^2，沙漠植物室 777 m^2，植物水族馆 1 500 m^2，共收集植物种类约 5 000 种。

温室群景区：沙漠植物室

热带雨林植物室将浩瀚宏伟的热带雨林景观微缩到几千平方米的室内。在这里，你能领略到热带雨林的各种特征，如板根现象、绞杀现象、多层现象、附生现象、老茎生花、滴水叶尖、独木成林等和各类热带水生植物。在这里，你也能体验到热带雨林地区地形的复杂与多样性，有岩石小山、有低地平原，也有溪流纵横的高原峡谷。在这里，你可以了解到地球上三种不同类型的热带雨林——美洲雨林、印度—马来西亚雨林和非洲雨林。热带雨林植物室中受植物爱好者追捧植物众多，如可可、腰果、可乐果、响盒子、垂枝假山萝、克鲁兹王莲、桑给巴尔猫尾木等。高山极地植物室模拟亚热带、亚高山、高山至南北极植物自然生境，收集了亚热带、亚高山、

温室群景区：
热带雨林植物室

温室群景区：
奇异植物室

高山和南极、北极植物200多种，营造了亚热带至极地不同植物区系环境下独特的优美园林景观。这里也是众多“网红植物”的汇集地，如形似灯笼的深红树萝卜、叶上开花的‘孤独’舌苞假叶树、西域青荚叶等。奇异植物室以火山石景墙和展示箱为园林组景，展示形状特殊、色彩斑斓的各类观花、观叶、观果植物，突出“奇、特、新、异”的特点。奇异植物室一大批奇花异果吸引着大江南北的游客，如松石绿色的翡翠葛、叶片巨大的苏玛旺氏轴榈、晚上开花的玉蕊与姬月下美人、老茎生花的炮弹树与葫芦树等。沙漠植物以沙漠植物室作为主体景观，同时向室外拓展，室内外共收集了来自世界各地的300多种仙人掌类和多浆植物。来到这里，能欣赏到不同国度的沙漠植物景观，室内有来自美洲的龟纹木棉、来自墨西哥的金琥、来自巴西的大花樱麒麟等较有特色的植物；室外则以大戟科、阿福花科、天门冬科、仙人掌科的植物最为常见。

温室群景区：
高山极地植物室

长叶肾蕨 *Nephrolepis biserrata*

【**科属**】肾蕨科肾蕨属。【**别名**】双齿肾蕨。【**简介**】根状茎短而直立。叶簇生，叶片通常长 70 ～ 80 cm 或超过 1 m，狭椭圆形，一回羽状，羽片 35 ～ 50 对，互生，偶有近对生，极短柄或近无柄。孢子囊群圆形，囊群盖圆肾形。【**产地**】产于台湾、广东、海南和云南，生于海拔 30 ～ 750 m 林中。泛热带均产。【**观赏地点**】热带雨林植物室。

1

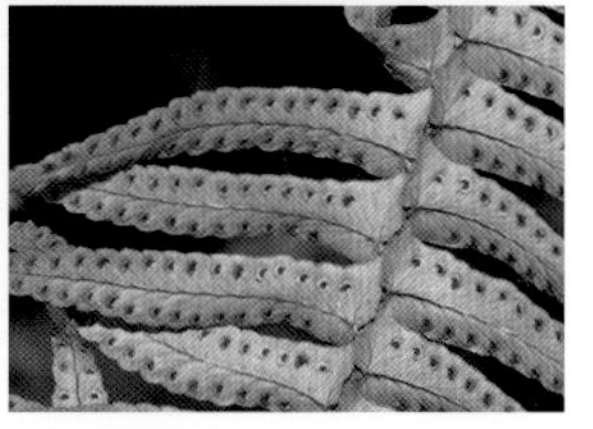

2

3

同属植物

肾蕨 *Nephrolepis cordifolia*
(*Nephrolepis auriculata*)

附生或土生，匍匐茎上生有近圆形的块茎。叶簇生，叶片线状披针形或狭披针形，先端短尖，一回羽状，羽片多数，互生，密集而呈覆瓦状排列，披针形。孢子囊肾形，囊群盖肾形，褐棕色。产于浙江、福建、台湾、湖南、广东、海南、广西、贵州、云南和西藏，生于海拔 30 ～ 1500 m 溪边林下，广布于全世界热带及亚热带地区。（观赏地点：热带雨林植物室、木兰园、兰园、药用植物园）

菲律宾镰叶肾蕨 *Nephrolepis falcata*

多年生草本，具根状茎。叶簇生，通常下垂，叶片长 0.65 ～ 2 m 或更长，阔披针形，一回羽状，羽片互生，羽片具短柄，基部具耳，先端叉状裂或不裂。孢子囊群圆形。产于菲律宾、越南、印度、马来西亚等地。（观赏地点：热带雨林植物室）

1. 长叶肾蕨　2. 肾蕨　3. 菲律宾镰叶肾蕨

二歧鹿角蕨 *Platycerium bifurcatum*

【科属】水龙骨科（鹿角蕨科）鹿角蕨属。**【简介】**附生草本，成簇。基生不育叶无柄，直立或贴生，全缘，浅裂直到四回分叉。正常能育叶直立，伸展或下垂，楔形，二至五回叉裂。孢子囊群斑块 1 ~ 10 个，位于裂片先端，孢子黄色。**【产地】**产于澳大利亚、新几内亚岛、小巽他群岛及爪哇的亚热带森林中。**【观赏地点】**热带雨林植物室、奇异植物室、兰园。

巢蕨 *Asplenium nidus* (*Neottopteris nidus*)

【科属】铁角蕨科铁角蕨属（巢蕨属）。**【别名】**台湾山苏花。**【简介】**植株高 1 ~ 1.2 m。叶簇生，厚纸质或薄革质，叶片阔披针形，渐尖头或尖头，向下逐渐变狭而长下延。孢子囊群线形，囊群盖线形，浅棕色。**【产地】**产于台湾、广东、海南、广西、贵州、云南和西藏，附生于海拔 100 ~ 1900 m 雨林中树干上或岩石上。热带地区广布。**【观赏地点】**热带雨林植物室、兰园、蕨园。

1

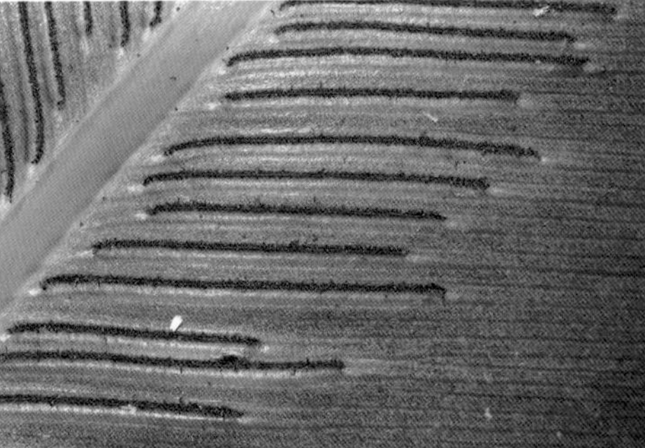

2

1. 二歧鹿角蕨　2. 巢蕨

1

摩尔大苏铁 *Macrozamia moorei*

【**科属**】泽米铁科澳洲铁属。【**别名**】摩尔大泽米、穆尔澳洲铁。【**简介**】茎干圆柱形，高2 ~ 7 m。100 ~ 200枚羽叶集生茎顶，深绿至灰绿色，具120 ~ 220枚小羽片，小羽片披针状线形。小孢子叶球纺锤状，大孢子叶球柱状。种子卵形，种皮红色。花期7—8月。【**产地**】产于澳大利亚。【**观赏地点**】沙漠植物室旁、澳洲植物园。

2

鳞粃泽米铁 *Zamia furfuracea*

【**科属**】泽米铁科泽米铁属。【**别名**】南美苏铁。【**简介**】常丛生，6 ~ 40枚羽状叶集生于茎顶，羽片6 ~ 20对。新叶嫩黄色，密被绒毛，椭圆形至长倒卵形，厚革质，边缘具细齿。小孢子叶球穗状，大孢子叶球圆柱形至卵状圆柱形。种子不规则卵形，种皮红色。【**产地**】产于墨西哥。【**观赏地点**】沙漠植物室旁。

1. 摩尔大苏铁　2. 鳞粃泽米铁

克鲁兹王莲 *Victoria cruziana*

【科属】睡莲科王莲属。【别名】小王莲。【简介】叶浮于水面，直径 1.2 ~ 1.8 m。成熟叶圆形，叶缘向上反折，高达 20 cm。花单生，伸出水面，芳香，初开时白色，逐渐变为粉红色，凋落时颜色逐渐加深。浆果。花果期 7—10 月。【产地】产于南美洲热带地区。【观赏地点】热带雨林植物室。

广东含笑 *Michelia guangdongensis*

【科属】木兰科含笑属。【简介】灌木或小乔木，高 1 ~ 4 m。叶片倒卵形、椭圆形，革质，上面绿色，无毛，背面红棕色，具贴伏的柔毛。花蕾长卵形，密被红棕色长柔毛，花被片 9 ~ 12 片。花期 2—3 月。【产地】产于广东英德，生于海拔 1200 ~ 1400 m 灌丛中。【观赏地点】高山极地植物室外。

1. 克鲁兹王莲　2. 广东含笑

刺果番荔枝 *Annona muricata*

【科属】番荔枝科番荔枝属。【别名】红毛榴莲。【简介】常绿乔木，高达 8 m。叶纸质，倒卵状长圆形至椭圆形，顶端急尖或钝，基部宽楔形或圆形。花淡黄色，萼片卵状椭圆形，外轮花瓣厚，阔三角形，内轮花瓣稍薄，卵状椭圆形。果卵圆状，幼时有下弯的刺，种子肾形。花期 4—7 月，果期 7 月至次年 3 月。【产地】产于美洲热带地区。【观赏地点】热带雨林植物室。

独角莲 *Sauromatum giganteum* (*Typhonium giganteum*)

【科属】天南星科斑龙芋属（犁头尖属）。【别名】白附子。【简介】多年生草本。通常 1 ~ 2 年生的只有 1 叶，3 ~ 4 年生的有 3 ~ 4 叶，叶片幼时内卷如角状，后即展开，箭形，先端渐尖，基部箭状。佛焰苞紫色，管部圆筒形或长圆状卵形，肉穗花序。浆果。花期 6—8 月，果期 7—9 月。【产地】产于河北、山东、吉林、辽宁、河南、湖北、陕西、甘肃、四川至西藏，生于海拔 1500 m 以下荒地、山坡、水沟旁。【观赏地点】高山极地植物室。

1

2

1. 刺果番荔枝　2. 独角莲

疣柄魔芋 *Amorphophallus paeoniifolius* (*Amorphophallus virosus*)

【**科属**】天南星科魔芋属（磨芋属）。【**别名**】疣柄磨芋、南芋。【**简介**】块茎扁球形。叶单一（稀 2 枚），叶柄具疣凸，具苍白色斑块。叶片 3 全裂，裂片二歧分裂或羽状深裂。佛焰苞外面绿色，饰以紫色条纹和绿白色斑块，内面具疣，深紫色。肉穗花序极臭，圆柱形，紫褐色。浆果。花期 4—5 月，果期 10—11 月。【**产地**】产于广东、广西、海南、云南和台湾，生于海拔 750 m 以下热带地区。南亚、东南亚、太平洋岛屿也有分布。【**观赏地点**】奇异植物室。

1

2

1. 花魔芋
2. 红苞喜林芋

同属植物

花魔芋 *Amorphophallus konjac*

又名魔芋。块茎扁圆球形。叶生于块茎上，高达 1 m，叶大，3 全裂，裂片再 2 ~ 3 次分裂，小裂片呈羽状排列。佛焰苞广卵形或漏斗状筒形，暗紫色，肉穗花序，雌花生于花序基部，雄花生于上部。浆果成熟时红色。花期夏季。产于菲律宾。（观赏地点：奇异植物室）

红苞喜林芋 *Philodendron erubescens*

【科属】天南星科喜林芋属。**【别名】**红叶树藤。**【简介】**多年生常绿草质藤本，节具气生根，茎可长达 20 m。叶片长卵圆形，大型，质稍硬，具光泽，全缘。叶柄、叶背和新梢红色。佛焰苞内外均红色，肉穗花序白色。浆果。花期 10—11 月。栽培品种繁多，叶色因品种不同而有差异。**【产地】**产于巴西。**【观赏地点】**热带雨林植物室、蕨园。

扇叶露兜 *Pandanus utilis*

1

【科属】露兜树科露兜树属。【别名】红刺露兜。【简介】常绿乔木，高达 18 m，或为高 4 ~ 5 m 的灌木状，多分枝，支持根粗大。叶螺旋生长，直立，长披针形，叶缘及背面中脉有细小红刺。花单性异株，雄花序下垂，花芳香。聚花果圆球形或长圆形，下垂。花期秋季，次年秋季果熟。【产地】产于非洲马达加斯加岛。【观赏地点】沙漠植物室、凤梨园、露兜园。

紫花苞舌兰 *Spathoglottis plicata*

【科属】兰科苞舌兰属。【简介】植株高达 1 m。假鳞茎卵状圆锥形，具 3 ~ 5 枚叶。叶质地薄，淡绿色，狭长，先端渐尖或急尖，基部收狭为长柄。总状花序短，花苞片紫色，花紫色，中萼片卵形，花瓣近椭圆形，比萼片大，唇瓣贴生于蕊柱基部。花期常在夏季。【产地】产于我国台湾，常见于山坡草丛中。广泛分布于南亚、东南亚、新几内亚岛到太平洋一些群岛。【观赏地点】热带雨林植物室。

2

1. 扇叶露兜　2. 紫花苞舌兰

1

2

3

1. 薄叶腭唇兰　2. 筒距槽舌兰　3. 风兰

筒距槽舌兰 *Holcoglossum wangii*

【**科属**】兰科槽舌兰属。【**别名**】汪氏槽舌兰。【**简介**】茎短，叶近基生，下部近圆筒形。花序具 3 ~ 5 花，花白色，唇瓣基部黄色，有紫色斑点，花瓣椭圆形至长圆形，先端钝。蒴果。花期 10 月至次年 1 月。【**产地**】产于广西、云南，生于海拔 800 ~ 1200 m 的阔叶常绿林树干上。【**观赏地点**】高山极地植物室。

薄叶腭唇兰 *Maxillaria tenuifolia*

【**科属**】兰科腭唇兰属。【**别名**】腋唇兰。【**简介**】附生兰，根状茎直立或斜升，上生有假鳞茎，假鳞茎卵圆形，着生 1 枚叶片，条形，绿色。花梗自鳞茎基部抽出，着花 1 朵，花瓣及萼片紫红色，唇瓣近白色带紫色斑点。花期春季。【**产地**】产于墨西哥、危地马拉、萨尔瓦多、洪都拉斯和哥斯达黎加，生于海拔 1 500 m 以下林中。【**观赏地点**】奇异植物室。

风兰 *Neofinetia falcata*

【**科属**】兰科风兰属。【**简介**】植株高 8 ~ 10 cm。叶厚革质，狭长圆状镰刀形，先端近锐尖，基部具彼此套叠的 V 字形鞘。总状花序具 2 ~ 5 花，花白色，芳香，距纤细。蒴果。花期 4—6 月。【**产地**】产于甘肃、浙江、江西、福建、湖北和四川，生于海拔达 1520 m 山地林中树干上。日本、朝鲜也有分布。【**观赏地点**】奇异植物室。

红花隔距兰 *Cleisostoma williamsonii*

【科属】兰科隔距兰属。【简介】植株通常悬垂。茎细圆柱形，分枝或不分枝，具多数互生的叶，叶肉质，圆柱形。花序侧生，总状花序或圆锥花序密生许多小花，花粉红色，开放。花期4—6月。【产地】产于广东、海南、广西、贵州和云南，生于海拔300～2000 m山地林中树干上或山谷林下岩石上。南亚、东南亚也有分布。【观赏地点】高山极地植物室。

大尖囊兰 *Kingidium deliciosum* (*Phalaenopsis deliciosa*)

【科属】兰科尖囊兰属。【别名】俯茎胼胝兰。【简介】茎短，叶2列，纸质，倒卵状披针形或有时椭圆形，先端钝并且稍钩曲，基部楔形收狭。花序密生数朵小花，萼片和花瓣浅白色带淡紫色斑纹。蒴果。花期4—7月。【产地】产于海南，生于海拔450～1100 m山地林中树干上或山谷岩石上。广泛分布于亚洲热带地区。【观赏地点】奇异植物室。

1

2

1. 红花隔距兰　2. 大尖囊兰

1

2

碧玉兰 *Cymbidium lowianum*

【科属】兰科兰属。【简介】附生植物。假鳞茎狭椭圆形，略压扁。叶 5 ~ 7 枚，带形，先端短渐尖或近急尖，具关节。总状花序具 10 ~ 20 花或更多，萼片和花瓣苹果绿色或黄绿色，有红褐色纵脉，唇瓣上有深红色的锚形斑。蒴果。花期 4—5 月。【产地】产于云南，生于海拔 1300 ~ 1900 m 林中树上或溪谷旁岩壁上。缅甸和泰国也有分布。【观赏地点】热带雨林植物室。

鹅白苹兰 *Pinalia stricta* (*Eria stricta*)

【科属】兰科苹兰属（毛兰属）。【别名】鹅白毛兰。【简介】草本。假鳞茎密集着生，圆柱形，顶生 2 枚叶，叶披针形或长圆状披针形，先端急尖，基部狭窄。花序 1 ~ 3 个，从假鳞茎顶端叶内侧发出，密生多数花，花瓣白色。蒴果纺锤状。花期 11 月至次年 2 月，果期 4—5 月。【产地】产于云南和西藏，生于海拔 800 ~ 1300 m 山坡岩石上或山谷树干上。尼泊尔、印度和缅甸也有分布。【观赏地点】高山极地植物室。

1. 碧玉兰　2. 鹅白苹兰

云南曲唇兰 *Panisea yunnanensis*

【**科属**】兰科曲唇兰属。【**简介**】草本。假鳞茎较密集，狭卵形至卵形，顶生2枚叶。叶狭长圆形或长圆状披针形，纸质，先端急尖或钝。花单朵或有时2朵，白色。蒴果。花期11月至次年1月。【**产地**】产于云南，生于海拔1200～1800m林中树上或岩石上。【**观赏地点**】热带雨林植物室。

小眼镜蛇石豆兰 *Bulbophyllum falcatum*

【**科属**】兰科石豆兰属。【**简介**】附生草本，假鳞茎圆锥形。顶生2枚叶，叶长圆状披针形，绿色，全缘。花茎由假鳞茎基部伸出，茎扁，镰刀形，紫褐色。小花着生于花茎两侧，花瓣及萼片外侧褐色，内侧紫色，唇瓣黄色。花期冬季至春季。【**产地**】产于西非中部，生于海拔1800m以下森林中。【**观赏地点**】热带雨林植物室。

1

2

1. 云南曲唇兰　2. 小眼镜蛇石豆兰

同属植物

牛魔王石豆兰 *Bulbophyllum patens*

附生植物，假鳞茎椭圆形，节上生根，顶生 1 枚叶，叶长椭圆形，淡绿色。花单生，花梗黄绿色并具紫红色斑点，萼片及花瓣黄白色，上具紫红色斑点，唇瓣紫色，具芳香。花期 4—5 月。产于印度、泰国、越南、印度尼西亚及马来西亚等地的低海拔沼泽森林中。（观赏地点：奇异植物室）

领带兰 *Bulbophyllum phalaenopsis*

又名蝴蝶石豆兰。附生兰。假鳞茎卵状球形，叶顶生，绿色，大型，长带状，下垂，状似领带。花茎弯垂，着花 20 余朵，花褐色，不甚开展，在花瓣背面具淡黄色毛，有腐臭味。蒴果。花期不定。产于新几内亚，生于海拔 500 m 林中。（观赏地点：热带雨林植物室）

牛魔王石豆兰

1

2　3

晶帽石斛 *Dendrobium crystallinum*

【科属】兰科石斛属。【简介】茎直立或斜立，稍肉质，圆柱形，具多节。叶纸质，长圆状披针形，先端长渐尖，基部具抱茎的鞘。总状花序数个，出自去年生落了叶的老茎上部，具 1 ~ 2 花，花大，开展，萼片和花瓣乳白色，上部紫红色。蒴果。花期 5—7 月，果期 7—8 月。【产地】产于云南，生于海拔 540 ~ 1700 m 山地林缘或疏林中树干上。南亚等地也有分布。【观赏地点】高山极地植物室。

1—2. 领带兰　3. 晶帽石斛

细叶石斛 *Dendrobium hancockii*

【**科属**】兰科石斛属。【**简介**】茎直立，通常分枝。叶通常 3 ~ 6 枚，互生于主茎和分枝的上部，狭长圆形，先端钝并且不等侧 2 裂。总状花序具 1 ~ 2 花，花稍具香气，开展，金黄色。花期 5—6 月。【**产地**】产于陕西、甘肃、河南、湖北、湖南、广西、四川、贵州和云南，生于海拔 700 ~ 1500 m 山地林中树干上或山谷岩石上。【**观赏地点**】热带雨林植物室。

1

绶草 *Spiranthes sinensis*

【**科属**】兰科绶草属。【**别名**】盘龙参。【**简介**】植株高 13 ~ 30 cm。叶片宽线形或宽线状披针形，极罕为狭长圆形，先端急尖或渐尖，基部收狭。花茎直立，总状花序具多数密生的花，呈螺旋状扭转，花小，紫红色或粉红色。蒴果。花期 7—8 月。【**产地**】产于全国，生于海拔 200 ~ 3400 m 山坡林下、灌丛下、草地或河滩沼泽草甸中。俄罗斯、蒙古、朝鲜、日本、阿富汗、克什米尔地区至东南亚、澳大利亚也有分布。【**观赏地点**】温室外草坪、藤本园。

2

二裂叶船形兰 *Aerangis biloba*

【**科属**】兰科细距兰属。【**别名**】二裂叶空船兰。【**简介**】附生草本。茎短，叶着生于短茎上，长椭圆形，先端凹裂，基部渐狭。总状花序，悬垂，花白色，花瓣与萼片近相似，狭卵形，距长于花瓣。蒴果。花期 10—11 月。【**产地**】产于西非热带地区，生于潮湿的森林树干上。【**观赏地点**】热带雨林植物室。

3

1. 细叶石斛　2. 绶草　3. 二裂叶船形兰

棒距虾脊兰 *Calanthe clavata*

【科属】兰科虾脊兰属 。**【简介】**地生草本。叶狭椭圆形，先端急尖，基部渐狭为柄。花亭 1 ~ 2 个，生于茎的基部，直立，粗壮或纤细，不超出叶层外。总状花序圆柱形，具许多花，花黄色，距棒状。蒴果。花期 11—12 月。**【产地】**产于福建、广东、海南、广西、云南和西藏，生于海拔 870 ~ 1300 m 山地密林下或山谷岩边。印度、缅甸、越南和泰国也有分布。**【观赏地点】**高山极地植物室、兰园。

仙人指甲兰 *Aerides houlletiana*

【科属】兰科指甲兰属。**【简介】**茎粗壮，具数枚2列的叶，叶带状。总状花序，密生多花，萼片和花瓣淡紫红色至黄色，上部尖端紫红色，唇瓣紫红色，具芳香。蒴果。花期5—6月。**【产地】**产于泰国、柬埔寨和越南，生于海拔700 m以下低地森林中。**【观赏地点】**奇异植物室。

同属植物

香花指甲兰 *Aerides odorata*

茎粗壮。叶厚革质，宽带状，先端钝并且不等侧2裂。总状花序下垂，密生许多花，花芳香，白色带粉红色。蒴果。花期5月。产于广东和云南，生于山地林中树干上。广布于热带喜马拉雅至东南亚。（观赏地点：热带雨林植物室）

1

2

1. 仙人指甲兰　2. 香花指甲兰

1

2

短葶仙茅 *Curculigo breviscapa*

【科属】仙茅科（石蒜科）仙茅属。**【简介】**多年生草本。叶通常 5 ~ 6 枚，披针形，向两端渐狭，顶端长渐尖，基部斜楔形，纸质。花茎很短，接近地面，头状花序弯垂，近球形，花黄色。浆果，种子黑色，近球形。花期秋季至次年春季。**【产地】**产于广西，生于海拔 550 m 以下山谷密林中近水旁。**【观赏地点】**热带雨林植物室、药用植物园、兰园、新石器时期遗址。

同属植物

大叶仙茅 *Curculigo capitulata*

又名野棕。粗壮草本，高达 1 m。叶通常 4 ~ 7 枚，长圆状披针形或近长圆形，纸质，全缘，顶端长渐尖。花茎通常短于叶，总状花序强烈缩短成头状，球形或近卵形，俯垂，花黄色。浆果白色。花期 5—6 月，果期 8—9 月。产于福建、台湾、广东、广西、四川、贵州、云南和西藏，生于海拔 850 ~ 2200 m 林下或阴湿处。南亚、东南亚也有分布。本种华南植物园少见栽培，仅见于热带雨林植物室，常将短葶仙茅误为此种。（观赏地点：热带雨林植物室）

1. 短葶仙茅　2. 大叶仙茅

巴西鸢尾

1

2

1. 巴西鸢尾　2. 粗点黄扇鸢尾

巴西鸢尾 *Neomarica gracilis*

【科属】鸢尾科巴西鸢尾属。【别名】美丽鸢尾。【简介】多年生草本，株高 30 ~ 40 cm。叶片 2 列，带状，自短茎处抽生。花茎高于叶片，花被片 6 片，外 3 片白色，基部淡黄色，带深褐色斑纹，内 3 片前端蓝紫色，带白色条纹，基部褐色。蒴果。花期春季至夏季。【产地】产于巴西。【观赏地点】奇异植物室外、杜鹃园、生物园。

粗点黄扇鸢尾 *Trimezia steyermarkii*

【科属】鸢尾科豹纹鸢尾属。【简介】多年生草本，株高 1.5 m。叶基生，带形，先端渐尖，全缘。疏散的伞形花序，花茎圆形，花被片 6 片，外 3 片较大，黄色，下部具褐色斑点，内 3 片较小，黄色，中间具紫褐色斑点，强烈反卷。蒴果。盛花期 4—5 月，其他季节也可见花。本种常被误为黄扇鸢尾 *T. martinicensi*。【产地】产于美洲。【观赏地点】奇异植物室、水生植物园、正门小卖部旁。

好望角芦荟 *Aloe ferox*

【科属】阿福花科（百合科）芦荟属。【别名】多刺芦荟。【简介】木质多肉植物，高可达 3 m。叶厚，肉质，呈莲座状簇生于茎顶，叶缘具硬刺。花葶从叶丛中抽出，伞形花序，小花排列紧密，橙色或红色。花期 2 月。【产地】产于南非。【观赏地点】沙漠植物室外。

1

同属植物

鬼切芦荟 *Aloe marlothii*

又名马氏芦荟。木质多肉植物，高 2 ~ 4 m 或更高。叶长 1.5 m，灰绿色，叶背和叶缘具红褐色齿，幼株叶背短刺极多，成株后渐少。圆锥花序，分枝平展，小花密集，向上，黄色。花期 2 月。产于非洲，生于有岩石或开阔的平地。（观赏地点：沙漠植物室外）

银芳锦 *Aloe striata*

多年生肉质植物，茎短，株高约 30 cm。叶莲座状簇生，宽披针形，先端渐尖，基部宽阔，叶缘无刺，粉色。花茎具分枝，总状花序疏散，小花红色。蒴果。花期 1—2 月。产于南非。（观赏地点：沙漠植物室外）

2

3

1. 好望角芦荟　2. 鬼切芦荟　3. 银芳锦

‘贺曼’须尾草 *Bulbine frutescens* ‘Hallmark’

【科属】阿福花科（百合科）须尾草属。【别名】‘贺曼’鳞芹。【简介】多年生常绿草本，株高 35 ~ 50 cm。叶窄带形或披针形，先端渐尖，基部较宽，套叠。穗状花序，花萼及花瓣橙红色。花期春季至秋季。【产地】园艺种，原种花萼及花瓣黄色，产于南非。【观赏地点】沙漠植物室外。

亚洲文殊兰 *Crinum asiaticum* (*Crinum asiaticum* var. *procerum*)

【科属】石蒜科文殊兰属。【简介】多年生草本，高 1 ~ 2 m。叶基生，带形，长可达 1 m，绿色或带有浅红色。伞形花序有花多朵，花被管纤细，花被片高脚碟状，芳香，白色或带红色。蒴果。花期不定，有时全年可见花。【产地】产于亚洲热带地区。【观赏地点】奇异植物室、正门小卖部旁。

同属植物

文殊兰 *Crinum asiaticum* var. *sinicum*

又名文珠兰。多年生粗壮草本。叶 20 ~ 30 枚，多列，带状披针形，长可达 1 m，顶端渐尖，边缘波状，暗绿色。花茎直立，伞形花序具 10 ~ 24 花，花高脚碟状，芳香，白色。蒴果近球形。花期夏季。产于福建、台湾、广东、广西等地区，常生于海滨地区或河旁沙地。（观赏地点：热带雨林植物室、新石器时期遗址）

1

2

3

1. ‘贺曼’须尾草
2. 亚洲文殊兰
3. 文殊兰

1

2

假玉簪 *Proiphys amboinensis* (*Eurycles amboinensis*)

【科属】石蒜科玉簪水仙属。**【别名】**玉簪水仙。**【简介】**多年生落叶草本，高可达 1 m。叶圆形、宽心形、椭圆形或肾形，亮绿色，全缘，平行脉。伞形花序，具 5 ~ 25 花，花白色，喉部浅黄色，具芳香。蒴果。花期 6—7 月。**【产地】**产于南亚、东南亚和大洋洲。**【观赏地点】**热带雨林植物室。

阔叶油点百合 *Drimiopsis maculata*

【科属】天门冬科（百合科）豹叶百合属。**【简介】**多年生球根植物，株高 10 ~ 15 cm。茎紫红色，肥大，呈酒瓶状，茎顶着生 3 ~ 6 片肉质叶，叶绿色，上布有不规则斑点，叶背紫红色，椭圆形至心状卵形。圆锥花序，小花紧密，淡绿色至淡黄色。花期春季。**【产地】**产于南非。**【观赏地点】**热带雨林植物室。

1. 假玉簪　2. 阔叶油点百合

1

2

3

1. 棒叶虎尾兰 2. 小棒叶虎尾兰
3. 大叶虎尾兰

棒叶虎尾兰 *Sansevieria cylindrica*

【**科属**】天门冬科（百合科）虎尾兰属 。【**别名**】羊角兰。【**简介**】多年生肉质草本，茎短，具粗大根茎，株高可达 2 m。叶从莲座状基部生出，扇形，直径 3 cm，圆筒形或稍扁，顶端急尖而硬，暗绿色具绿色条纹，常直立，种于沙地处常外弯。总状花序，较小，紫褐色。花期冬季。【**产地**】产于非洲安哥拉等地。【**观赏地点**】沙漠植物室外。

同属植物

小棒叶虎尾兰 *Sansevieria canaliculata*

多年生肉质草本，株高可达 0.6 m。具匍匐的地下茎，叶单生，圆筒形，直径 2 cm，苹果绿色，蜡质，上面具纵沟，顶端急尖而硬。总状花序，小花白色。花期冬季。产于非洲索马里、马达加斯加等地。（观赏地点：沙漠植物室外）

大叶虎尾兰 *Sansevieria hyacinthoides*

多年生常绿草本，高 60 cm。叶直立，宽披针形，扁平，绿色，边缘红褐色，上面具白色波状纹。总状花序，花白色、奶油色至淡紫红色，芳香。浆果，橙色。花期不定。产于非洲南部。（观赏地点：沙漠植物室外）

'金边'虎尾兰 *Sansevieria trifasciata* 'Laurentii' 有横走根状茎。叶基生，1 ~ 2 枚，也有 3 ~ 6 枚成簇的，硬革质，扁平，长条状披针形，有白绿色横带斑纹，边缘金黄色。花淡绿色或白色。浆果。花期 11—12 月。栽培的品种有'金边短叶'虎尾兰 'Golden Hahnii' '短叶'虎尾兰 'Hahnii'。（观赏地点：沙漠植物室外）

1

1.'金边'虎尾兰
2.'金边短叶'虎尾兰
3.'短叶'虎尾兰

2

3

大叶虎尾兰

1

2

‘孤独’舌苞假叶树 *Ruscus hypoglossum* ‘Mr. Lonely’

【**科属**】天门冬科（百合科）假叶树属。【**简介**】直立半灌木。叶退化成干膜质小鳞片，叶状枝卵状披针形，革质，先端尖。花单朵生于叶状枝上面或下面的中脉上，花小，花被片6片，离生，内轮3片较小。本品种由雄株无性繁殖选育，只有雄花，不结实。花期12月至次年3月。【**产地**】栽培品种。【**观赏地点**】高山极地植物室。

酒瓶兰 *Beaucarnea recurvata*

【**科属**】天门冬科（百合科）酒瓶兰属。【**别名**】象腿树。【**简介**】常绿小乔木或灌木，一般株高2～3m，最高可达10m。茎干直立，下部肥大，状似酒瓶。茎干灰白色或褐色，龟裂。叶丛生干顶，细长线形，柔软而下垂。圆锥花序大型，花色乳白。花期不定，春季、夏季均可见花。【**产地**】产于墨西哥北部和美国南部。【**观赏地点**】沙漠植物室外。

1.‘孤独’舌苞假叶树 2.酒瓶兰

1

鹭鸶草 *Diuranthera major*

【**科属**】天门冬科（百合科）鹭鸶草属。【**简介**】根稍粗厚，多少肉质。叶条形或舌状，先端长渐尖，基部明显变窄，边缘有极细的锯齿，质软。花葶直立，总状花序或圆锥花序，花白色，常双生。花果期7—10月。【**产地**】产于四川、云南和贵州，生于海拔1200～1900 m山坡上或林下草地。【**观赏地点**】奇异植物室。

朱蕉 *Cordyline fruticosa*

【**科属**】天门冬科（百合科）朱蕉属。【**别名**】铁树。【**简介**】灌木状，直立，高1～3 m。叶聚生于茎或枝的上端，矩圆形至矩圆状披针形，绿色或带紫红色，抱茎。圆锥花序，花淡红色、青紫色至黄色，花梗通常很短。花期11月至次年3月。园内栽培品种较多，有‘红边’朱蕉‘Red Edge’‘安德列小姐’朱蕉‘Miss Andrea’等。【**产地**】产地不详，今广泛栽种于亚洲温暖地区。【**观赏地点**】热带雨林植物室外、兰园、药用植物园、新石器时期遗址。

2

3

4

1. 鹭鸶草　2. 朱蕉　3.‘红边’朱蕉　4.‘安德列小姐’朱蕉

酒瓶椰子

1

2

1. 酒瓶椰子　2. 蛇皮果

酒瓶椰子

Hyophorbe lagenicaulis

【**科属**】棕榈科酒瓶椰属。【**别名**】酒瓶棕。【**简介**】常绿小乔木，茎单生，高达6m，基部膨大如酒瓶。一回羽状复叶集生茎端，拱形，旋转，羽片可达100枚，整齐排成2列。花小，黄绿色。果实卵圆形。花期春季。【**产地**】产于马斯克林群岛。【**观赏地点**】热带雨林植物室、棕榈园。

蛇皮果

Salacca zalacca (*Salacca edulis*)

【**科属**】棕榈科蛇皮果属。【**别名**】鳞果椰。【**简介**】从生灌木，高达7m，无地上茎。叶一回羽状分裂，叶面浓绿色，背面灰绿色，叶片不规则排列。花序基生，从叶鞘中抽出，雌雄异株，花序异形。果实梨形，紫色至黄褐色。花期7月。【**产地**】产于东南亚热带地区。【**观赏地点**】热带雨林植物室。

大丝葵 *Washingtonia robusta*

【科属】棕榈科丝葵属。【别名】华盛顿椰子。【简介】乔木状，高达 18 ~ 27 m。叶片直径 1 ~ 1.5 m，有 60 ~ 70 裂片，裂至基部 2/3 处，叶柄粗壮，具粗壮钩刺。花序大型，长于叶，下垂，具 5 ~ 6 个大的分枝花序。果实椭圆形。花期 7 月。【产地】产于墨西哥。【观赏地点】热带雨林植物室与沙漠植物室之间的草地上。

1

椰子 *Cocos nucifera*

【科属】棕榈科椰子属。【别名】可可椰子。【简介】乔木状，高 15 ~ 30 m。叶羽状全裂，长 3 ~ 4 m，裂片多数，外向折叠，革质，线状披针形。花序腋生，多分枝，佛焰苞纺锤形，花瓣 3 枚。果卵球状或近球形。花果期全年。【产地】产于广东、海南、台湾和云南热带地区。沿海热带均产。【观赏地点】热带雨林植物室、奇异植物室。

2

大果直叶榈 *Attalea butyracea*

【科属】棕榈科直叶椰子属。【简介】常绿乔木，高达 25 m。羽状复叶拱形开展，长可达十几米，羽片与叶轴垂直，规则排列于叶轴上呈一个平面，多达 200 对。花序大，花淡黄色。果实熟时亮棕色至橘红色。花期 5—9 月，果实次年成熟。【产地】产于玻利维亚、哥伦比亚、厄瓜多尔、秘鲁、委内瑞拉等地。【观赏地点】热带雨林植物室外、棕榈园。

3

1. 大丝葵　2. 椰子　3. 大果直叶榈

苏玛旺氏轴榈

Licuala peltata var. *sumawongii*

【科属】棕榈科轴榈属。【简介】常绿灌木，单干型，高达 2 ~ 3 m。叶圆形，直径达 2 m，质地薄，亮绿色，边缘截状裂。花序轴直立，超出叶，花序悬垂，不分枝，花小，黄绿色，具 6 齿的雄蕊杯，白色。果实橘红色。花期 12 月至次年 5 月。【产地】产于泰国和马来半岛。【观赏地点】奇异植物室、棕榈园。

流苏兰花蕉

Orchidantha fimbriata

【科属】兰花蕉科兰花蕉属。【简介】多年生草本，茎短，株高约 1 m。叶基生，宽披针形，先端渐尖，全缘，绿色。花两性，两侧对称，单生，由根状茎生出，花萼 3 枚，线形，近相等，花瓣 3 片，唇瓣大，白色，侧生的 2 片很小，顶端流苏状。蒴果。花期 5 月。【产地】产于马来半岛，生于低海拔林中。【观赏地点】热带雨林植物室。

1

1. 苏玛旺氏轴榈　2. 流苏兰花蕉

2

1

2

地涌金莲 *Musella lasiocarpa*

【科属】芭蕉科地涌金莲属。【别名】地金莲。【简介】植株丛生。假茎矮小，高不及60 cm。叶片长椭圆形，先端锐尖，基部近圆形，两侧对称，有白粉。花序生于假茎上，密集如球穗状，苞片黄色或淡黄色，花黄色。浆果三棱状卵形，种子大。花期全年。【产地】产于云南，生于海拔1500 ~ 2500 m山间坡地或栽于庭园内。【观赏地点】热带雨林植物室。

箭羽竹芋 *Calathea lancifolia*

【科属】竹芋科肖竹芋属。【别名】披针叶竹芋。【简介】多年生常绿草本，株高40 ~ 75 cm。叶柄紫红色。叶片薄革质，宽披针形，叶面绿色，上有大小不一的眼斑，背面紫红色，全缘。花序头状，白色。花期夏秋季。【产地】产于巴西。【观赏地点】热带雨林植物室、奇异植物室。

1. 地涌金莲　2. 箭羽竹芋

1

2

3

1. 荷花肖竹芋　2. 雪茄竹芋
3. 孔雀竹芋

同属植物

荷花肖竹芋 *Calathea loeseneri*

又名罗氏竹芋。多年生常绿草本，株高 60 ～ 120 cm。叶长卵形，先端尖，基部楔形，中心沿中脉有淡黄绿色的条状斑块，全缘，叶面绿色，叶背紫色。花白色，苞片白色带粉红色。蒴果。产于秘鲁、哥伦比亚、厄瓜多尔和玻利维亚。（观赏地点：奇异植物室）

雪茄竹芋 *Calathea lutea*

又名黄花竹芋。多年生常绿草本，簇生，高可达 2 m 或更高，具重叠的叶鞘组成的假茎。叶大，长可达 1 m，卵形到椭圆形，先端圆，全缘，绿色。穗状花序由叶鞘中伸出，有 5 ～ 12 个革质的覆叠瓦状苞片，青铜色或红棕色。花黄色。蒴果。花期 3—4 月。产于美洲热带沿海地区。（观赏地点：奇异植物室）

孔雀竹芋 *Calathea makoyana*

又名孔雀肖竹芋。多年生常绿草本，株高 30 ～ 60 cm。叶柄紫红色。叶片薄革质，卵状椭圆形，黄绿色，在主脉侧交互排列有羽状暗绿色的长椭圆形斑纹，对应的叶背为紫色，叶片先端尖，基部圆，叶长可达 30 cm。花白色。花期夏季。产于巴西。（观赏地点：热带雨林植物室）

玫瑰竹芋 *Calathea roseopicta*

又名彩虹竹芋。多年生常绿草本，株高 30 ~ 60 cm。叶椭圆形或卵圆形，叶薄革质，叶面青绿色，叶两侧具羽状暗绿色斑块，近叶缘处有一圈玫瑰色或银白色环形斑纹。苞片黄绿色，小花白色或淡紫色。产于巴西。（观赏地点：热带雨林植物室）

‘浪星’波浪竹芋 *Calathea rufibarba* ‘Wavestar’

又名浪心竹芋。多年生常绿草本，株高 20 ~ 50 cm。叶丛生，叶基稍歪斜，叶缘波状，具光泽。叶背、叶柄为紫色。花序头状，小花黄色。花期早春。园艺种。（观赏地点：热带雨林植物室、奇异植物室）

紫背天鹅绒竹芋 *Calathea warscewiczii*

多年生草本，株高 0.5 ~ 1 m。叶长椭圆形，先端尖，基部圆钝，全缘，沿叶脉具黄绿色斑块，叶面绿色，背面紫红色。花顶生，苞片白色，螺旋排列，小花从苞片中伸出，白色。花期 11—12 月。产于中美洲。（观赏地点：热带雨林植物室、奇异植物室）

1. 玫瑰竹芋
2. ‘浪星’波浪竹芋
3. 紫背天鹅绒竹芋

1

非洲彩旗闭鞘姜 *Costus lucanusianus*

【科属】闭鞘姜科宝塔姜属（闭鞘姜属）。【简介】多年生草本，株高可达 3 m。叶螺旋状排列，叶片椭圆形，全缘，绿色。花序顶生，苞片卵形，绿色，花瓣粉红色，上具黄色斑块。花期夏季。栽培的品种有‘斑叶’非洲彩旗闭鞘姜 ‘Variegata’。【产地】产于非洲热带地区。【观赏地点】奇异植物室。

荧光瓷玫瑰 *Etlingera hemisphaerica*

【科属】姜科茴香砂仁属。【别名】黑瓷玫瑰。【简介】多年生草本，株高 3 ~ 6 m。叶具柄，叶大，长圆状披针形，叶面墨绿色，下面紫红色，叶缘波状。头状花序由地下茎抽生而出，球果状，苞片红色，具光泽，由外向内逐渐变小，小花 40 ~ 50 朵，零星错时开放。花期 5—6 月。【产地】产于印度尼西亚、马来西亚和泰国，生于海拔 150 ~ 950 m 森林中。【观赏地点】奇异植物室。

2

3

1.‘斑叶’非洲彩旗闭鞘姜 2. 非洲彩旗闭鞘姜 3. 荧光瓷玫瑰

水烛 *Typha angustifolia*

【科属】香蒲科香蒲属。**【别名】**水蜡烛。**【简介】**多年生水生或沼生草本。叶片上部扁平，中部以下腹面微凹，背面向下逐渐隆起呈凸形，下部横切面呈半圆形。雌雄花序分离。小坚果长椭圆形。花果期 5—9 月。**【产地】**产于我国大部分地区，生于湖泊、河流、池塘浅水处。南亚、东南亚、俄罗斯、欧洲、美洲和大洋洲等地也有分布。**【观赏地点】**温室群景区水岸边。

同属植物

香蒲 *Typha orientalis*

又名东方香蒲。多年生水生或沼生草本。叶片条形，光滑无毛，上部扁平，下部腹面微凹，背面逐渐隆起呈凸形，横切面呈半圆形。雌雄花序紧密连接。小坚果椭圆形至长椭圆形。花果期 5—8 月。产于我国大部分地区，生于湖泊、池塘、沟渠、沼泽及河流缓流带。菲律宾、日本、俄罗斯和大洋洲等地也有分布。（观赏地点：温室群景区水岸边）

1. 水烛　2. 香蒲

1

2

1. 拉辛光萼荷
2. 松萝凤梨

拉辛光萼荷 *Aechmea racinae*

【科属】凤梨科光萼荷属。【简介】附生常绿多年生草本。叶带形，莲座状排列，绿色，全缘，弯垂。总状花序，下垂，萼筒红色，先端黄色，花瓣顶端黄色，下部黄绿色。花期冬春季。【产地】产于巴西。【观赏地点】热带雨林植物室。

松萝凤梨 *Tillandsia usneoides*

【科属】凤梨科铁兰属。【别名】松萝铁兰。【简介】多年生附生草本，植株下垂生长，茎长，纤细。叶片互生，半圆形，密被银灰色鳞片。小花腋生，3瓣，黄绿色，花萼绿色，小苞片褐色，花芳香。花期初夏。【产地】产于美洲。【观赏地点】热带雨林植物室、奇异植物室。

白鹭莞 *Rhynchospora colorata*

【科属】莎草科刺子莞属。**【别名】**星光草。**【简介】**多年生挺水或湿生草本，高 15 ~ 30 cm。叶基生，线形。花序顶生，头状，苞片 5 ~ 8 枚，包裹花序。苞片基部及花序白色。坚果。主花期春季，其他季节也可见花。**【产地】**产于北美洲。**【观赏地点】**高山极地植物室外水岸边。

樟叶木防己 *Cocculus laurifolius*

【科属】防己科木防己属。**【别名】**衡州乌药。**【简介】**直立灌木或小乔木，很少呈藤状，高 1 ~ 5 m。叶薄革质，椭圆形、卵形或长椭圆形至披针状长椭圆形，较少倒披针形。聚伞花序或聚伞圆锥花序，腋生，花黄绿色。核果近圆球形。花期春夏季，果期秋季。**【产地】**产于我国南部各地，生于灌丛或疏林中。亚洲南部、东南部和东部也有分布。**【观赏地点】**热带雨林植物室。

1. 白鹭莞 2. 樟叶木防己

南天竹 *Nandina domestica*

【科属】小檗科南天竹属。【别名】蓝田竹。【简介】常绿小灌木。茎常丛生而少分枝，高 1 ~ 3 m。叶互生，集生于茎的上部，三回羽状复叶，小叶薄革质，椭圆形或椭圆状披针形。圆锥花序，花小，白色，具芳香，浆果球形，熟时鲜红色，稀橙红色。种子扁圆形。花期 3—6 月，果期 5—11 月。【产地】产于我国中南部，生于海拔 1200 m 以下山地林下沟旁、路边或灌丛中。日本也有分布。【观赏地点】高山极地植物室外、园林树木区。

宽苞十大功劳 *Mahonia eurybracteata*

【**科属**】 小檗科十大功劳属。【**简介**】灌木，高 0.5 ～ 4 m。叶长圆状倒披针形，具 6 ～ 9 对斜升的小叶，上面暗绿色，背面淡黄绿色，边缘每边具 3 ～ 9 刺齿。总状花序，花黄色。浆果倒卵状或长圆状。花期 8—11 月，果期 11 月至次年 5 月。【**产地**】产于贵州、四川、湖北、湖南和广西，生于海拔 350 ～ 1950 m 常绿阔叶林中、灌丛中、林缘。【**观赏地点**】高山极地植物室。

扬子铁线莲 *Clematis puberula* var. *ganpiniana*

【**科属**】毛茛科铁线莲属。【**简介**】木质藤本。复叶，小叶卵形或披针形，纸质，叶背疏生微柔毛或近无毛。聚伞花序，具 3 ～ 9 花，萼片 4 枚，疏生微柔毛或无毛，白色，倒卵状长圆形到狭长圆形。瘦果。花期 10—11 月。【**产地**】产于安徽、福建、浙江、广东、广西、贵州、河南、湖北、湖南、江西、陕西、四川、西藏和云南，生于海拔 400 ～ 3300 m 林中或灌丛中。【**观赏地点**】高山极地植物室。

1

2

1. 宽苞十大功劳　2. 扬子铁线莲

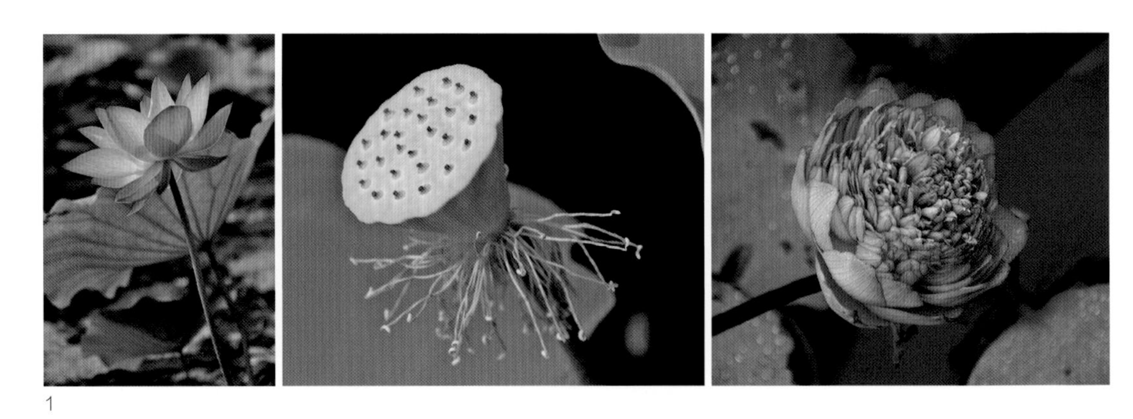

1

2

荷花 *Nelumbo nucifera*

【科属】莲科莲属。【别名】莲。【简介】多年生水生草本。叶圆形，盾状，全缘稍呈波状，上面光滑，具白粉，下面叶脉从中央射出，叶柄圆柱形。花大，美丽，芳香，花瓣红色、粉红色或白色。坚果椭圆形或卵形。花期 6—8 月，果期 8—10 月。【产地】产于我国各地，自生或栽培在池塘或水田内。俄罗斯、朝鲜、日本、亚洲南部和大洋洲均有分布。【观赏地点】温室区水面。

檵木 *Loropetalum chinense*

【科属】金缕梅科檵木属。【别名】继木。【简介】灌木，有时为小乔木。叶革质，卵形，先端尖锐，基部钝，不等侧。花 3 ~ 8 朵簇生，有短花梗，白色，比新叶先开放，或与嫩叶同时开放，花瓣 4 片，带状。蒴果卵圆形。花期 3—4 月。【产地】产于我国中部、南部和西南各地，亦见于日本和印度。【观赏地点】高山极地植物室外。

1. 荷花　2. 檵木

极乐鸟伽蓝菜 *Kalanchoe beauverdii*

【科属】景天科伽蓝菜属。【简介】蔓性多肉草本，长达 3 ~ 5 m。叶对生，披针形，反卷，肉质，全缘。小花生于叶腋，花萼 4 枚，绿色，宿存。花瓣 4 片，紫褐色。花期几乎全年。【产地】产于马达加斯加和科摩罗。【观赏地点】沙漠植物室。

仙女之舞 *Kalanchoe beharensis*

【科属】景天科伽蓝菜属。【简介】多年生肉质植物，呈树木状，茎木质化，高可达 3 m。叶轮廓为三角形，对生，边缘深裂，波状，具锈红色绒毛。花期春季。【产地】产于美洲和非洲。【观赏地点】沙漠植物室。

1

2

1. 极乐鸟伽蓝菜　2. 仙女之舞

粉绿狐尾藻 *Myriophyllum aquaticum*

【科属】小二仙草科狐尾藻属。【别名】大聚藻。【简介】多年生挺水或沉水草本，植株长 50 ~ 80 cm。叶多为5叶轮生，叶片圆扇形，一回羽状，两侧有 8 ~ 10 片淡绿色的丝状小羽片。雌雄异株，穗状花序，白色。分果。花期 7—8 月。【产地】产于南美洲。【观赏地点】热带雨林植物室及沙漠植物室之间水面。

锦屏藤 *Cissus sicyoides*

【科属】葡萄科白粉藤属。【别名】珠帘藤。【简介】多年生常绿蔓性植物，蔓长 5 m 以上。枝条细，具卷须。叶互生，长心形，先端尖，基部心形，叶缘有锯齿，绿色。老株自茎节处生长红褐色细长气根。聚伞花序，与叶对生，淡绿白色。浆果球形。花期春季至秋季，果期 7—8 月。【产地】产于美洲。【观赏地点】热带雨林植物室、姜园。

翡翠葛 *Strongylodon macrobotrys*

【科属】豆科翡翠葛属。【别名】绿玉藤、圆萼藤。【简介】大型木质藤本，茎长可达 20 余米。复叶具 3 小叶，小叶长圆形，绿色，先端尖，基部渐狭。总状花序大型，悬垂，着花数十朵，花蓝绿色。果实长圆形。花期 4—5 月。【产地】产于菲律宾热带雨林中。【观赏地点】奇异植物室。

1. 粉绿狐尾藻　2. 锦屏藤
3. 翡翠葛

舞草

海红豆 *Adenanthera microsperma* (*Adenanthera pavonina* var. *microsperma*)

【**科属**】豆科海红豆属。【**别名**】红豆、孔雀豆。【**简介**】落叶乔木，高 5 ～ 20 m。二回羽状复叶，羽片 3 ～ 5 对，小叶 4 ～ 7 对，互生，长圆形或卵形。总状花序，花小，白色或黄色，有香味。荚果狭长圆形，盘旋，种子鲜红色，有光泽。花期 4—7 月，果期 7—10 月。【**产地**】产于云南、贵州、广西、广东、福建和台湾，多生于山沟、溪边、林中。南亚、东南亚也有分布。【**观赏地点**】热带雨林植物室。

舞草 *Codariocalyx motorius*

【**科属**】豆科舞草属。【**别名**】跳舞草、钟萼豆。【**简介**】直立小灌木，高达 1.5 m。叶为三出复叶，顶生小叶长椭圆形或披针形，先端圆形或急尖，基部钝或圆，侧生小叶很小，长椭圆形或线形或有时缺。圆锥花序或总状花序，花冠紫红色。荚果。花期 7—9 月，果期 10—11 月。【**产地**】产于福建、江西、广东、广西、四川、贵州、云南和台湾等地，生于海拔 200 ～ 1500 m 丘陵山坡或山沟灌丛中。南亚、东南亚也有分布。【**观赏地点**】热带雨林植物室。

1

2

1. 海红豆　2. 舞草

1. 褶皮黧豆　2. 紫矿

1

2

褶皮黧豆 *Mucuna lamellata*

【科属】豆科油麻藤属。**【别名】**宁油麻藤。**【简介】**攀缘藤本。羽状复叶具 3 小叶，小叶薄纸质，顶生小叶菱状卵形，先端渐尖，具短尖头，基部圆或稍楔形，侧生小叶明显偏斜，基部截形。总状花序，花冠深紫色或红色。荚果。花期 6—8 月，果期秋季。**【产地】**产于浙江、江苏、江西、湖北、福建、广东和广西，生于海拔 400 ~ 1500 m 灌丛、溪边、路旁或山谷。**【观赏地点】**奇异植物室外。

紫矿 *Butea monosperma*

【科属】豆科紫矿属。**【别名】**紫铆。**【简介】**乔木，高 10 ~ 20 m。羽状复叶具 3 小叶，小叶厚革质，不同形，顶生的宽倒卵形或近圆形，侧生的长卵形或长圆形。总状或圆锥花序腋生或生于无叶枝的节上，花冠橘红色，后渐变黄色。荚果。花期 3—4 月。**【产地】**产于云南和广西，生于林中，路旁潮湿处。印度、斯里兰卡、越南至缅甸也有分布。**【观赏地点】**奇异植物室。

紫 矿

1

2

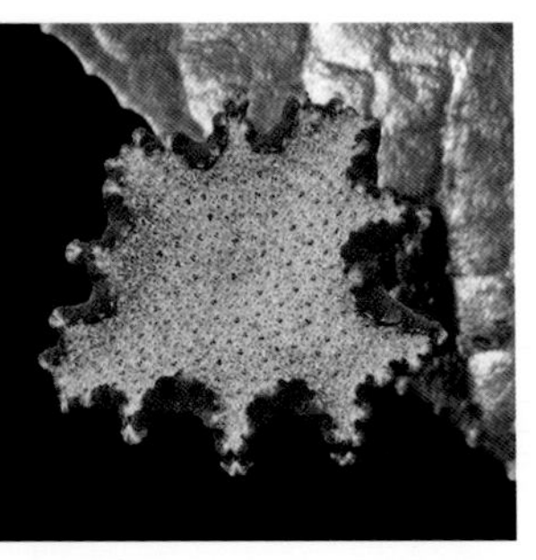

3

1. 面包树 2. 见血封喉 3. 硫桑

面包树 *Artocarpus communis*

【科属】桑科波罗蜜属。【简介】常绿乔木，高 10 ~ 15 m。叶互生，厚革质，卵形至卵状椭圆形，成熟之叶常 3 ~ 8 羽状分裂，全缘，托叶大，黄绿色。花序单生叶腋，聚花果倒卵圆形或近球形。果期秋季。【产地】产于太平洋群岛及印度、菲律宾等地。【观赏地点】奇异植物室、正门菜王椰路旁。

见血封喉 *Antiaris toxicaria*

【科属】桑科见血封喉属。【别名】箭毒木。【简介】乔木，高 25 ~ 40 m。叶椭圆形至倒卵形，幼时被浓密的长粗毛，边缘具锯齿，成长之叶长椭圆形，先端渐尖，基部圆形至浅心形。雄花序托盘状，雌花单生，藏于梨形花托内。核果梨形。花期3—4 月，果期 5—6 月。【产地】产于广东、海南、广西和云南，多生于海拔 1500 m 以下雨林中。南亚、东南亚、大洋洲和非洲也有分布。【观赏地点】热带雨林植物室。

硫桑 *Dorstenia elata*

【科属】桑科琉桑属。【别名】黑魔盘。【简介】多年生草本或半灌木，具地下茎，肉质，株高 20 ~ 40 cm。叶纸质，椭圆形，叶片光亮，叶缘具疏锯齿。扁平头状花序自叶腋抽出，表面深紫或黑褐色。花果期几乎全年。【产地】产于巴西。【观赏地点】热带雨林植物室、奇异植物室。

同属植物

厚叶盘花木 *Dorstenia contrajerva*

多年生草本，株高 20 ~ 45 cm。叶轮廓卵圆形，不规则深裂，裂片近似菱形，全缘，绿色。扁平头状花序自叶腋抽出，绿色。花果期几乎全年。产于美洲。（观赏地点：奇异植物室）

1

吐烟花 *Pellionia repens*

【**科属**】荨麻科赤车属。【**简介**】多年生草本。茎肉质，平卧。叶片斜长椭圆形或斜倒卵形，顶端钝、微尖或圆形，边缘有波状浅钝齿或近全缘。花序雌雄同株或异株，雄花花被片 5 片，宽椭圆形或椭圆形，雌花花被片 5 片，狭长圆形。瘦果。花期 5—10 月。【**产地**】产于云南和海南，生于海拔 800 ~ 1100 m 山谷林中或石上阴湿处。越南、老挝、柬埔寨也有分布。【**观赏地点**】热带雨林植物室。

2

3

1. 厚叶盘花木　2—3. 吐烟花

珊瑚秋海棠 *Begonia coccinea*

【科属】秋海棠科秋海棠属。【简介】常绿多年生草本，茎似竹，高 100cm 左右。叶厚，革质，斜长圆形，边缘略带齿，叶上有圆形的小白点。聚伞花序，花红色。花期夏季至秋季。【产地】产于南美洲。【观赏地点】高山极地植物室。

同属植物

盾叶秋海棠 *Begonia peltatifolia*

多年生草本。叶盾形，均基生，具长柄，叶片厚纸质，两侧略不等，轮廓卵形或椭圆形，先端骤然短尾尖，基部圆，边全缘或有极不明显的齿状突出。雌雄异花，花白色或带粉色。蒴果下垂。花期 5—7 月，果期 7 月。产于海南，生于瘠土石上。（观赏地点：高山极地植物室）

1

2

1. 珊瑚秋海棠 2. 盾叶秋海棠

1

蟆叶秋海棠 *Begonia rex*

又名紫叶秋海棠。多年生草本，高 17 ~ 23 cm。叶基生，叶片两侧不相等，轮廓长卵形，先端短渐尖，基部心形，两侧不相等。花葶高 10 ~ 13 cm，花 2 朵，生于茎顶，花被片 4 片。蒴果 3 翅，1 翅特大。花期 4—5 月，果期 8 月。产于云南、贵州和广西，生于海拔 990 ~ 1100 m 山沟岩石上和山沟密林中。越南、印度和喜马拉雅山区也有分布。（观赏地点：高山极地植物室）

有脉秋海棠 *Begonia venosa*

多年生草本。叶生于茎上，轮廓卵圆形，边缘具极稀的浅齿，上面布满银色绒毛，托叶具明显的脉。聚伞花序，着花数十朵，花白色。蒴果。花期春季。产于巴西。（观赏地点：高山极地植物室）

2

3

1—2. 蟆叶秋海棠　3. 有脉秋海棠

1

2

3

1. 三敛　2. 山杜英　3. 竹节树

三敛 *Averrhoa bilimbi*

【科属】酢浆草科阳桃属。【简介】小乔木，高 5 ~ 6 m。叶聚生于枝顶，小叶 10 ~ 20 对，小叶片长圆形，先端渐尖，基部圆形，多少偏斜，边全缘。圆锥花序，花瓣长圆状匙形，紫色。果实长圆形，具钝棱。花期 4—12 月，果期 7—12 月。【产地】原产地可能为亚洲热带地区印度至马来西亚。【观赏地点】奇异植物室。

山杜英 *Elaeocarpus sylvestris*

【科属】杜英科杜英属。【简介】小乔木，高约 10 m。叶纸质，倒卵形或倒披针形，先端钝，或略尖，基部窄楔形，下延。总状花序生于枝顶叶腋内，花瓣倒卵形，上半部撕裂，裂片 10 ~ 12 条。核果细小，椭圆形。花期 4—5 月。【产地】产于广东、海南、广西、福建、浙江、江西、湖南、贵州、四川和云南，生于海拔 350 ~ 2000 m 常绿林里。越南、老挝、泰国也有分布。【观赏地点】高山极地植物室外。

竹节树 *Carallia brachiata*

【科属】红树科竹节树属。【别名】山竹公。【简介】乔木，高 7 ~ 10 m。叶形变化很大，矩圆形、椭圆形至倒披针形或近圆形，顶端短渐尖或钝尖，基部楔形，全缘，稀具锯齿。花序腋生，花小，花瓣白色。果实近球形。花期冬季至次年春季，果期春夏季。【产地】产于广东、广西及沿海岛屿，生于低海拔至中海拔的丘陵灌丛或山谷杂木林中。南亚、东南亚至澳大利亚也有分布。【观赏地点】温室群景区水岸边、生物园。

金莲木 *Ochna integerrima*

【科属】金莲木科金莲木属。**【简介】**落叶灌木或小乔木，高 2 ~ 7 m。叶纸质，椭圆形、倒卵状长圆形或倒卵状披针形，顶端急尖或钝，基部阔楔形，边缘有小锯齿。花序近伞房状，萼片长圆形，结果时呈暗红色，花瓣 5 片，有时 7 片，黄色。核果。花期 3—4 月，果期 5—6 月。**【产地】**产于广东、海南和广西，生于海拔 300 ~ 1400 m 山谷石旁和溪边较湿润的空旷地方。南亚也有分布。**【观赏地点】**奇异植物室外、新石器时期遗址。

红厚壳 *Calophyllum inophyllum*

【科属】红厚壳科（藤黄科）红厚壳属。**【别名】**琼崖海棠。**【简介】**乔木，高 5 ~ 12 m。叶片厚革质，宽椭圆形或倒卵状椭圆形，稀长圆形，顶端圆或微缺，基部钝圆或宽楔形。总状花序或圆锥花序近顶生，花两性，白色，微香，萼片花瓣状，花瓣 4 片。果圆球形。花期 3—6 月，果期 9—11 月。**【产地】**产于海南和台湾，生于海拔 60 ~ 200 m 丘陵空旷地和海滨沙荒地上。亚洲南部及澳大利亚等地也有分布。**【观赏地点】**热带雨林植物室。

1. 金莲木　2. 红厚壳

风筝果 *Hiptage benghalensis*

【科属】金虎尾科风筝果属。【简介】灌木或藤本，攀缘，长 3 ~ 10 m 或更长。叶片革质，长圆形，椭圆状长圆形或卵状披针形。总状花序腋生或顶生，花大，芳香，花瓣白色，基部具黄色斑点，有时淡黄色或粉红色。翅果。花期 2—4 月，果期 4—5 月。【产地】产于福建、台湾、广东、广西、海南、贵州和云南，生于海拔 100 ~ 1900 m 沟谷密林和疏林中。南亚、东南亚也有分布。【观赏地点】热带雨林植物室。

毒腺蔓 *Adenia venenata*

【科属】西番莲科蒴莲属。【简介】蔓生多肉，主茎基部膨大成瓶状，肉质。枝条柔软，下垂。叶 3 ~ 7 浅裂或深裂，基部心形，先端圆形。聚伞花序，花奶油色或淡黄绿色，花瓣长圆状披针形。蒴果。花期不定。【产地】产于非洲，生于热带稀树草原、落叶灌木丛或林地中。【观赏地点】沙漠植物室栅栏边。

1

2

1. 风筝果　2. 毒腺蔓

'薰衣草女士' 西番莲

'薰衣草女士' 西番莲 *Passiflora* 'Lavender Lady'

【科属】西番莲科西番莲属。【简介】多年生常绿藤本。叶纸质，基部心形，掌状3裂，裂片卵状长圆形，全缘。聚伞花序退化仅1花，花大，花萼及花瓣内面紫色，背面绿色，副花冠丝状，紫色。浆果。花期夏秋季。【产地】园艺种。【观赏地点】奇异植物室外。

1

2

同属植物

鸡蛋果 *Passiflora edulis*

又名百香果。草质藤本，长约6 m。叶纸质，基部楔形或心形，掌状3深裂，中间裂片卵形，两侧裂片卵状长圆形，裂片边缘有内弯。聚伞花序退化仅存1花，花瓣5枚，外副花冠裂片4 ~ 5轮，内3轮裂片窄三角形，内副花冠顶端全缘或为不规则撕裂状。浆果。花期6月，果期11月。产于大小安的列斯群岛。（观赏地点：沙漠植物室外栅栏边、藤本园）

变叶木 *Codiaeum variegatum*

【科属】大戟科变叶木属。**【别名】**洒金榕。**【简介】**灌木或小乔木，高可达2 m。叶薄革质，形状大小变异很大，线形、线状披针形、长圆形、椭圆形、披针形、卵形、匙形、提琴形至倒卵形，叶色多种。状花序腋生，雄花白色，雌花淡黄色。花期9—10月。**【产地】**产于马来半岛至大洋洲。**【观赏地点】**热带雨林植物室。

三角火殃勒 *Euphorbia antiquorum*

【科属】大戟科大戟属。**【别名】**火殃勒、金刚纂。**【简介】**肉质灌木状小乔木，乳汁丰富。茎常三棱状，偶有四棱状并存。叶互生于齿尖，少而稀疏，倒卵形或倒卵状长圆形。花序单生于叶腋，总苞阔钟状。雄花多数，雌花1枚。蒴果三棱状扁球形。花果期全年。**【产地】**产于亚洲热带地区。**【观赏地点】**沙漠植物室外。

3

1. 鸡蛋果　2. 变叶木　3. 三角火殃勒

1. 泊松麒麟
2. 绿玉树

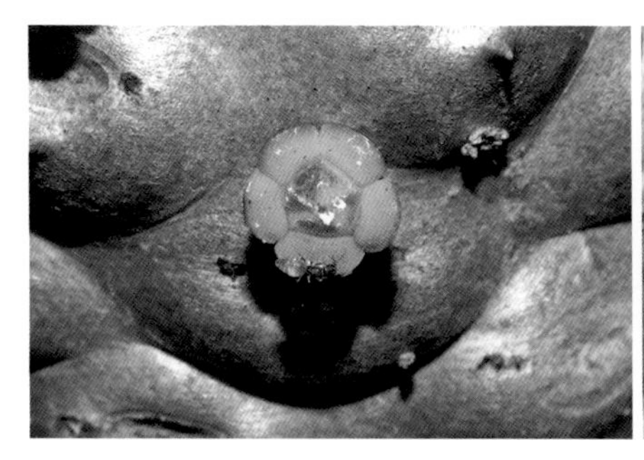

1

同属植物

泊松麒麟 *Euphorbia poissonii*

又名贝信麒麟。直立的多分枝肉质灌木，具乳汁，根灰色，高 1 ~ 2 m。生长季节顶部生有叶，长椭圆形，叶痕处常生有硬刺。花着生于茎干上，黄绿色。花期 4 月。产于非洲。（观赏地点：沙漠植物室外）

绿玉树 *Euphorbia tirucalli*

又名光棍树。小乔木，高 2 ~ 6 m。叶互生，长圆状线形，先端钝，基部渐狭，全缘，无柄或近无柄，常生于当年生嫩枝上。花序密集于枝顶，总苞陀螺状，雄花数枚，伸出总苞之外，雌花 1 枚。蒴果。花果期 7—10 月。产于非洲东部。（观赏地点：沙漠植物室外）

2

1

2

佛肚树 *Jatropha podagrica*

【科属】大戟科麻风树属(麻疯树属)。【简介】直立灌木，不分枝或少分枝，高0.3 ~ 1.5 m。叶盾状着生，轮廓近圆形至阔椭圆形，顶端圆钝，基部截形或钝圆，全缘或2 ~ 6浅裂。花序顶生，花瓣红色。蒴果椭圆状。花期几乎全年。【产地】产于中美洲和南美洲热带地区。【观赏地点】沙漠植物室外。

响盒子 *Hura crepitans*

【科属】大戟科响盒子属。【简介】乔木，高10 ~ 40 m，茎密被粗肿的硬刺。叶纸质，卵形或卵圆形，顶端尾状渐尖或骤然紧缩，具小尖头，基部心形。雄花，穗状花序卵状圆锥形，红色，雌花萼管长4 ~ 6 mm，柱头紫黑色。花期5—10月。【产地】产于美洲。【观赏地点】热带雨林植物室。

1. 佛肚树 2. 响盒子

五月茶 *Antidesma bunius*

【**科属**】叶下珠科（大戟科）五月茶属。【**别名**】污槽树。【**简介**】乔木，高达 10 m。叶片纸质，长椭圆形、倒卵形或长倒卵形，顶端急尖至圆，有短尖头，基部宽楔形或楔形。雄花及雌花的花萼杯状，花盘杯状。核果，成熟时红色。花期 3—5 月，果期 6—11 月。【**产地**】产于江西、福建、湖南、广东、海南、广西、贵州、云南和西藏等地，生于海拔 200 ~ 1500 m 山地疏林中。广布于亚洲热带地区至澳大利亚。【**观赏地点**】热带雨林植物室、能源植物园。

西印度醋栗 *Phyllanthus acidus*

【**科属**】叶下珠科（大戟科）叶下珠属。【**简介**】常绿灌木或小乔木，树高 2 ~ 5 m。叶全缘，互生，先端尖，卵形或椭圆形。穗状花序，花红色或粉红色。果实扁球形，淡黄色。果期夏季及冬季。【**产地**】产于马达加斯加。【**观赏地点**】奇异植物室、能源植物园。

1

2

1. 五月茶　2. 西印度醋栗

1

无瓣海桑 *Sonneratia apetala*

【科属】千屈菜科（海桑科）海桑属。**【简介】**常绿乔木，高达 15 m。小枝下垂。叶片狭椭圆形至披针形，基部楔形，先端钝。聚伞花序具 3 ~ 7 花，花萼绿色，无花瓣，花丝白色。果实球形。花期 5—12 月，果期 8—4 月。**【产地】**产于孟加拉国、印度、缅甸、斯里兰卡等地。**【观赏地点】**热带雨林植物室。

同属植物

海桑 *Sonneratia caseolaris*

常绿小乔木，高 5 ~ 6 m，小枝常下垂。叶形状变异大，阔椭圆形、矩圆形至倒卵形，侧脉纤细。花瓣条状披针形，暗红色，花丝粉红色或上部白色，下部红色。浆果扁球形。花期冬季，果期春夏季。产于海南，生于海边泥滩。东南亚热带至澳大利亚也有分布。（观赏地点：热带雨林植物室）

2

1. 无瓣海桑　2. 海桑

1

2

石榴 *Punica granatum*

【**科属**】千屈菜科（石榴科）石榴属。【**别名**】安石榴。【**简介**】落叶灌木或乔木，高 3 ～ 5 m，稀达 10 m。叶通常对生，纸质，矩圆状披针形，顶端短尖、钝尖或微凹，基部短尖至稍钝形。花大，1 ～ 5 朵生枝顶，花瓣红色、黄色或白色。浆果近球形。花期春季，果期秋季。【**产地**】原产于巴尔干半岛至伊朗及其邻近地区。【**观赏地点**】高山极地植物室外。

广东紫薇 *Lagerstroemia fordii*

【**科属**】千屈菜科紫薇属。【**简介**】乔木，高可达 8 m。叶互生，纸质，阔披针形或椭圆状披针形，顶端尾状渐尖，基部楔形，侧脉 4 ～ 5 对。花 6 基数，花萼 10 ～ 12 枚，花瓣心状圆形。蒴果。花期 4—5 月，果期秋季。【**产地**】产于广东和福建，生于低山山地疏林中。【**观赏地点**】高山极地植物室外。

1. 石榴　2. 广东紫薇

1

2

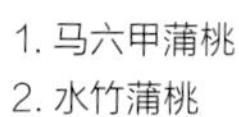
1. 马六甲蒲桃
2. 水竹蒲桃

马六甲蒲桃 *Syzygium malaccense*

【**科属**】桃金娘科蒲桃属。【**简介**】常绿乔木，高 15 m。叶狭椭圆形至椭圆形，先端尖锐。聚伞花序生于无叶的老枝上，花 4 ~ 9 朵簇生，花红色，花瓣圆形，雄蕊红色。果卵圆形或壶形。花期 5 月。【**产地**】产于马来西亚、印度、老挝和越南。【**观赏地点**】奇异植物室。

同属植物

水竹蒲桃 *Syzygium fluviatile*

灌木，高 1 ~ 3 m。叶片革质，线状披针形，先端钝或略圆，基部渐变狭窄。聚伞花序腋生，花蕾倒卵形，花瓣分离，圆形。果实球形，成熟时黑色。花期 4—7 月。产于广东、广西等地，常见于 1000 m 以下森林溪涧边。（观赏地点：热带雨林植物室）

威尔逊蒲桃 *Syzygium wilsonii*

常绿灌木或小乔木，株高可达 9 m 或更高。叶披针形，先端渐尖，基部圆，叶柄短。全缘。头状花序，花瓣及花丝红色。果白色。花期 3—4 月，果期秋季。产于澳大利亚。（观赏地点：高山极地植物室）

嘉宝果 *Plinia cauliflora*

【科属】桃金娘科树葡萄属。【别名】树葡萄。【简介】常绿小乔木。树皮呈薄片状脱落。叶对生，具短叶柄，叶椭圆形，革质，先端尖，基部楔形。花常簇生于主干及主枝上，新枝上较少，花小，白色。浆果，成熟后黑色。一年多次开花结果。【产地】产于巴西。【观赏地点】热带雨林植物室。

松红梅 *Leptospermum scoparium*

【科属】桃金娘科鱼柳梅属。【简介】灌木或小乔木，高 2 ~ 5 m，在原产地可达 15 m。分枝密，枝红褐色。叶小，披针形，先端尖，基部渐狭，无柄。花白色或粉红色，单瓣或重瓣。花期全年。【产地】产于澳大利亚和新西兰。【观赏地点】高山极地植物室。

1

2

3

1. 威尔逊蒲桃　2. 嘉宝果　3. 松红梅

1

蔓性野牡丹 *Heterotis rotundifolia*

【科属】野牡丹科湿地棯属。【简介】多年生常绿藤本。叶卵形到卵状披针形或近圆形，先端锐尖，基部截形到宽楔形，叶面及边缘具刚毛。花粉红色或堇紫色，花瓣6枚。果圆柱形，上面密布刚毛。花期秋冬季，果期冬春季。【产地】产于非洲热带地区。【观赏地点】奇异植物室、新石器时期遗址旁林中、藤本园。

2

蔓茎四瓣果 *Heterocentron elegans*

【科属】野牡丹科四瓣果属。【别名】多花蔓性野牡丹。【简介】常绿藤蔓植物，茎匍匐，长可达60 cm或更长。叶对生，阔卵形，三出脉，叶面皱，叶缘具细齿。花顶生，花瓣4枚，粉红色。浆果。花期春季至秋季。【产地】产于墨西哥。【观赏地点】奇异植物室外。

附生美丁花 *Medinilla arboricola*

【科属】野牡丹科酸脚杆属。【简介】攀缘灌木，附生于树上。叶3 ~ 5枚轮生，叶片坚纸质或近革质，椭圆形或卵状椭圆形，顶端广急尖，基部广楔形。聚伞花序，具3 ~ 5花，花瓣白色，长椭圆形。浆果近球状壶形。花期6—7月，果期8—9月。【产地】产于海南，常见于低海拔至中海拔地区林中荫处、水旁岩石上或攀缘于树上。【观赏地点】热带雨林植物室。

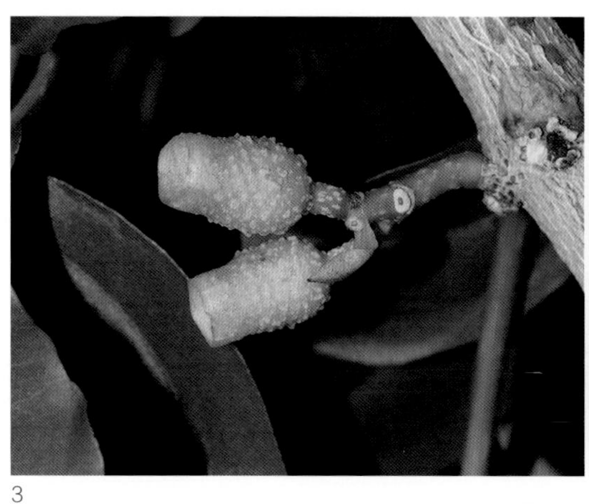

3

1. 蔓性野牡丹　2. 蔓茎四瓣果　3. 附生美丁花

毛菍 *Melastoma sanguineum*

【**科属**】野牡丹科野牡丹属。【**别名**】毛棯。【**简介**】大灌木，高 1.5 ~ 3 m。茎、小枝、叶柄、花梗及花萼均被平展的长粗毛。叶片坚纸质，卵状披针形至披针形，顶端长渐尖或渐尖，基部钝或圆形。伞房花序，顶生，常仅有花 1 朵，花瓣粉红色或紫红色。果杯状球形。花果期几乎全年，通常在 8—10 月。【**产地**】产于广西和广东，生于海拔 400 m 以下低海拔地区。印度、马来西亚至印度尼西亚也有分布。【**观赏地点**】高山极地植物室外。

1

腰果 *Anacardium occidentale*

【**科属**】漆树科腰果属。【**别名**】鸡腰果。【**简介**】灌木或小乔木，高 4 ~ 10 m。叶革质，倒卵形，先端圆形，平截或微凹，基部阔楔形。圆锥花序宽大，排成伞房状，花黄绿色至红色，杂性，花瓣线状披针形，开花时外卷。核果肾形，两侧压扁，果基部为肉质梨形或陀螺形的假果托，成熟时紫红色。花期 4—7 月。【**产地**】产于美洲热带地区。【**观赏地点**】热带雨林植物室。

2

1. 毛菍　2. 腰果

垂枝假山萝 *Harpullia pendula*

【**科属**】无患子科假山萝属。【**简介**】常绿乔木，高可达 20 余米。偶数羽状复叶，互生，有时近对生，小叶椭圆形，先端尖，基部渐狭，全缘。圆锥花序，花黄绿色。蒴果。花期夏季至秋季，果期次年 4—5 月。【**产地**】产于澳大利亚。【**观赏地点**】热带雨林植物室。

咖喱树 *Murraya koenigii*

【科属】芸香科九里香属。【别名】调料九里香。【简介】灌木或小乔木，高达 4 m。叶有小叶 17 ~ 31 片，小叶斜卵形或斜卵状披针形。近于平顶的伞房状聚伞花序，通常顶生，花多数，花瓣白色。嫩果长卵形，成熟时长椭圆形，或间有圆球形，蓝黑色。花期 3—4 月，果期 7—8 月。【产地】产于海南和云南，生于离近海岸的灌丛中和较湿润的阔叶林中。越南、老挝、缅甸、印度等地也有分布。【观赏地点】热带雨林植物室。

1

米兰 *Aglaia odorata*

【科属】楝科米仔兰属。【别名】米仔兰。【简介】灌木或小乔木。小叶 3 ~ 5 片，小叶对生，厚纸质，顶端 1 片最大，下部的远较顶端的为小，先端钝，基部楔形。圆锥花序腋生，花芳香，雄花的花梗纤细，两性花的花梗稍短而粗，花萼 5 裂，花瓣 5 枚，黄色。浆果。花期 5—12 月，果期 7 月至次年 3 月。【产地】产于广东和广西，生于低海拔山地的疏林或灌林中。东南亚各地也有分布。【观赏地点】奇异植物室外、经济植物区。

2

1. 咖喱树　2. 米兰

1

2

3

龟纹木棉 *Pseudobombax ellipticum*

【**科属**】锦葵科（木棉科）番木棉属。【**别名**】龟甲木棉。【**简介**】落叶乔木，高可达 6 m 或更高，通常灌木状，分枝低，干基膨大，龟裂。掌状复叶，小叶 5 片，椭圆形，全缘。花瓣反卷，绿白色，花丝白色，也有粉红色。蒴果椭圆形。花期。花期不定，一般春季。【**产地**】产于美洲。【**观赏地点**】沙漠植物室。

木棉 *Bombax ceiba* (*Bombax malabaricum*)

【**科属**】锦葵科（木棉科）木棉属。【**别名**】红棉、攀枝花。【**简介**】落叶大乔木，高可达 25 m。掌状复叶，小叶 5 ~ 7 片，长圆形至长圆状披针形，顶端渐尖，基部阔或渐狭，全缘。花单生枝顶叶腋，通常红色，有时橙红色，花瓣肉质。蒴果。花期 2—4 月，果期夏季。【**产地**】产于云南、四川、贵州、广西、江西、广东、福建和台湾等地，生于海拔 1400 ~ 1700 m 以下干热河谷及稀树草原。南亚、东南亚至澳大利亚也有分布。【**观赏地点**】热带雨林植物室、西门停车场、游乐场、蒲葵路。

弥勒异木棉 *Ceiba chodatii*

【**科属**】锦葵科（木棉科）吉贝属。【**简介**】落叶乔木中乔木，株高可达 12 m，茎干膨大。树皮无刺，幼时绿色，成株纵裂。叶互生，掌状 5 裂，边缘有锯齿。花大，单生，乳白色，基部常带紫斑。蒴果。花期秋季至次年春季。【**产地**】产于南美洲热带和亚热带森林中。【**观赏地点**】沙漠植物室外。

1. 龟纹木棉　2. 木棉　3. 弥勒异木棉

可可 *Theobroma cacao*

【科属】锦葵科（梧桐科）可可属。【简介】常绿乔木，高达 12 m。叶具短柄，卵状长椭圆形至倒卵状长椭圆形，顶端长渐尖，基部圆形、近心形或钝。花排成聚伞花序，萼粉红色，花瓣 5 片，淡黄色，略比萼长。核果椭圆形或长椭圆形。花期几乎全年。【产地】产于美洲中部和南部。【观赏地点】热带雨林植物室。

可乐果 *Cola acuminata*

【科属】锦葵科（梧桐科）可乐果属。【别名】红可拉。【简介】常绿小乔木，株高 10 ~ 20 m。叶倒披针形或椭圆形，先端急尖，具尾尖，基部圆，绿色，全缘。圆锥花序，花奶油白色，无花瓣，萼片基部具放射状紫红色条纹，边缘红褐色。果斜卵形。花期春季。【产地】产于非洲热带地区。【观赏地点】热带雨林植物室。

红萼苘麻 *Abutilon megapotamicum*

【科属】锦葵科苘麻属。【别名】蔓性风铃花。【简介】常绿蔓性灌木。枝条细长柔垂，多分枝。叶互生，心形，叶端尖，叶缘有钝锯齿，有时分裂，叶柄细长。花生于叶腋，具长梗，下垂。花冠状如风铃，花萼红色，花瓣黄色，花蕊深棕色，伸出花瓣。花期全年。【产地】产于巴西、乌拉圭和阿根廷。【观赏地点】高山极地植物室、生物园。

1

2

3

1. 可可　2. 可乐果　3. 红萼苘麻

金铃花

同属植物

金铃花 *Abutilon pictum*

又名纹瓣悬铃花，常绿灌木，高达 1 ~ 2 m。叶互生，掌状 3 ~ 5 深裂，裂片卵形，具锯齿，两面无毛或下面疏被星状毛。花单生叶腋，花梗下垂，花钟形，橘黄色，具紫色条纹。蒴果近球形。全年开花。产于巴西、乌拉圭等地。（观赏地点：热带雨林植物室、生物园）

弯子木 *Cochlospermum religiosum*

【科属】红木科弯子木属。**【简介】**落叶小乔木，高达 5 ～ 6 m。叶掌状 5 ～ 7 深裂，嫩时绿色，近无毛，老时变为红色。圆锥花序生于枝顶，花鲜黄色，花瓣倒卵形。蒴果梨形、倒卵形或卵状矩圆形。花期 4—6 月。栽培的有'重瓣'毛茛树 *C. vitifolium* 'Floreplen o'，花重瓣。**【产地】**产于墨西哥至中美洲及南美洲。**【观赏地点】**热带雨林植物室、奇异植物室。

狭叶坡垒 *Hopea chinensis*

【科属】龙脑香科坡垒属。**【别名】**万年木。**【简介】**乔木，高 15 ～ 20 m。叶互生，全缘，革质，长圆状披针形或披针形，先端渐尖或尾状渐尖，基部圆形或楔形。圆锥花序腋生，少花，花瓣 5 片，淡红色，扭曲。果实卵形，增大的 2 枚花萼裂片为长圆状披针形或长圆形。花期 6—7 月，果期 10—12 月。**【产地】**产于广西，生于海拔 600 m 左右山谷、坡地、丘陵地区。**【观赏地点】**热带雨林植物室、西门路边。

1　　2

3

1. 弯子木　2.'重瓣'毛茛树　3. 狭叶坡垒

象腿树 *Moringa drouhardii*

【科属】辣木科辣木属。**【别名】**象腿辣木。**【简介】**落叶乔木，株高可达 7 ～ 12 m。树干肥厚多肉，基部肥大似象腿。成年树侧枝疏少，叶生于枝顶，二至三回羽状复叶，小叶细小，椭圆状镰刀形。圆锥花序腋生，花白色或黄色。花期夏季。**【产地】**产于非洲热带地区。**【观赏地点】**沙漠植物室外。

千叶兰 *Muehlenbeckia complexa*

【科属】蓼科千叶兰属。**【简介】**多年生常绿藤本。植株呈匍匐状，长可达 4.5 m。茎红褐色。叶小，互生，心形，先端有小尖头或钝，基部微凹。花序生于叶腋，花被片淡绿色。浆果。花期秋季。**【产地】**产于新西兰。**【观赏地点】**高山极地植物室。

1

2

1. 象腿树　2. 千叶兰

1

2

珊瑚藤 *Antigonon leptopus*

【科属】蓼科珊瑚藤属。**【别名】**朝日藤。**【简介】**多年生攀缘状藤本，蔓长 1 ~ 5 m。基部稍木质，由肥厚的块根发出。叶互生，卵形至长圆状卵形，先端渐尖，基部深心脏形。总状花序顶生或生于上部叶腋内，花多数，丛生，花被淡红色，有时白色。瘦果圆锥状。花果期夏秋间。**【产地】**产于墨西哥。**【观赏地点】**高山极地植物室外栅栏旁、藤本园。

金琥 *Echinocactus grusonii*

【科属】仙人掌科金琥属。**【简介】**多年生多浆植物，茎圆球形，球体大，高可达 1.2 m，直径可达 1 m，绿色，顶部有多数浅黄色羊毛状刺。有 20 ~ 37 棱，棱上具刺座。花单生于顶端，黄色。花期夏季。**【产地】**产于墨西哥。**【观赏地点】**沙漠植物室。

1. 珊瑚藤　2. 金琥

1

2

大花樱麒麟 *Pereskia grandifolia*

【科属】仙人掌科木麒麟属。【别名】大花木麒麟、大叶木麒麟。【简介】直立常绿灌木，高 2 ~ 5 m。茎肉质，多刺。叶长圆形，通常集生于枝干或枝端，先端或钝。花紫色或玫瑰红色，呈簇生状。浆果，梨形。花期春季至秋季。【产地】原产于巴西。【观赏地点】沙漠植物室。

同属植物

樱麒麟 *Pereskia bleo*

又名玫瑰樱麒麟。常绿灌木，株高约 2 m，也可达 6 ~ 7 m。茎粗壮，具刺。叶片多数，肉质，长椭圆形，先端尖，边缘波状，叶绿色，具乳汁。总状花序生于茎顶，橙红色。浆果，成熟后鲜黄色。花期春季至秋季。产于中美洲荫蔽及潮湿的森林中。（观赏地点：奇异植物室）

巨鹫玉 *Ferocactus peninsulae*

【科属】仙人掌科强刺球属。【别名】半岛玉。【简介】幼株球形，成株为短圆筒形，单生或群生。球体直径 30 cm 或更宽，株高可达 1 m 或更高，绿色，具棱 13。刺座褐色，中刺 6 个，周刺约 10 个，最长的一根中刺具钩。花黄色或橙黄色。【产地】产于墨西哥和美国。【观赏地点】沙漠植物室。

3

1. 樱麒麟　2. 大花樱麒麟　3. 巨鹫玉

羽扇丝苇 *Rhipsalis oblonga*

【科属】仙人掌科丝苇属。【别名】桐壶丝苇。【简介】附生或岩石的肉质灌木，长可达2.5 m。基部主茎圆柱状，上面分枝狭长圆形，薄而扁平，基部楔形，先端截形，浅绿色或橄榄绿色，边缘具圆齿。花小，黄绿色，雄蕊白色。球形至椭圆形。花期2月。【产地】产于巴西。【观赏地点】奇异植物室。

1

姬月下美人 *Epiphyllum pumilum*

【科属】仙人掌科昙花属。【简介】多年生肉质草本，茎长5 m或更长，多分枝，侧枝下部圆柱形，长可达80 cm或更长。茎绿色，叶状，扁平，具分枝。花生于叶状枝的小窠内，花白花，较小。浆果圆形，成熟后红色。种子黑色。【产地】产于墨西哥。【观赏地点】奇异植物室。

2

3

1. 桐壶丝苇　2—3. 姬月下美人

胭脂掌 *Opuntia cochenillifera*

【科属】仙人掌科仙人掌属。**【简介】**肉质灌木或小乔木，高 2 ~ 4 m。分枝多数，椭圆形、长圆形、狭椭圆形至狭倒卵形，先端及基部圆形，边缘全缘，小窠散生，通常无刺。花近圆柱状，花被片直立，红色，花丝红色。浆果椭圆球形。花期 7 月至次年 2 月。**【产地】**产于墨西哥。**【观赏地点】**沙漠植物室外。

黄花仙人掌 *Opuntia tuna*

【科属】仙人掌科仙人掌属。**【别名】**金武扇仙人掌。**【简介】**多年生肉质丛生灌木。分枝多数，分枝倒卵形，扁平，肉质，边缘不规则波状，叶退化。小窠密生短绵毛，刺黄白色。花顶生，黄色。浆果。花果期几乎全年。**【产地】**产于中南美洲和地中海沿岸。**【观赏地点】**沙漠植物室外。

1. 胭脂掌　2. 黄花仙人掌

1

珙桐 *Davidia involucrata*

【科属】蓝果树科珙桐属。**【别名】**鸽子树。**【简介】**落叶乔木，高 15 ~ 20 m，稀达 25 m。叶纸质，互生，阔卵形或近圆形，顶端急尖或短急尖，基部心脏形或深心脏形。两性花与雄花同株，由多数的雄花与 1 个雌花或两性花组成近球形的头状花序，雄花基部具纸质、矩圆状卵形或矩圆状倒卵形花瓣状的苞片 2 ~ 3 枚。核果。花期 4 月，果期 10 月。**【产地】**产于湖北、湖南、四川、贵州和云南，生于海拔 1500 ~ 2200 m 润湿的林中。**【观赏地点】**高山极地植物室。

栎叶绣球 *Hydrangea quercifolia*

【科属】绣球科（虎耳草科）绣球属。**【简介】**落叶灌木，株高 2 ~ 2.5 m。叶对生，卵形，深裂，基部圆，裂片先端尖，绿色。聚伞花序排成圆锥状，顶生。花 2 型，不育花生于花序外侧，萼片花瓣状，奶油白色。孕性花小，生于花序内侧，黄色。花期 4—5 月。**【产地】**产于美国。**【观赏地点】**高山极地植物室外。

2

1. 珙桐　2. 栎叶绣球

1

西域青荚叶 *Helwingia himalaica*

【科属】山茱萸科青荚叶属。【别名】喜马拉雅青荚叶。【简介】常绿灌木，高 2 ~ 3 m。叶厚纸质，长圆状披针形，长圆形，稀倒披针形，先端尾状渐尖，基部阔楔形，边缘具腺状细锯齿。雄花绿色带紫，常 14 枚呈密伞花序，4 数，稀 3 数，雌花 3 ~ 4 数。果实近于球形。花期 4—5 月，果期 8—10 月。【产地】产于湖南、湖北、四川、云南、贵州和西藏南部，常生于海拔 1700 ~ 3000 m 林中。尼泊尔、不丹、印度、缅甸及越南也有分布。【观赏地点】高山极地植物室。

鹦鹉嘴凤仙花 *Impatiens niamniamensis*

【科属】凤仙花科凤仙花属。【别名】刚果凤仙花。【简介】多年生草本，株高 30 ~ 50 cm。单叶互生，叶长卵圆形，先端尖，基部楔形，边缘具锯齿。花两性，单生于叶腋，花萼 3 枚，侧面 2 枚较小，淡绿色，下面一枚较大，囊状，向外延伸成距，基部黄色，上部鲜红色，花瓣 5 片。蒴果。花期 4—6 月。【产地】产于非洲。【观赏地点】高山植物植物室。

2

1. 西域青荚叶　2. 鹦鹉嘴凤仙花

1

炮弹树 *Couroupita guianensis*

【科属】玉蕊科炮弹树属。【别名】炮弹果。【简介】乔木，株高可达 35 m。叶簇生于枝顶，椭圆形，先端尖，基部楔形，叶脉明显。总状花序着生于茎干上，花量极大，花瓣 6 片，粉红色至红色，雄蕊粉红色。果实球形，具木质外壳。热带地区花期几乎全年，果次年成熟。【产地】产于中美洲和南美洲热带雨林中。【观赏地点】奇异植物室。

大果玉蕊 *Barringtonia macrocarpa*

【科属】玉蕊科玉蕊属。【简介】乔木，株高可达 15 m 或以上。叶聚生枝顶，倒卵状椭圆形，叶柄紫红色。总状花序下垂，花淡粉色，花丝密集，白里透粉，晚上开花，次日早上凋落。果实圆锥形，具钝棱角。花期几乎全年。【产地】产于缅甸、泰国、越南、马来西亚和印度尼西亚，生于低地河流和沼泽森林中。【观赏地点】奇异植物室。

同属植物

玉蕊 *Barringtonia racemosa*

常绿小乔木或中等大乔木，稀灌木状，高可达 20 m。叶常丛生枝顶，有短柄，纸质，倒卵形至倒卵状椭圆形或倒卵状矩圆形。总状花序顶生，下垂，花疏生，花瓣 4 片。果实卵圆形，微具 4 钝棱。花期几乎全年。产于台湾和海南，生于滨海地区林中。广布于非洲、亚洲和大洋洲的热带、亚热带地区。（观赏地点：奇异植物室）

2

3

1. 炮弹树　2. 大果玉蕊　3. 玉蕊

1

2

神秘果 *Synsepalum dulcificum*

【科属】山揽科神秘果属。**【别名】**变味果。**【简介】**常绿灌木或小乔木，高2～4 m。叶革质，倒卵形，互生或簇生枝顶。花白色，腋生。果实椭圆形，成熟果皮鲜红色，果肉乳白色，味微甜。花果期几乎全年。**【产地】**产于西非热带地区。**【观赏地点】**温室外滨水草地、沙漠植物室外、药用植物园。

长柄香榄 *Mimusops balata* (*Achras balata*)

【科属】山榄科香榄属。**【简介】**常绿乔木，高达40 m。叶互生，椭圆形或倒卵形，革质，深绿色，具光泽。花柄长，花萼排成2轮，内面淡绿色，外面褐色，流苏状撕裂，花乳白色。浆果圆形，绿色，成熟变黄。花期夏季，果期冬春季。**【产地】**产于美洲热带地区。**【观赏地点】**热带雨林植物室。

1. 神秘果　2. 长柄香榄

朱砂根 *Ardisia crenata*

【科属】报春花科（紫金牛科）紫金牛属。【别名】郎伞树。【简介】灌木，高 1 ~ 2 m，稀达 3 m。叶片革质或坚纸质，椭圆形、椭圆状披针形至倒披针形，顶端急尖或渐尖，基部楔形。伞形花序或聚伞花序，花瓣白色，稀略带粉红色。果球形，鲜红色。花期 5—6 月，果期 10—12 月，有时次年 2—4 月。【产地】产于我国东南部，生于海拔 90 ~ 2400 m 林下阴湿灌丛中。印度，缅甸经马来半岛、印度尼西亚至日本均有分布。【观赏地点】热带雨林植物室、奇异植物室。

1

同属植物

东方紫金牛 *Ardisia elliptica* (*Ardisia squamulosa*)

又名春不老。灌木，高达 2 m。叶厚，新鲜时略肉质，倒披针形或倒卵形，顶端钝和有时短渐尖，基部楔形。亚伞形花序或复伞房花序，花粉红色至白色，萼片圆形，花瓣广卵形。果红色至紫黑色。花期春秋季，果期秋季。产于我国台湾。（观赏地点：温室群景区门口、紫金牛植物区）

2

1. 朱砂根　2. 东方紫金牛

1 2

紫金牛 *Ardisia japonica*

又名矮地茶。小灌木或亚灌木，近蔓生。叶对生或近轮生，叶片坚纸质或近革质，椭圆形至椭圆状倒卵形，顶端急尖，基部楔形，边缘具细锯齿。亚伞形花序，具3～5花，花瓣粉红色或白色。果球形，鲜红色转黑色。花期4—6月，果期11—12月。产于陕西及长江流域以南各地，生于海拔1200 m以下山间林下或竹林下。朝鲜、日本也有分布。（观赏地点：热带雨林植物室、药用植物园）

藏报春 *Primula sinensis*

【科属】 报春花科报春花属。**【简介】** 多年生草本。叶多数簇生，叶片轮廓阔卵圆形至椭圆状卵形或近圆形，先端钝圆，基部心形或近截形，边缘5～9裂。伞形花序，花冠淡蓝紫色或玫瑰红色。蒴果卵球形。花期12月至次年3月，果期2—4月。**【产地】** 产于陕西、湖北、四川和贵州，生于海拔200～1500 m蔽荫和湿润的石灰岩缝中。**【观赏地点】** 高山极地植物室。

1. 紫金牛 2. 藏报春

深红树萝卜 *Agapetes lacei*

【科属】杜鹃花科树萝卜属。**【别名】**灯笼花。**【简介】**附生常绿灌木。叶片革质，狭长圆形，先端渐尖，基部圆或稍变狭，全缘。伞房花序侧生于老枝上，有花数朵，花萼中部有一极明显加厚的水平环，花冠近圆筒状，红色。果圆球形。花期秋季至次年春季。**【产地】**产于云南和西藏，附生于海拔 1500 ~ 1650 m 常绿林中树上。缅甸也有分布。**【观赏地点】**高山极地植物室。

长穗越橘 *Vaccinium dunnianum*

【科属】杜鹃花科越橘属。**【别名】**白黄果。**【简介】**常绿灌木，稀为小乔木，高 1 ~ 5 m，有时附生。叶散生，叶片革质，长卵状披针形，顶端长渐尖，有时尾尖状，基部圆形至近心形，边缘全缘。总状花序，花冠淡黄绿带紫红色，钟状。浆果球形。花期 4—5 月，果期 6—11 月。**【产地】**产于云南，生于海拔 1100 ~ 1800 m 山谷林中，有时附生于树上。**【观赏地点】**高山极地植物室。

1

2

1. 深红树萝卜　2. 长穗越橘

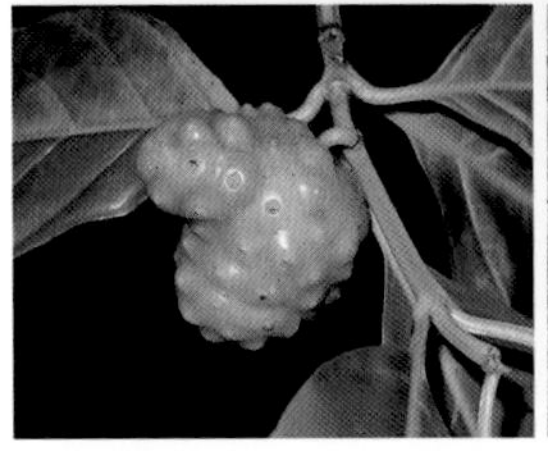

1

海巴戟 *Morinda citrifolia*

【科属】茜草科巴戟天属。【别名】海滨木巴戟、海巴戟天。【简介】灌木至小乔木，高 1 ~ 5 m。叶交互对生，长圆形、椭圆形或卵圆形，两端渐尖或急尖，全缘。头状花序，花多数，花冠白色，漏斗形。聚花核果浆果状，卵形，熟时白色，种子小。花果期全年。【产地】产于台湾和海南，生于海滨平地或疏林下。自印度和斯里兰卡，经中南半岛，南至澳大利亚北部，东至波利尼西亚等广大地区及其海岛均有分布。【观赏地点】奇异植物室。

2

大苞垂枝茜 *Pouchetia baumanniana*

【科属】茜草科垂枝茜属。【简介】灌木，株高 2 m。叶对生，椭圆形，先端尖或钝，基部楔形，全缘，绿色。总状花序，悬垂，上具覆瓦状苞片，小花浅绿色。花期春季。【产地】产于非洲。【观赏地点】高山极地植物室外。

郎德木 *Rondeletia odorata*

【科属】茜草科郎德木属。【简介】常绿灌木，高达 2 m。叶对生或 3 枚轮生，卵形、椭圆形或长圆形。聚伞花序顶生，被棕黄色柔毛，花冠鲜红色，喉部带黄色。蒴果球形。花期几乎全年。【产地】产于古巴、巴拿马、墨西哥等地。【观赏地点】温室外栅栏边。

3

1. 海巴戟　2. 大苞垂枝茜　3. 郎德木

1. 海南龙船花
2.'大王' 龙船花

1

2

海南龙船花 *Ixora hainanensis*

【**科属**】茜草科龙船花属。【**简介**】灌木，高达 3 m。叶对生，纸质，通常长圆形，顶端微圆形、尖或钝，基部楔形。花序顶生，为三歧伞房式的聚伞花序，花具香气，萼檐 4 裂，花冠白色，顶部 4 裂。果球形，略扁。花期 5—11 月。【**产地**】产于广东和海南，生于低海拔砂质土壤的丛林中。【**观赏地点**】热带雨林植物室。

同属植物

'大王' 龙船花 *Ixora macrothyrsa* 'Super King'

常绿灌木。叶交互对生，长椭圆形，先端渐尖，基部楔形，全缘。聚伞花序，花冠高脚碟形，花冠 4 裂，红色。核果。花期夏季。园艺种，原种产于印度。（观赏地点：热带雨林植物室）

1

2

五星花 *Pentas lanceolata*

【科属】茜草科五星花属。【别名】繁星花。【简介】直立或外倾的亚灌木，高 30 ~ 70 cm。叶卵形、椭圆形或披针状长圆形，顶端短尖，基部渐狭成短柄。聚伞花序密集，顶生，花无梗，2 型，花柱异长，花冠淡紫色。花期春季至秋季。【产地】产于非洲热带地区和阿拉伯地区。【观赏地点】奇异植物室。

粉萼金花 *Mussaenda* 'Alicia'

【科属】茜草科玉叶金花属。【别名】粉萼花。【简介】半常绿灌木，株高 1 ~ 3 m。叶对生，长椭圆形，顶端渐尖，基部楔形，全缘。聚伞房花序顶生，花萼裂片 5 枚，全部增大为粉红色花瓣状，呈重瓣状，花冠金黄色，高脚碟状，喉部淡红色。花期 6—10 月。【产地】园艺种。【观赏地点】温室入口处、水生植物园路、药用植物园。

1. 五星花　2. 粉萼金花

爱之蔓 *Ceropegia linearis* subsp. *woodii*

【科属】夹竹桃科（萝藦科）吊灯花属。**【简介】**多年生肉质藤本，具地下块茎，蔓长可达2 m以上。叶对生，心形，全缘，绿色，上面具大理石状斑纹。聚伞花序，花萼小，5深裂，花冠筒状，白色略带紫色，基部膨胀，裂片紫褐色，舌状，弧形，顶端黏合，具缘毛。蓇葖果。花期不定。**【产地】**产于非洲南部。**【观赏地点】**沙漠植物室。

贝拉球兰 *Hoya lanceolata* subsp. *bella*

【科属】夹竹桃科（萝藦科）球兰属。**【简介】**附生半蔓性灌木。节间较长，茎自然下垂。叶对生，肉质，小而薄，披针形，叶面翠绿色，叶背绿白色，先端尖，基部圆形。花序顶生或叶腋间伸出，伞形花序，着花7～9朵，花白色，副花冠紫色。花期夏季。**【产地】**产于印度、泰国等地，生于雨林中。**【观赏地点】**奇异植物室。

1

2

1. 爱之蔓　2. 贝拉球兰

同属植物

南方球兰 *Hoya australis*

又名澳洲球兰。藤本。叶肉质，基部心形，先端钝尖，基部心形。聚伞花序近球形，花冠钟形，淡黄绿色至白色。花期 4 月。产于澳大利亚。（观赏地点：奇异植物室）

孜然球兰 *Hoya cumingiana*

又名葵玫球兰。藤本。叶卵圆形，先端钝尖，基部圆形，全缘。聚伞花序，有花 10 余朵。花冠黄绿色，副花冠紫色。产于菲律宾。（观赏地点：奇异植物室）

凹叶球兰 *Hoya kerrii*

木质藤本。叶肉质，倒心形，先端凹，基部圆。聚伞状花序，有花 10 余朵，花冠乳白色，副花冠紫红色。花期夏季。产于泰国、老挝和柬埔寨。栽培的品种有凹叶球兰锦 'Variegata'。（观赏地点：热带雨林植物室）

1

2

3

1. 南方球兰　2. 孜然球兰　3. 凹叶球兰

1

2

裂瓣球兰 *Hoya lacunosa*

附生半灌木。叶对生，长卵圆形，绿色，先端渐尖，基部圆形，绿色，全缘。聚伞花序具 12 ~ 25 花，花瓣黄白色略带粉色，副花冠黄色。花期夏季。产于中美洲。（观赏地点：奇异植物室）

棉德岛球兰 *Hoya mindorensis*

常绿藤本。叶椭圆形，先端尖，基部楔形或圆形，叶柄短，绿色，全缘。聚伞花序腋生，着花数十朵，花冠紫红色，副花冠星状。花期春末夏初。产于菲律宾。（观赏地点：奇异植物室）

1. 裂瓣球兰　2. 棉德岛球兰

蜂出巢 *Hoya multiflora*

又名彗星球兰。直立或附生蔓性灌木。叶对生，椭圆状长圆形。聚伞花序腋生或顶生，着花 10 ~ 15 朵。花冠黄绿色，副花冠 5 裂，基部延伸成角状长距星状射出。蓇葖果。花期 5—7 月，果期 10—12 月。产于云南和广西，常附生于树上。东南亚也有分布。（观赏地点：奇异植物室）

舌苔球兰 *Hoya pubicalyx*

又名毛萼球兰。常绿藤本。叶肉质，卵形，全缘，叶面粗糙或光亮，叶柄圆柱形。伞状花序，球形，具花 30 余朵，紫红至红黑色，副花冠扁平。花期几乎全年。产于菲律宾和马来半岛。（观赏地点：奇异植物室）

1

1. 舌苔球兰

1

2

覆瓦叶眼树莲 *Dischidia imbricata*

【**科属**】夹竹桃科（萝藦科）眼树莲属。【**别名**】风不动。【**简介**】攀缘附生，蔓长可达 3 m。茎肉质，节上生根。叶对生，卵圆形，绿色，全缘，肉质。聚伞花序腋生，花小，白色，后转黄，花冠 5 裂，质厚。蓇葖果。花期 4 月。【**产地**】产于中南半岛。【**观赏地点**】奇异植物室。

百万心 *Dischidia ruscifolia*

【**科属**】夹竹桃科（萝藦科）眼树莲属。【**别名**】纽扣玉藤。【**简介**】多年生常绿草质藤本，蔓长可达 1 m。叶绿色，稍肉质，对生，阔椭圆形或卵形，先端突尖，全缘。花小，白色。花期秋季。【**产地**】产于菲律宾。【**观赏地点**】奇异植物室。

1. 覆瓦叶眼树莲　2. 百万心

1

2

泰国倒吊笔 *Wrightia religiosa*

【科属】夹竹桃科倒吊笔属。【别名】水梅。【简介】常绿灌木，高达 3 m。叶片椭圆形、卵形或狭矩圆形，沿中脉被柔毛。聚伞花序，总梗短，具 1 ~ 13 花。花萼卵形，花冠白色，裂片卵形，两面密生柔毛。蓇葖果线形，离生。花期 5 月。【产地】产于亚洲热带地区。【观赏地点】奇异植物室。

大花假虎刺 *Carissa macrocarpa*

【科属】夹竹桃科假虎刺属。【简介】直立灌木。叶革质，广卵形，顶端具急尖而有小尖头，基部浑圆或钝。聚伞花序顶生，花冠高脚碟状，白色，芳香。浆果卵圆形至椭圆形，亮红色，种子圆形。花期 8 月。【产地】产于非洲南部地区。【观赏地点】热带雨林植物室。

1. 泰国倒吊笔　2. 大花假虎刺

鱼尾山马茶 *Tabernaemontana pachysiphon*

【科属】夹竹桃科山辣椒属（狗牙花属）。**【简介】**常绿灌木或小乔木，高可达 2 ~ 18 m。叶宽至窄椭圆形，先端渐尖或锐尖，基部圆形或楔形。聚伞花序，多花，萼片浅绿色，花冠白色或淡黄色，肉质，白天开放。蓇葖果斜球形。花期几乎全年。本种常误为非洲马铃果 *Voacanga africana*。**【产地】**产于热带非洲。**【观赏地点】**热带雨林植物室。

鱼尾山马茶

1. 古城玫瑰树
2. 沙漠玫瑰

古城玫瑰树 *Ochrosia elliptica*

【科属】夹竹桃科玫瑰树属。【别名】红玫瑰木。【简介】常绿乔木或灌木状。叶 3 ~ 4 枚轮生，稀对生，倒卵状长圆形至宽椭圆形。伞房状聚伞花序生于枝顶的叶腋，花冠筒细长，裂片线形，白色。核果鲜时红色，渐尖。花期夏秋季，果期次年夏季。【产地】产于澳大利亚。【观赏地点】热带雨林植物室。

沙漠玫瑰 *Adenium obesum*

【科属】夹竹桃科沙漠玫瑰属。【别名】天宝花。【简介】落叶肉质灌木，株高可达 2 m 或更高。茎粗壮，全株具透明乳汁。叶色翠绿，单叶互生，全缘，倒卵形至长圆状倒卵形，革质，具光泽。花序顶生，多为粉红或玫瑰红色，漏斗状，也有重瓣品种，花冠 5 裂。花期秋季，果期冬春季。【产地】产于非洲。【观赏地点】沙漠植物室外。

厚藤 *Ipomoea pes-caprae*

【科属】旋花科番薯属。**【别名】**马鞍藤。**【简介】**多年生草本，茎平卧，有时缠绕。叶肉质，干后厚纸质，卵形、椭圆形、圆形、肾形或长圆形，顶端微缺或2裂，基部阔楔形、截平至浅心形。多歧聚伞花序，腋生，花冠紫色或深红色，漏斗状。蒴果球形。花果期几乎全年。**【产地】**产于浙江、福建、台湾、广东和广西，海滨常见，多生长在沙滩上及路边向阳处。广布于热带沿海地区。**【观赏地点】**沙漠植物室外。

长花金杯藤 *Solandra longiflora*

【科属】茄科金杯藤属。**【简介】**常绿藤本或灌木，长3～5m，最长可达9m。叶长椭圆形，先端尖，基部楔形。花单生，漏斗状，花冠筒极长，下部管状，顶部膨大，花下部淡黄绿色，上部白色，后期转黄。花期夏季至秋季。**【产地】**产于古巴。**【观赏地点】**沙漠植物室外。

1

2

1. 厚藤　2. 长花金杯藤

橙花木曼陀罗

橙花木曼陀罗 *Brugmansia versicolor* (*Datura versicolor*)

【**科属**】茄科木曼陀罗属（曼陀罗属）。【**简介**】灌木或小乔木，高3～5 m。叶大，具长柄，椭圆形，先端渐尖，基部楔形，全缘。花大型，单生于叶腋，俯垂，萼片长舌形，花冠长漏斗状，檐部5浅裂，橙红色。花期秋冬季。【**产地**】产于南美洲。【**观赏地点**】热带雨林植物室。

南青杞 *Solanum seaforthianum*

【**科属**】茄科茄属。【**简介**】无刺木质藤本，高达1 m。叶互生，羽状5～9裂，裂片全缘，卵形至长圆形。聚伞式圆锥花序，多花，花冠紫色。果红色，球形。花期不定。【**产地**】产于美洲。【**观赏地点**】温室群景区外栅栏边。

1

2

1. 橙花木曼陀罗　2. 南青杞

黄花牛耳朵 *Chirita lutea*

【科属】苦苣苔科唇柱苣苔属。【简介】多年生草本。叶 8 ~ 15 片，基生，具短或长柄，肉质，卵形或狭卵形，先端钝或微尖，基部渐狭成柄或楔形，全缘。聚伞花序，苞片 2 片，对生，卵形或宽卵形。花冠黄色。花期 6—7 月。【产地】产于广西，生于海拔约 150 m 石灰岩山丘的峭壁上。【观赏地点】高山极地植物室。

同属植物

多痕唇柱苣苔 *Chirita minutihamata*

多年生草本。叶互生，叶片草质，狭卵形、椭圆形或三角状卵形，两侧稍不相等，顶端急尖或微钝，基部钝、圆形或近心形，边缘有小牙齿或浅钝齿。花冠紫蓝色，筒细漏斗状。蒴果线形。花期春季。产于广西，生于山地疏林中。越南也有分布。（观赏地点：高山极地植物室）

‘甜圈’袋鼠花 *Nematanthus* ‘Cheerio’

【科属】苦苣苔科袋鼠花属。【别名】‘切里奥’袋鼠花。【简介】多年生常绿草本，株高 20 ~ 30 cm。叶对生，椭圆形，革质，具光泽。萼片深裂，绿色。花单生于叶腋，中部膨大，先端尖缩，状似金鱼嘴，花橘黄色。蒴果。花期冬季至次年春季。【产地】园艺种。【观赏地点】热带雨林植物室。

1　　2　　3

1. 黄花牛耳朵　2. 多痕唇柱苣苔　3. ‘甜圈’袋鼠花

1

红花芒毛苣苔 *Aeschynanthus moningeriae*

【科属】苦苣苔科芒毛苣苔属。【简介】小灌木。茎长 1 ~ 2 m。叶对生，无毛。叶片纸质，狭椭圆形、椭圆形、稀长圆形或狭长圆形，顶端渐尖，基部宽楔形或楔形。花序具 5 ~ 7 花，苞片对生，花冠红色，下唇有 3 条暗红色纵纹。花期 9 月至次年 1 月。【产地】产于广东和海南，生于海拔 800 ~ 1200 m 山谷林中或溪边石上。【观赏地点】高山极地植物室。

2

同属植物

毛萼口红花 *Aeschynanthus radicans*

常绿附生或岩生藤本，蔓长可达 1.5 m。叶革质，卵形至披针形，对生或轮生。花着生于枝条末端叶腋，花管状，萼片紫红色，具糙伏毛，花红色，花瓣内面具黄色纵纹。花期春季。产于马来半岛湿润的热带地区。（观赏地点：高山极地植物室、热带雨林植物室）

1. 红花芒毛苣苔　2. 毛萼口红花

华丽芒毛苣苔 *Aeschynanthus superbus*

附生小灌木，茎长 50 ~ 90 cm。叶对生，叶片纸质或薄革质，长圆形或椭圆形，顶端短渐尖，常具钝头，基部楔形。聚伞花序生茎顶叶腋，苞片粉红色，花萼及花冠橙红色。蒴果线形。花期 8—9 月。产于西藏和云南，生于海拔 960 ~ 2500 m 山地林中树上。印度和缅甸也有分布。（观赏地点：高山极地植物室）

喜荫花 *Episcia cupreata*

【科属】苦苣苔科喜荫花属。【别名】红桐草。【简介】多年生草本植物，株高 15 ~ 25 cm。叶对生，长椭圆形，先端尖，基部楔形，叶面灰绿色，叶缘具锯齿，叶上布满细绒毛。花腋生，花瓣 5 枚，花红色。花期 5—9 月，果期秋季。栽培的品种有‘粉豹’喜荫花 *E*. ‘Pink Panther’，花粉色。【产地】产于南美洲。【观赏地点】热带雨林植物室。

小岩桐 *Gloxinia sylvatica*

【科属】苦苣苔科小岩桐属。【别名】小圆彤。【简介】多年生肉质草本，株高 15 ~ 30 cm，全株具细毛，地下横走茎多数。叶对生，披针形或卵状披针形，先端尖，基部下延成柄，全缘。花 1 ~ 2 朵腋生，花冠橙红色。蒴果。花期 10 月至次年 3 月，冬季为盛花期。【产地】产于秘鲁和玻利维亚。【观赏地点】高山极地植物室。

1. 喜荫花　2.‘粉豹’喜荫花
3. 小岩桐

1. 锈色蛛毛苣苔
2. 爆仗竹

锈色蛛毛苣苔 *Paraboea rufescens*

【科属】苦苣苔科蛛毛苣苔属。【简介】多年生草本。叶对生，叶片长圆形或狭椭圆形，顶端钝，基部圆形，边缘密生小钝齿，下面和叶柄密被锈色或灰色毡毛，侧脉每边 5 ~ 6 对。聚伞花序伞状，通常具 5 ~ 10 花，花冠淡紫色，稀紫红色。蒴果线形。花期 6 月，果期 8 月。【产地】产于广西、贵州和云南，生于海拔 700 ~ 1500 m 山坡石山岩石隙间。泰国和越南也有分布。【观赏地点】奇异植物室。

爆仗竹 *Russelia equisetiformis*

【科属】车前科（玄参科）爆仗竹属。【别名】炮竹花。【简介】灌木，多分枝，高 30 ~ 120 cm。叶卵形或线状披针形，在枝上多退化成鳞片状。二岐聚伞花序，具 1 ~ 3 花，花萼 5 深裂，花冠管细长，鲜红色。蒴果。花期春季至秋季。【产地】产于墨西哥。【观赏地点】温室群景区入口处、药用植物园。

紫苏草 *Limnophila aromatica*

【科属】车前科（玄参科）石龙尾属。【别名】双漫草。【简介】一年生或多年生草本，高 30 ~ 70 cm。叶无柄，对生或 3 枚轮生，卵状披针形至披针状椭圆形，或披针形，具细齿，基部多少抱茎，具羽状脉。花冠白色、蓝紫色或粉红色。蒴果卵珠形。花果期春季至秋季。【产地】产于广东、福建、台湾和江西等地，生于旷野、塘边水湿处。日本、南亚、东南亚和澳大利亚也有分布。【观赏地点】温室群景区外水边。

1

红花玉芙蓉 *Leucophyllum frutescens*

【科属】玄参科玉芙蓉属。【别名】银叶树。【简介】常绿小灌木，高达 1.5 ~ 2.5 m，全株密生白色绒毛及星状毛。叶互生，倒卵形，先端圆钝，基部楔形，质地厚，全缘，微卷曲。花单生叶腋，花冠紫红色，钟形。蒴果。花期 6—8 月。【产地】产于美国（德州）和墨西哥。【观赏地点】高山极地植物室外、彩叶植物区。

2

3

1. 紫苏草　2—3. 红花玉芙蓉

1

金苞花 *Pachystachys lutea*

【科属】爵床科金苞花属。【别名】黄虾花、金苞爵床。【简介】常绿灌木，高达 1 m，多分枝。叶对生，狭卵形，先端渐尖，基部楔形，亮绿色，叶面皱褶有光泽。穗状花序顶生，直立，苞片心形、金黄色，排列紧密，花白色，唇形。花期几乎全年。【产地】产于南美洲。【观赏地点】热带雨林植物室。

红唇花 *Justicia brasiliana* (*Dianthera nodosa*)

【科属】爵床科爵床属（红唇花属）。【简介】常绿灌木，株高 1 m。单叶对生，椭圆形，先端尾尖，基部渐狭，全缘，绿色。花着生叶腋，粉红色，2 唇形，上唇 2 裂，下唇 3 深裂。蒴果。花期全年。【产地】产于巴西。【观赏地点】热带雨林植物室。

2

1. 金苞花　2. 红唇花

老鼠簕

老鼠簕 *Acanthus ilicifolius*

【**科属**】爵床科老鼠簕属。【**简介**】直立灌木，高达 2 m。叶片长圆形至长圆状披针形，先端急尖，基部楔形，边缘 4 ~ 5 羽状浅裂或全缘，近革质。穗状花序顶生，花冠紫色。蒴果椭圆形。花期 3—5 月，果期夏秋季。【**产地**】产于海南、广东、福建，生于我国南部海岸及潮汐能至的滨海地带。【**观赏地点**】热带雨林植物室。

黄球花 *Strobilanthes chinensis* (*Sericocalyx chinensis*)

【**科属**】爵床科马蓝属 (黄球花属) 。【**别名**】半柱花。【**简介**】草本或小灌木，高 30 ~ 50 cm，最高可达 1.5 m。叶顶端渐尖或急尖，基部渐狭或稍下延，边缘具细锯齿或牙齿。穗状花序短而紧密，花冠黄色。蒴果。花期冬春季。【**产地**】产于广东、海南和广西，生于沟边或潮湿的山谷。越南、老挝和柬埔寨也有分布。【**观赏地点**】奇异植物室。

1

1. 黄球花

1

2

黄花老鸦嘴 *Thunbergia mysorensis*

【科属】爵床科山牵牛属。【别名】跳舞女郎。【简介】常绿性木质藤本，长达 6 m。叶片具光泽，对生，长椭圆形。总状花序，腋生，花序悬垂，花萼 2 片，包覆 1/3 的花冠，花冠尖锄状，花冠内侧鲜黄色，外缘紫红色。蒴果。主花期冬季至次年夏季，其他季节也可见花。【产地】产于印度。【观赏地点】热带雨林植物室、藤本园。

葫芦树 *Crescentia cujete*

【科属】紫葳科葫芦树属。【别名】炮弹果、瓠瓜木。【简介】乔木，高 5 ~ 18 m。叶丛生，2 ~ 5 枚，大小不等，阔倒披针形，顶端微尖，基部狭楔形，具羽状脉。花单生于小枝上，下垂。花冠钟状，微弯，淡绿黄色，具褐色脉纹。果卵圆球形，浆果。花果期全年。【产地】产于美洲热带地区。【观赏地点】奇异植物室、热带雨林植物室、藤本园。

1. 黄花老鸦嘴　2. 葫芦树

黄花老鸦嘴

1

2

银鳞风铃木 *Tabebuia aurea*

【科属】紫葳科栎铃木属。【别名】银铃木。【简介】落叶乔木，高达8 m。掌状复叶，小叶5 ~ 7枚，狭长椭圆形，先端尖，钝头，基部钝形，厚革质，两面均带银白色。花冠喇叭形，深黄色。蒴果长椭圆形至圆柱形。花期3—5月。【产地】产于南美洲。【观赏地点】奇异植物室。

桑给巴尔猫尾木 *Markhamia zanzibarica*

【科属】紫葳科猫尾木属。【简介】常绿乔木，株高5 ~ 8 m。奇数羽状复叶，对生，小叶先端尖，基部圆，有锯齿，近无柄，绿色。总状花序生于枝干上，花冠筒黄色，裂片5枚，开展，内面栗色，钟形。蒴果细长。花期6月。【产地】产于非洲，生于灌丛中。【观赏地点】热带雨林植物室。

1. 银鳞风铃木
2. 桑给巴尔猫尾木

桑给巴尔猫尾木

黄花狸藻 *Utricularia aurea*

【科属】狸藻科狸藻属。【别名】黄花挖耳草。【简介】水生草本。假根扁平并多少膨大，具丝状分枝。匍匐枝圆柱形，叶器多数，互生，裂片先羽状深裂，后一至四回二歧状深裂。捕虫囊通常多数。花序直立，中部以上具3～8朵多少疏离的花，花冠黄色。蒴果球形，顶端具喙状宿存花柱。花期6—11月，果期7—12月。【产地】产于江苏、安徽、浙江、江西、福建、台湾、湖北、湖南、广东、广西和云南，生于海拔50～2680 m湖泊、池塘和稻田中。日本、南亚、东南亚和澳大利亚也有分布。【观赏地点】温室群景区外水面、水生植物园。

垂茉莉 *Clerodendrum wallichii*

【科属】唇形科（马鞭草科）大青属。【简介】直立灌木或小乔木，高 2 ~ 4 m。叶片近革质，长圆形或长圆状披针形，顶端渐尖或长渐尖，基部狭楔形，全缘。聚伞花序排列成圆锥状，花冠白色，雄蕊及花柱伸出花冠。核果球形。花果期 10 月至次年 4 月。【产地】产于广西、云南和西藏，生于海拔 100 ~ 1190 m 山坡、疏林中。印度、孟加拉国、缅甸和越南也有分布。【观赏地点】热带雨林植物室。

蓝蝴蝶 *Rotheca myricoides* (*Clerodendrum ugandense*)

【科属】唇形科（马鞭草科）三对节属（大青属）。【别名】乌干达赪桐。【简介】灌木，高达 3 m，枝略具蔓性。叶对生，椭圆形至狭卵形，先端锐，具短突尖，基部楔形，边缘有锯齿。顶生圆锥花序，萼裂片圆钝，花冠淡紫色，开展呈蝶形，最下 1 片颜色近紫色，花丝长，淡紫色。花期几乎全年。【产地】产于非洲热带地区。【观赏地点】热带雨林植物室。

沃尔夫藤 *Petraeovitex wolfei*

【科属】唇形科东芭藤属。【简介】多年生藤本，茎长 2 ~ 5 m 或更长。复叶，具 3 小叶，椭圆形，先端尾尖，基部渐狭，绿色。花序腋生，长可达 1 m。萼片 5 枚，金黄色，花冠唇形，黄白色。花期春季至秋季。【产地】产于马来半岛。【观赏地点】热带雨林植物室。

1

2

1. 蓝蝴蝶　2. 沃尔夫藤

1

2

彩叶草 *Plectranthus scutellarioides* (*Coleus scutellarioides*)

【科属】唇形科马刺花属（鞘蕊花属）。**【别名】**五彩苏。**【简介】**直立或上升草本。叶膜质，其大小、形状及色泽变异很大，通常卵圆形，先端钝至短渐尖，基部宽楔形至圆形，边缘具圆齿状锯齿或圆齿，色泽多样，有黄色、暗红色、紫色、绿色。轮伞花序，花冠浅紫至紫或蓝色。花期3—7 月。**【产地】**原产地不详。**【观赏地点】**热带雨林植物室。

金钱豹 *Campanumoea javanica*

【科属】桔梗科金钱豹属。**【别名】**土党参。**【简介】**草质缠绕藤本，具乳汁，具胡萝卜状根。叶对生，极少互生，叶片心形或心状卵形，边缘有浅锯齿。花冠白色或黄绿色，内面紫色，钟状，裂至中部。浆果黑紫色，紫红色，球状。花期夏末至秋季，果期秋冬季。**【产地】**广布于亚洲东部热带、亚热带地区，生于海拔2400 m 以下灌丛中及疏林中。**【观赏地点】**高山极地植物室。

1. 彩叶草　2. 金钱豹

草海桐 *Scaevola taccada*
(*Scaevola sericea*)

【**科属**】草海桐科草海桐属。【**简介**】直立或铺散灌木，或为小乔木，高可达 7 m。叶螺旋状排列，大部分集中于分枝顶端，匙形至倒卵形，基部楔形，顶端圆钝。花冠白色或淡黄色。核果卵球状。花果期 4—12 月。【**产地**】产于台湾、福建、广东和广西，生于海边，通常在开旷的海边砂地上或海岸峭壁上。日本、东南亚、马达加斯加、大洋洲热带、密克罗尼西亚和夏威夷也有分布。【**观赏地点**】热带雨林植物室、露兜园。

粉红刺菊木 *Barnadesia caryophylla*

【**科属**】菊科刺菊木属。【**别名**】玫红刺菊木、离丝刺菊木。【**简介**】攀缘状灌木，高可达数米。茎上具刺，叶互生，卵圆形，全缘，绿色。花两性，花瓣多数，粉红色，具白色短柔毛。花期春夏季，果期夏秋季。【**产地**】产于安第斯山脉。【**观赏地点**】热带雨林植物室。

1

2

1. 草海桐　2. 粉红刺菊木

大吴风草 *Farfugium japonicum*

【科属】菊科大吴风草属。【别名】活血莲。【简介】多年生草本。叶基生，莲座状，叶片肾形，先端圆形，全缘或有小齿至掌状浅裂，基部弯缺宽。头状花序排列成伞房状花序，舌状黄色，管状花多数，黄色。瘦果。花果期 8 月至次年 3 月。【产地】产于湖北、湖南、广西、广东、福建和台湾，生于低海拔地区林下、山谷及草丛。【观赏地点】热带雨林植物室。

海桐 *Pittosporum tobira*

【科属】海桐科（海桐花科）海桐属（海桐花属）。【简介】常绿灌木或小乔木，高达 6 m。叶聚生于枝顶，革质，倒卵形或倒卵状披针形，先端圆形或钝，常微凹或为微心形，基部窄楔形。伞形花序或伞房状伞形花序顶生，花白色，有芳香，后变黄色。蒴果，种子红色。花期春季，果期秋季。栽培的品种有‘花叶’海桐‘Variegatum’。【产地】分布于长江以南滨海各地区，日本和朝鲜也有分布。【观赏地点】高山极地植物室外。

羽叶福禄桐 *Polyscias fruticosa*

【科属】五加科南洋参属。【别名】羽叶南洋参。【简介】常绿灌木或小乔木，高约 3 m。叶为不整齐的三至五回羽状复叶，羽片 7 ~ 15 枚，小叶革质，披针形，边缘有刺毛状锯齿或不规则缺裂。伞形花序组成大型圆锥花序，小花绿色带褐色。花期 4—5 月。【产地】产于马来西亚和波利尼西亚。【观赏地点】奇异植物室。

1

2

3

4

1. 大吴风草　2. 海桐　3.‘花叶’海桐　4. 羽叶福禄桐

海 桐

羽叶福禄桐

藤本园

藤本园

人们熟悉森林和草地的风光，却常常不曾留意到，在高低错落的森林之中，各种各样的藤蔓点缀其间。它们或盘根错节，或婀娜柔韧，这些在原生环境当中不容易注意到的景色，华南植物园却专门将其营造在藤本园之中。各种各样或纤细精巧或粗壮有力的藤蔓，攀爬在竹木架、廊架甚至是木屋或其他建筑上，郁郁葱葱，星罗棋布；到了花季，种种鲜艳或奇异的美丽花朵，将这里点缀得有如传说中的空中花园。

藤本园占地面积约 30 亩，主要分为观赏藤本植物区、大型藤本植物展示区、药用藤本植物区、攀缘灌木植物区等，主要收集有马兜铃科、西番莲科、猕猴桃科、紫薇科、豆科、薯蓣科、五味子科、木通科、茄科、番荔枝科等观赏植物。藤本园是众多植物爱好者游园的必到之处，一丛一丛刷过去，总能有意想不到的收获。

藤本园

1

2

黑老虎 *Kadsura coccinea*

【科属】五味子科（木兰科）南五味子属。【别名】臭饭团。【简介】藤本。叶革质，长圆形至卵状披针形，先端钝或短渐尖，基部宽楔形或近圆形，全缘。花单生于叶腋，雌雄异株，花被片红色，10 ~ 16片。聚合果近球形，红色或暗紫色。花期4—7月，果期7—11月。【产地】产于江西、湖南、广东、香港、海南、广西、四川、贵州和云南，生于海拔1500 ~ 2000 m林中。越南也有分布。【观赏地点】藤本园。

重瓣五味子 *Schisandra plena*

【科属】五味子科（木兰科）五味子属。【简介】常绿木质藤本。叶坚纸质，干时榄绿色，卵形，卵状长圆形或椭圆形，先端渐尖或短急尖，基部钝或宽圆形。花腋生，单生，2朵成对生，或有时3 ~ 8朵聚生于短枝上成总状花序状。花被片淡黄色，内面的基部稍淡红色。成熟小浆果红色。花期4—5月，果期8—9月。【产地】产于云南，生于丛林中。印度东北部也有分布。【观赏地点】藤本园。

1. 黑老虎　2. 重瓣五味子

烟斗马兜铃 *Aristolochia gibertii*

【科属】马兜铃科马兜铃属。【简介】多年生常绿蔓性藤本。叶互生，纸质，卵状心形，先端钝圆。花单生于叶腋，花柄较长，花被管合生，膨大成球形，上唇较长，呈烟斗状。花瓣密布褐色条纹或斑块。蒴果。主要花期夏季至秋季。【产地】产于阿根廷、巴拉圭和巴西。【观赏地点】藤本园、凤梨园、奇异植物室。

烟斗马兜铃

广西马兜铃

同属植物

广西马兜铃 *Aristolochia kwangsiensis*

又名大叶马兜铃。木质大藤本。嫩枝密被污黄色或淡棕色长硬毛，老枝无毛。叶厚纸质至革质，卵状心形或圆形，顶端钝或短尖，基部宽心形，弯缺。总状花序腋生，花被管中部急弯，檐部盘状，上面蓝紫色而有暗红色棘状突起。蒴果。花期 4—5 月，果期 8—9 月。产于广西、云南、四川、贵州、湖南、浙江、广东和福建等地，生于海拔 600 ~ 1600 m 山谷林中。（观赏地点：藤本园）

美丽马兜铃 *Aristolochia littoralis* (*Aristolochia elegans*)

多年生攀缘草质小型藤本植物，株高 3 ~ 5 m。单叶互生，广心脏形，全缘，纸质。花单生于叶腋，花柄下垂，先端着一花，未开放前为一气囊状，花瓣满布深紫色斑点，喇叭口处有一半月形紫色斑块。蒴果长圆柱形。花期夏初。产于巴西。（观赏地点：藤本园）

1

2

1. 广西马兜铃
2. 美丽马兜铃

美丽马兜铃

1

麻雀花 *Aristolochia ringens*

多年生缠绕草质藤本，茎长 2 m 以上。叶纸质，卵状心形，顶端钝尖或圆，基部心形。花单生于叶腋，具长柄，花下部膨大，上部收缩，檐 2 唇状，下唇较上唇长约 1 倍，花暗褐色，具灰白斑点。产于南美，我国有少量引种。（观赏地点：藤本园）

耳叶马兜铃 *Aristolochia tagala*

又名卵叶马兜铃。草质藤本。叶纸质，卵状心形或长圆状卵形，顶端短尖或短渐尖，基部深心形，边全缘。总状花序腋生，花被基部膨大呈球形，向上急遽收狭成一长管，管口呈漏斗状，暗紫色。蒴果。花期 5—8 月，果期 10—12 月。产于台湾、广东、广西和云南，生于海拔 60 ~ 2000 m 阔叶林中。东南亚也有分布。（观赏地点：藤本园）

2

1. 麻雀花　2. 耳叶马兜铃

港口马兜铃 *Aristolochia zollingeriana*

草质藤本。叶纸质至薄革质，卵状三角形或肾形，顶端短尖，基部浅心形，两侧裂片半圆形，扩展，边全缘，稀浅3裂。总状花序腋生，花被基部膨大，向上收狭成一长管，管口扩大呈漏斗状。蒴果。花期7月。产于我国台湾，生于密林中。日本和爪哇也有分布。（观赏地点：藤本园）

多花瓜馥木 *Fissistigma polyanthum*

【科属】番荔枝科瓜馥木属。【别名】黑风藤。【简介】攀缘灌木，长达 8 m。叶近革质，长圆形或倒卵状长圆形，有时椭圆形，顶端急尖或圆形。花小，通常 3 ~ 7 朵集成密伞花序，萼片阔三角形，外轮花瓣卵状长圆形，内轮花瓣长圆形。果圆球状。花期几乎全年，果期 3—10 月。【产地】产于广东、广西、云南、贵州和西藏，常生于山谷和路旁林下。越南、缅甸和印度也有分布。【观赏地点】藤本园。

1

同属植物

贵州瓜馥木 *Fissistigma wallichii*

攀缘灌木，长达 7 m。叶近革质，长圆状披针形或长圆状椭圆形，有时倒卵状长圆形，顶端圆形或钝形，基部圆形或钝形，有时宽楔形。花绿白色，1 至多朵丛生于小枝上，花瓣革质，外轮稍长于内轮。果近圆球状。花期 3—11 月，果期 7—12 月。产于广西、云南和贵州，生于海拔 1000 ~ 1600 m 山地密林中或山谷疏林中。印度也有分布。（观赏地点：藤本园）

2

1. 多花瓜馥木　2. 贵州瓜馥木

1. 假鹰爪　2. 小依兰

1

2

假鹰爪 *Desmos chinensis*

【科属】番荔枝科假鹰爪属。**【别名】**酒饼藤。**【简介】**直立或攀缘灌木。叶薄纸质或膜质，长圆形或椭圆形，少数阔卵形，顶端钝或急尖，基部圆形或稍偏斜。花黄白色，萼片卵圆形，外轮花瓣比内轮花瓣大。果有柄，念珠状。花期夏季至冬季，果期6月至次年春季。**【产地】**产于广东、广西、云南和贵州，生于丘陵山坡、林缘灌丛中或低海拔山谷等地。南亚、东南亚也有分布。**【观赏地点】**藤本园、药用植物园、热带雨林植物室。

小依兰 *Cananga odorata* var. *fruticosa*

【科属】番荔枝科依兰属。**【别名】**矮依兰。**【简介】**灌木，株高1～2m。叶膜质至薄纸质，卵状长圆形或长椭圆形，顶端渐尖至急尖，基部圆形。花序具2～5花，花大，黄绿色，具淡香，倒垂。成熟果近圆球状或卵状。花期4—8月，果期12月至次年3月。**【产地】**产于泰国、印度尼西亚和马来西亚。**【观赏地点】**藤本园、奇异植物室。

山椒子 *Uvaria grandiflora*

【科属】番荔枝科紫玉盘属。【别名】大花紫玉盘。【简介】攀缘灌木，长 3 m。叶纸质或近革质，长圆状倒卵形，顶端急尖或短渐尖，有时有尾尖，基部浅心形。花单朵，紫红色或深红色，大形。果长圆柱状。花期 3—11 月，果期 5—12 月。【产地】产于广东，生于低海拔灌丛中或丘陵山地疏林中。东南亚也有分布。【观赏地点】藤本园。

红花青藤

大百部

1

2

红花青藤 *Illigera rhodantha*

【科属】莲叶桐科青藤属。【别名】毛青藤。【简介】藤本。指状复叶互生，有 3 小叶，小叶纸质，卵形至倒卵状椭圆形或卵状椭圆形，先端钝，基部圆形或近心形，全缘。聚伞花序组成的圆锥花序，萼片紫红色，花瓣玫瑰红色。果具 4 翅。主花期秋季，果期 12 月至次年 5 月。【产地】产于广东、广西和云南，生于海拔 100 ～ 2100 m 山谷密林或疏林灌丛中。【观赏地点】藤本园。

大百部 *Stemona tuberosa*

【科属】百部科百部属。【别名】对叶百部。【简介】茎攀缘状，下部木质化。叶对生或轮生，极少兼有互生，卵状披针形、卵形或宽卵形，顶端渐尖至短尖，基部心形。花单生或 2 ～ 3 朵排成总状花序，花被片黄绿色带紫色脉纹。蒴果。花期 4—7 月，果期 5—8 月。【产地】产于长江流域以南各地，生于海拔 370 ～ 2240 m 山坡丛林下、溪边、路旁以及山谷和阴湿岩石中。中南半岛、菲律宾和印度也有分布。【观赏地点】藤本园。

1. 红花青藤　2. 大百部

马甲菝葜 *Smilax lanceifolia*

【科属】菝葜科（百合科）菝葜属。【简介】攀缘灌木，茎长 1 ~ 2 m。叶通常纸质，卵状矩圆形、狭椭圆形至披针形，先端渐尖或骤凸，基部圆形或宽楔形。伞形花序，有花几十朵，黄绿色。浆果。花期 10 月至次年 3 月，果期 10 月。【产地】产于云南、贵州、四川、湖北和广西，生于海拔 600 ~ 2000 m 林下、灌丛中或山坡阴处。不丹、印度、缅甸、老挝、越南和泰国也有分布。【观赏地点】藤本园。

木通 *Akebia quinata*

【科属】木通科木通属。【别名】野木瓜。【简介】落叶木质藤本。掌状复叶，小叶纸质，倒卵形或倒卵状椭圆形，先端圆或凹入，基部圆或阔楔形。总状花序腋生，基部有雌花 1 ~ 2 朵，以上 4 ~ 10 朵为雄花。花萼片淡紫色，偶淡绿色或白色。果孪生或单生。花期 4—5 月，果期 6—8 月。【产地】产于长江流域各地，生于海拔 300 ~ 1500 m 山地灌丛、林缘和沟谷中。日本和朝鲜也有分布。【观赏地点】藤本园。

1. 马甲菝葜　2. 木通

木 通

1

2

1. 翅野木瓜　2. 尾叶那藤

翅野木瓜 *Stauntonia decora*

【科属】木通科野木瓜属。**【简介】**木质藤本。叶革质，椭圆形，有时卵形或长圆形，顶端急尖、钝或短渐尖，基部圆、微呈心形或阔楔形，有时近截形。花近白色，雌雄同株，花瓣披针形，黄绿色。花期 11—12 月。**【产地】**产于广东、广西和云南，生于海拔 700 ~ 1300 m 山地、山谷溪旁林缘。**【观赏地点】**藤本园。

同属植物

尾叶那藤 *Stauntonia obovatifoliola* subsp. *urophylla*

木质藤本。掌状复叶有小叶 5 ~ 7 枚，小叶革质，倒卵形或阔匙形，先端猝然收缩为一狭而弯的长尾尖，基部狭圆或阔楔形。总状花序，花淡黄绿色。果长圆形或椭圆形。花期 4 月，果期 6—7 月。产于福建、广东、广西、江西、湖南和浙江。（观赏地点：藤本园）

木防己 *Cocculus orbiculatus*

【科属】防己科木防己属。【简介】木质藤本。叶片纸质至近革质，形状变异极大，自线状披针形至阔卵状近圆形、狭椭圆形至近圆形、倒披针形至倒心形，有时卵状心形。聚伞花序少花萼片 6 枚，花瓣 6 枚。核果近球形。花期春季至夏季。【产地】我国大部分地区都有分布，广布于亚洲东南部和东部以及夏威夷群岛。【观赏地点】藤本园。

1

古山龙 *Arcangelisia gusanlung*

【科属】防己科古山龙属。【简介】木质大藤本，长可达 10 m。叶片革质至近厚革质，阔卵形至阔卵状近圆形，先端常骤尖，基部近截形或微圆，很少近心形。圆锥花序，花被 3 轮，每轮 3 片。果近球形，成熟时黄色。花期夏初。【产地】产于海南，生于林中。【观赏地点】藤本园。

青紫葛 *Cissus javana*

【科属】葡萄科白粉藤属。【简介】草质藤本。叶戟形或卵状戟形，顶端渐尖，基部心形，边缘具尖锐锯齿，上面深绿色，下面浅绿色。花序顶生或与叶对生，花瓣 4 枚，椭圆形。果实倒卵状椭圆形。花期 6—10 月，果期 11—12 月。【产地】产于四川和云南，生于山海拔 600 ~ 2000 m 坡林、草丛或灌丛中。南亚、东南亚也有分布。【观赏地点】藤本园。

2

1. 古山龙　2. 青紫葛

1

2

苞护豆 *Phylacium majus*

【科属】豆科苞护豆属。【简介】缠绕草本。叶为羽状三出复叶，小叶纸质，卵状长圆形，侧生小叶略小，先端极钝，有时微凹，基部圆形或稍心形。总状花序腋生，花簇生，苞片兜状折叠，花后增大，每苞具 1 ~ 4 花，花冠白色至淡蓝色。花果期 9—12 月。【产地】产于云南和广西，生于海拔 220 ~ 900 m 山地阳处、混交林或丛林中。缅甸、泰国和老挝也有分布。【观赏地点】藤本园。

须弥葛 *Pueraria wallichii*

【科属】豆科葛属。【别名】喜马拉雅葛藤。【简介】灌木状缠绕藤本。叶大，偏斜，小叶倒卵形，先端尾状渐尖，基部三角形，全缘。总状花序，常簇生或排成圆锥花序式。花冠淡红色。荚果直。花期 11 月至次年 2 月。【产地】产于西藏和云南，生于海拔 1700 m 山坡灌丛中。泰国、缅甸、印度、不丹和尼泊尔也有分布。【观赏地点】藤本园。

1. 苞护豆　2. 须弥葛

须弥葛

宽序崖豆藤 *Callerya eurybotrya* (*Millettia eurybotrya*)

【科属】豆科鸡血藤属（崖豆藤属）。**【简介】**攀缘灌木。羽状复叶，小叶 2 ~ 3 对，纸质，卵状长圆形或披针状椭圆形，先端急尖，基部圆形或阔楔形。圆锥花序顶生，花单生，花冠紫红色。荚果长圆形。花期 5—8 月，果期 9—11 月。**【产地】**产于湖南、广东、广西、贵州和云南，生于海拔 1200 m 以下山谷、溪沟旁或疏林中。越南和老挝也有分布。**【观赏地点】**藤本园。

同属植物

海南崖豆藤 *Callerya pachyloba* (*Millettia pachyloba*)

巨大藤本，长达 20 m。羽状复叶，小叶 4 对，厚纸质，倒卵状长圆形或长圆状椭圆形，先端短渐尖或钝，基部圆钝。总状圆锥花序，花冠淡紫色。荚果。花期 4—6 月，果期 7—11 月。产于广东、海南、广西、贵州和云南，生于海拔 1500 m 以下沟谷常绿阔叶林中。越南也有分布。（观赏地点：藤本园）

1

2

1. 宽序崖豆藤　2. 海南崖豆藤

昆明崖豆藤 *Callerya reticulata* (*Millettia reticulata*)

又名网络鸡血藤。藤本。羽状复叶，小叶3～4对，硬纸质，卵状长椭圆形或长圆形，先端钝，渐尖，基部圆形。花密集，花冠红紫色。荚果线形，狭长。花期5—11 月。主产于我国长江以南，生于海拔 1000 m 以下山地灌丛及沟谷中。越南北部也有分布。（观赏地点：藤本园）

美丽鸡血藤 *Callerya speciosa* (*Millettia speciosa*)

又名牛大力。藤本。羽状复叶，小叶通常 6 对，长圆状披针形或椭圆状披针形，先端钝圆，短尖，基部钝圆。圆锥花序腋生，花冠白色、米黄色至淡红色。荚果线状。花期 7—10 月，果期次年 2 月。产于福建、湖南、广东、海南、广西、贵州和云南，生于海拔 1500 m 以下灌丛、疏林和旷野中。越南也有分布。（观赏地点：藤本园）

1

2

1. 昆明崖豆藤
2. 美丽鸡血藤

相思子 *Abrus precatorius*

【科属】豆科相思子属。【别名】相思豆、红豆、鸡母珠。【简介】藤本。羽状复叶，小叶 8 ~ 13 对，对生，近长圆形，先端截形，具小尖头，基部近圆形。总状花序腋生，花小，密集成头状，花冠紫色。荚果长圆形，种子上部 2/3 鲜红色，下部 1/3 黑色。花期 3—6 月，果期 9—10 月。【产地】产于台湾、广东、广西和云南，生于山地疏林中。广布于热带地区。【观赏地点】藤本园。

1

刀果鞍叶羊蹄甲 *Bauhinia brachycarpa* var. *cavaleriei*

【科属】豆科羊蹄甲属。**【别名】**鞍叶羊蹄甲。**【简介】**直立或攀缘小灌木。叶纸质或膜质，近圆形，通常宽度大于长度，基部近截形、阔圆形或有时浅心形，先端 2 裂达中部。伞房式总状花序，花瓣白色。荚果长圆形，扁平。花期 5—9 月，果期 8—10 月。**【产地】**产于四川、云南、甘肃和湖北，生于海拔 800 ~ 2200 m 山地草坡和河溪旁灌丛中。印度、缅甸和泰国也有分布。**【观赏地点】**藤本园。

同属植物

龙须藤 *Bauhinia championii*

藤本，有卷须。叶纸质，卵形或心形，先端锐渐尖、圆钝、微凹或 2 裂，裂片长度不一，基部截形、微凹或心形。总状花序狭长，腋生，花瓣白色。荚果倒卵状长圆形或带状，扁平。花期 6—10 月，果期 7—12 月。产于浙江、台湾、福建、广东、广西、江西、湖南、湖北和贵州，生于低海拔至中海拔的丘陵灌丛或山地疏林和密林中。印度、越南和印度尼西亚也有分布。（观赏地点：藤本园、高山极地植物室外）

2

1. 刀果鞍叶羊蹄甲
2. 龙须藤

首冠藤 *Bauhinia corymbosa*

木质藤本。叶纸质，近圆形，自先端深裂达叶长的 3/4，裂片先端圆，基部近截平或浅心形。伞房花序式的总状花序，多花，花瓣白色，有粉红色脉纹。荚果带状长圆形，扁平。花期 4—6 月，果期 9—12 月。产于广东和海南，生于山谷疏林中或山坡阳处。（观赏地点：藤本园、生物园）

首冠藤

1

2

嘉氏羊蹄甲 *Bauhinia galpinii*

又名南非羊蹄甲。常绿攀缘灌木，枝条细软。叶坚纸质，近圆形，先端 2 裂达叶长的 1/5 ~ 1/2，裂片顶端钝圆，基部截平至浅心形。聚伞花序伞房状，侧生，花瓣红色，倒匙形。荚果长圆形。花期 4—11 月，果期 7—12 月。产于南非。（观赏地点：藤本园、杜鹃路）

粉叶羊蹄甲 *Bauhinia glauca*

又名拟粉叶羊蹄甲。木质藤本。叶纸质，近圆形，2 裂达中部或更深裂，裂片卵形，先端圆钝，基部阔，心形至截平。伞房花序式的总状花序顶生或与叶对生，具密集的花，花瓣白色，各瓣近相等。荚果带状。花期 4—6 月，果期 7—9 月。产于广东、广西、江西、湖南、贵州和云南，生于山坡阳处疏林中或山谷蔽荫的密林或灌丛中。印度、中南半岛和印度尼西亚也有分布。（观赏地点：藤本园）

1. 嘉氏羊蹄甲　2. 粉叶羊蹄甲

鄂羊蹄甲 *Bauhinia glauca* subsp. *hupehana*

木质藤本。叶纸质，近圆形，叶片分裂仅及叶长 1/4 ~ 1/3，裂片阔圆，先端圆钝，基部阔，心形至截平。伞房花序式的总状花序，花瓣玫瑰红色。荚果带状。花期4—6 月，果期7—9 月。产于四川、贵州、湖北、湖南、广东和福建，生于海拔 650 ~ 1400 m 山坡疏林或山谷灌丛中。（观赏地点：藤本园）

黄花羊蹄甲 *Bauhinia tomentosa*

直立灌木，高 1 ~ 4 cm。叶近圆形，先端 2 裂达叶长 1/2 ~ 2/3。花通常 2 朵，有时 1 ~ 3 朵组成侧生的花序，花蕾纺锤形，花瓣黄色，上面一片基部中间有深黄色或紫色的斑块，阔倒卵形。荚果带形。花期夏季至秋季。产于印度。（观赏地点：藤本园、南药路）

囊托羊蹄甲 *Bauhinia touranensis*

又名越南羊蹄甲。木质藤本。叶纸质，近圆形，基部心形，先端分裂达叶长 1/6 ~ 1/5，裂片先端圆钝。伞房式总状花序，花瓣白带淡绿色。荚果带状，扁平。花期 3—6 月，果期 8—10 月。产于云南、贵州和广西，生于海拔 500 ~ 1000 m 山地沟谷疏林或密林下及石山灌丛中。越南也有分布。（观赏地点：藤本园）

1

2

1. 鄂羊蹄甲　2. 黄花羊蹄甲

囊托羊蹄甲

1

2

常春油麻藤 *Mucuna sempervirens*

【科属】豆科油麻藤属。【别名】常绿油麻藤、棉麻藤。【简介】常绿木质藤本，长可达 25 m。羽状复叶具 3 小叶，小叶纸质或革质，顶生小叶椭圆形、长圆形或卵状椭圆形。总状花序生于老茎上，花冠深紫色。果木质，带形。花期 4—5 月，果期 8—10 月。【产地】产于四川、贵州、云南、陕西、湖北、浙江、江西、湖南、福建、广东和广西，生于海拔 300 ~ 3000 m 亚热带森林、灌丛、溪谷、河边。日本也有分布。【观赏地点】藤本园、新石器时期遗址。

白花鱼藤 *Derris albo-rubra*

【科属】豆科鱼藤属。【简介】常绿木质藤本，长 6 ~ 7 m。羽状复叶，小叶 2 对，有时 1 对，革质，椭圆形、长圆形或倒卵状长圆形。圆锥花序顶生或腋生，花萼红色，花冠白色。荚果革质，斜卵形或斜长椭圆形。花期 4—6 月，果期 7—10 月。【产地】产于广东和广西，生于山地疏林或灌丛中。越南也有分布。【观赏地点】藤本园、分类区。

1. 常春油麻藤　2. 白花鱼藤

同属植物

鱼藤 *Derris trifoliata*

攀缘状灌木。羽状复叶，小叶通常2对，有时1对或3对，厚纸质或薄革质，卵形或卵状长椭圆形。总状花序腋生，花冠白色或粉红色。荚果斜卵形、圆形或阔长椭圆形。花期4—8月，果期8—12月。产于福建、台湾、广东和广西，多生于沿海河岸灌丛、海边灌丛或近海岸的红树林中。印度、马来西亚和澳大利亚也有分布。（观赏地点：藤本园）

紫藤 *Wisteria sinensis*

【**科属**】豆科紫藤属。【**简介**】落叶藤本。奇数羽状复叶，小叶 3 ~ 6 对，纸质，卵状椭圆形至卵状披针形。总状花序发自去年短枝的腋芽或顶芽，花芳香，花冠紫色，旗瓣圆形，先端略凹陷，花开后反折。荚果倒披针形。花期 3—4 月，果期 5—8 月。【**产地**】产于河北以南黄河长江流域及陕西、河南、广西、贵州和云南。【**观赏地点**】藤本园。

蒲桃叶悬钩子 *Rubus jambosoides*

【科属】蔷薇科悬钩子属。**【简介】**攀缘灌木，高 1 ~ 3 m。单叶，革质，披针形，顶端尾尖，基部圆形或近截形，边缘近全缘或疏生极细小锯齿。花单生于叶腋，花萼青红色，花瓣白色。果实卵球形。花期 1—5 月，果期 2—5 月。**【产地】**产于湖南、福建和广东，生于低海拔山路旁或山顶涧边。**【观赏地点】**藤本园。

台湾翼核果 *Ventilago elegans*

【科属】鼠李科翼核果属。**【简介】**藤状灌木，多分枝。叶近革质，椭圆形或倒卵状椭圆形，顶端锐尖或稍钝，有小尖头，基部楔形，边缘有不明显的细锯齿。花小，两性，花瓣倒卵圆形，黄绿色。核果具翅。花期春季至夏季。**【产地】**产于我国台湾，生于沿岸林中。**【观赏地点】**藤本园。

1. 蒲桃叶悬钩子　2. 台湾翼核果

红瓜 *Coccinia grandis*

【科属】葫芦科红瓜属。【简介】攀缘草本。叶片阔心形，常有5个角或稀近5中裂，先端钝圆，基部弯缺近圆形。雌雄异株，雌花、雄花均单生，花冠白色或稍带黄色。果实纺锤形，熟时深红色。花期夏季，果期秋季。【产地】产于广东、广西和云南，生于海拔100～1100 m山坡灌丛及林中。非洲热带和亚洲也有分布。【观赏地点】藤本园。

木鳖子 *Momordica cochinchinensis*

【科属】葫芦科苦瓜属。【别名】番木鳖。【简介】粗壮大藤本，长达15 m。叶片卵状心形或宽卵状圆形，3～5中裂至深裂或不分裂。雌雄异株，雄花苞片兜状，花冠淡黄色，雌花苞片兜状。果实卵球形，顶端具1短喙，成熟时红色，肉质。花期6—8月，果期8—10月。【产地】产于江苏、安徽、江西、福建、台湾、广东、广西、湖南、四川、贵州、云南和西藏，常生于海拔450～1100 m山沟、林缘及路旁。中南半岛和印度半岛也有分布。【观赏地点】藤本园、药用植物园、生物园。

1

2

1. 红瓜　2. 木鳖子

斜翼 *Plagiopteron suaveolens*

【科属】卫矛科（椴树科）斜翼属。【简介】蔓性灌木。叶椭圆形、卵形椭圆形或卵形长圆形，纸质，背面浓密棕色星状绒毛，基部圆形或略带心形。圆锥花序，通常比叶片短，花序轴被茸毛，花瓣3片或4片。蒴果木质，具3翅。花期几乎全年。【产地】产于广西，生于海拔约200 m常绿森林中。缅甸和泰国也有分布。【观赏地点】藤本园。

文定果 *Muntingia calabura*

【科属】杜英科文定果属。【别名】南美假樱桃。【简介】常绿小乔木，高达10 m。叶2列，叶片长圆状卵形，先端渐尖，基部斜心形，密被毛，叶缘具尖齿。花生叶腋，花瓣白色。浆果肉质，卵圆形。花期全年，盛花期1—3月。【产地】产于美洲热带地区。【观赏地点】藤本园、热带雨林植物室。

1. 斜翼　2. 文定果

1

2

3

鼠眼木 *Ochna serrulata*

【科属】金莲木科金莲木属。**【简介】**灌木，高 1 ~ 2 m，最高可达 6 m。叶长椭圆形到椭圆形，具光泽，绿色，叶缘有细齿状锯齿。花序腋生，花瓣黄色。果实发育时，萼片变大并变成鲜红色，果实由淡绿转为黑色。花期冬季至次年春季。**【产地】**产于南非。**【观赏地点】**藤本园。

翅茎西番莲 *Passiflora alata*

【科属】西番莲科西番莲属。**【简介】**多年生草本，成株茎多少木质化，蔓长可达 6 m。单叶，互生，叶片长卵形或椭圆形，先端尖，基部圆形，叶腋处具卷须。花大，萼片 5 枚，花瓣状，内面紫红色，外面绿色，花瓣 5 片，紫红色，副花冠丝状，紫色与白色相间。花期夏季至秋季。**【产地】**产于巴西及秘鲁。**【观赏地点】**藤本园。

同属植物

龙珠果 *Passiflora foetida*

又名龙珠草。草质藤本，长数米。叶膜质，宽卵形至长圆状卵形，先端 3 浅裂，基部心形，边缘呈不规则波状。花白色或淡紫色，苞片一至三回羽状分裂，裂片丝状，花瓣 5 枚，外副花冠裂片 3 ~ 5 轮，丝状，内副花冠非褶状。浆果。花期 6—9 月，果期次年 4—5 月。原产于西印度群岛。（观赏地点：藤本园）

1. 鼠眼木　2. 翅茎西番莲　3. 龙珠果

翅茎西番莲

龙珠果

1

2

3

红花西番莲 *Passiflora miniata*

多年生常绿藤本，蔓长可达数米。叶互生，长卵形，先端渐尖，基部心形或楔形，叶缘有不规则浅疏齿。花单生于叶腋，花瓣长披针形，红色。副花冠3轮，最外轮较长，紫褐色，内两轮为白色。花期春季至秋季。产于圭亚那。（观赏地点：藤本园、奇异植物室）

细柱西番莲 *Passiflora suberosa*

又名三角叶西番莲。草质藤本，茎长1～4m，最长可达10m。叶基部心形，3深裂，裂片卵形，先端锐尖或短尖。花腋生，单生或对生，花小，淡绿色或白色。浆果，熟时黑色。花果期几乎全年。产于西印度群岛和美国。在植物园已逸生。（观赏地点：藤本园、生物园、阴生园）

鸭掌西番莲 *Passiflora trifasciata*

多年生藤本。叶掌状浅裂，基部近心形，叶脉处叶片黄色或粉红色，萼片5枚，近白色，背面淡绿色，花瓣5片，白色，副花冠白色。花期几乎全年。产于秘鲁。（观赏地点：藤本园）

1. 红花西番莲　2. 细柱西番莲　3. 鸭掌西番莲

1

尤卡坦西番莲 *Passiflora yucatanensis*

多年生藤本，蔓长 1.5 ~ 3 m。叶三角形，先端平截或微凹，基部圆形，绿色。花单生叶腋，花瓣及萼片近相似，白色带有淡绿色。副花冠先端黄色，下面紫红色。花期几乎全年。产于墨西哥。（观赏地点：藤本园）

星油藤 *Plukenetia volubilis*

【科属】大戟科星油藤属。**【别名】**南美星油藤。**【简介】**常绿藤本，蔓长可达 2 m 以上。叶椭圆形或近心形，先端具尾尖，基部圆或近平截，边缘具锯齿。雄花小，白色，排列成簇，雌花位于花序的基部。蒴果，具 4 ~ 5 棱。花果期几乎全年。**【产地】**产于秘鲁。**【观赏地点】**藤本园。

2

1. 尤卡坦西番莲　2. 星油藤

'重瓣'使君子

使君子 *Quisqualis indica*

【科属】使君子科使君子属。【简介】攀缘状灌木，高 2 ~ 8 m。叶对生或近对生，叶片膜质，卵形或椭圆形，先端短渐尖，基部钝圆。顶生穗状花序，组成伞房花序式，花瓣 5 枚，初为白色，后转淡红色。果卵形，短尖，具明显的锐棱角 5 条。花期初夏，果期秋末。栽培的品种有'重瓣'使君子 'Double Flowered'。【产地】产于福建、江西、湖南、广东、广西、四川、云南、贵州。印度、缅甸至菲律宾也有分布。【观赏地点】藤本园、西门、飞鹅一桥附近。

1

1. 使君子

大花倒地铃 *Cardiospermum grandiflorum*

【**科属**】无患子科倒地铃属。【**简介**】多年生草质藤本，蔓长可达 6 m，茎上具柔毛。二回三出复叶，小叶轮廓为三角形，纸质，边缘羽状分裂。圆锥花序，花大，萼片 4 枚，绿色，花瓣 4 片，白色。蒴果，长椭圆形，被柔毛。花期秋季至冬季。【**产地**】产于南美洲、非洲和西印度群岛。【**观赏地点**】藤本园。

数珠珊瑚 *Rivina humilis*

【**科属**】蒜香草科（商陆科）数珠珊瑚属。【**别名**】蕾芬。【**简介**】半灌木，高 0.3 ~ 1 m。叶稍稀疏，互生，叶片卵形，顶端长渐尖，基部急狭或圆形，边缘有微锯齿。总状花序直立或弯曲，花被片椭圆形或倒卵状长圆形，白色或粉红色。浆果红色或橙色。花果期几乎全年。【**产地**】产于美洲热带地区。【**观赏地点**】藤本园、热带雨林植物室。

1

2

1. 大花倒地铃　2. 数珠珊瑚

大花倒地铃

数珠珊瑚

1

2

红茎猕猴桃 *Actinidia rubricaulis*

【科属】猕猴桃科猕猴桃属。**【简介】**较大的中型半常绿藤本。着花小枝红褐色，隔年枝深褐色。叶坚纸质至革质，长方披针形至倒披针形，顶端渐尖至急尖，基部钝圆形至阔楔状钝圆形，边缘有较稀疏的硬尖头小齿或上部有若干粗大锯齿。花序通常单花，绝少 2 ~ 3 朵，花白色或红色。果卵圆形至柱状卵珠形。花期 4—5 月。**【产地】**产于云南、贵州、四川、广西、湖南和湖北。**【观赏地点】**藤本园。

同属植物

阔叶猕猴桃 *Actinidia latifolia*

大型落叶藤本。叶坚纸质，通常为阔卵形，有时近圆形或长卵形，顶端短尖至渐尖，基部浑圆或浅心形、截平和阔楔形，等侧或稍不等侧。聚伞花序，花有香气，花瓣 5 ~ 8 片，前半部及边缘部分白色，下半部中央部分橙黄色。果暗绿色。花期 4—6 月，果期 11 月。主产于我国中南部。越南、老挝、柬埔寨和马来西亚也有分布。（观赏地点：藤本园）

1. 红茎猕猴桃　2. 阔叶猕猴桃

定心藤 *Mappianthus iodoides*

【**科属**】茶茱萸科定心藤属。【**别名**】甜果藤。【**简介**】木质藤本。叶长椭圆形至长圆形，稀披针形，先端渐尖至尾状，尾端圆形，基部圆形或楔形。雄花芳香，花萼杯状，微5裂，花冠黄色，雌花花萼浅杯状，花瓣5片。核果椭圆形，由淡绿、黄绿转橙黄至橙红色。花期4—8月，果期6—12月。【**产地**】产于湖南、福建、广东、广西、贵州和云南，生于海拔800～1800 m疏林、灌丛及沟谷林内。越南也有分布。【**观赏地点**】藤本园。

微花藤 *Iodes cirrhosa*

【**科属**】茶茱萸科微花藤属。【**别名**】花心藤。【**简介**】木质藤本。叶卵形或宽椭圆形，厚纸质，先端锐尖或短渐尖，基部近圆形至浅心形，偏斜。花序具短柄，雌花序花少，雄花序为密伞房花序，有时复合成腋生或顶生的大型圆锥花序。雄花花瓣黄色，雌花子房卵形。核果红色。花期1—4月，果期5—10月。【**产地**】产于广西和云南，生于海拔400～1300 m沟谷疏林中。东南亚也有分布。【**观赏地点**】藤本园。

1. 定心藤　2. 微花藤

巴戟天 *Morinda officinalis*

【科属】茜草科巴戟天属。【简介】藤本。叶薄或稍厚，纸质，长圆形，卵状长圆形或倒卵状长圆形，顶端急尖或具小短尖，基部纯、圆或楔形，边全缘。花序 3 ~ 7 伞形排列于枝顶，头状花序，花冠白色，裂片向内钩状弯折。聚花核果。花期4—7 月，果熟期 10—11 月。【产地】产于福建、广东、海南和广西等地，生于山地疏、密林下和灌丛中，常攀于灌木或树干上。中南半岛也有分布。【观赏地点】藤本园。

1

2

3

白背郎德木 *Rondeletia leucophylla*

【科属】茜草科郎德木属。【别名】银叶郎德木。【简介】灌木，高 1 ~ 3 m，最高可达 6 m。叶披针形至狭卵形，先端尖，基部圆形，叶面绿色，背面银白色。聚伞形花序，小花管状，先端 4 裂，粉红色，排列成十字形，具芳香。花期几乎全年。【产地】产于墨西哥至巴拿马。【观赏地点】藤本园、南药路。

长隔木 *Hamelia patens*

【科属】茜草科长隔木属。【别名】希茉莉。【简介】灌木，高 2 ~ 4 m。叶通常 3 枚轮生，椭圆状卵形至长圆形，顶端短尖或渐尖。聚伞花序具 3 ~ 5 个放射状分枝，萼裂片短，三角形，花冠橙红色，冠管狭圆筒状。浆果卵圆状，暗红色或紫色。主花期夏季，其他季节也可见花。【产地】产于拉丁美洲各国。【观赏地点】藤本园。

金钩吻 *Gelsemium sempervirens*

【科属】钩吻科（马钱科）断肠草属。【别名】北美钩吻。【简介】常绿藤本，蔓长可达 3 ~ 6 m。叶披针形，对生，全缘，有光泽，先端尖，基部渐狭。花单生于叶腋，花冠 5 裂，金黄色，香气浓郁。花期几乎全年。【产地】产于北美。【观赏地点】藤本园。

1. 白背郎德木　2. 长隔木　3. 金钩吻

白背郎德木

长隔木

1

2

3

多花耳药藤 *Stephanotis floribunda*

【科属】夹竹桃科（萝藦科）耳药藤属。**【别名】**多花黑鳗藤。**【简介】**常绿藤本，蔓长 3 ~ 6 m。叶厚革质，椭圆形，具光泽，深绿色，先端圆，有小尖头，基部近心形，全缘。聚伞花序，萼片小，绿色，花冠高脚碟状，蜡质，白色。蓇葖果卵圆形或长圆形。花期夏季，果期秋季。**【产地】**产于马达加斯加。**【观赏地点】**藤本园。

茶药藤 *Jasminanthes pilosa* (*Stephanotis pilosa*)

【科属】夹竹桃科（萝藦科）黑鳗藤属（耳药藤属）。**【别名】**马达加斯加茉莉。**【简介】**藤状灌木，长约 7 m。叶近革质，卵圆形，顶端急尖具短尖头，基部心形。聚伞花序伞形状，腋生，着花 3 ~ 6 朵，花冠白色，高脚碟状，花冠筒圆筒状。蓇葖披针形，粗壮。花期春夏季，果期秋冬季。**【产地】**产于云南和广西，生长于海拔 400 ~ 1600 m 山地密林中或山谷、溪边潮湿地方。泰国也有分布。**【观赏地点】**藤本园。

1—2. 多花耳药藤　3. 茶药藤

匙羹藤 *Gymnema sylvestre*

【科属】夹竹桃科（萝藦科）匙羹藤属。**【简介】**木质藤本，长达 4 m。叶倒卵形或卵状长圆形，仅叶脉上被微毛。聚伞花序，腋生，花小，花冠绿白色，钟状，副花冠着生于花冠裂片弯缺下。蓇葖卵状披针形。花期 5—9 月，果期 10 月至次年 1 月。**【产地】**产于云南、广西、广东、福建、浙江、台湾等地，生于山坡林中或灌丛中。南亚、东南亚、澳大利亚和非洲热带地区也有分布。**【观赏地点】**藤本园。

驼峰藤 *Merrillanthus hainanensis*

【科属】夹竹桃科（萝藦科）驼峰藤属。**【简介】**木质藤本，长约 2 m。叶膜质，卵圆形，顶端渐尖或急尖，基部圆形或心形。聚伞花序腋生，着花多朵，花冠裂片的顶端向内粘合，花冠黄色，副花冠 5 裂，肉质，着生于合蕊冠上。蓇葖纺锤状。花期 3—4 月，果期 5—6 月。**【产地】**产于广东和海南，生于低海拔至中海拔山地林谷中。**【观赏地点】**藤本园。

1

2

1. 匙羹藤　2. 驼峰藤

娃儿藤 *Tylophora ovata*

【科属】夹竹桃科（萝藦科）娃儿藤属。【简介】攀缘灌木。叶卵形，顶端急尖，具细尖头，基部浅心形。聚伞花序伞房状，丛生于叶腋，着花多朵，花小，淡黄色或黄绿色，副花冠裂片卵形。蓇葖双生，圆柱状披针形。花期4—8月，果期8—12月。【产地】产于云南、广西、广东、湖南和台湾，生于海拔900 m以下山地灌丛中及山谷或向阳疏密杂树林中。南亚、东南亚也有分布。【观赏地点】藤本园。

紫蝉花 *Allamanda blanchetii*

【科属】夹竹桃科黄蝉属。【别名】大紫蝉。【简介】常绿蔓性灌木，长达3 m。叶常4枚轮生，卵形、椭圆形或倒卵状披针形，具光泽。花腋生，紫红色至淡紫红色，漏斗状，基部不膨大，花冠5裂。花期春末至秋季。【产地】产于巴西。【观赏地点】藤本园。

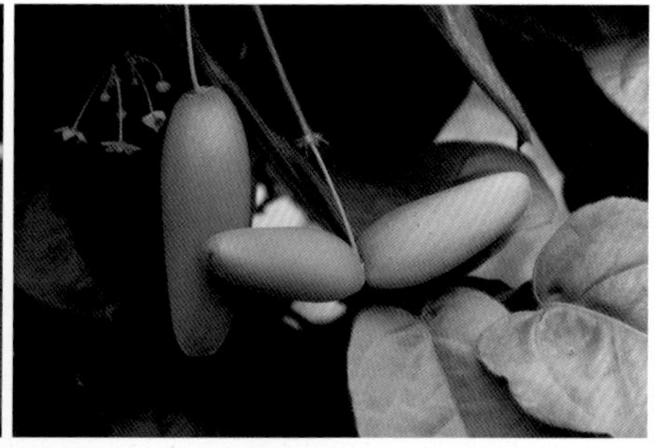

1

2

1. 娃儿藤　2. 紫蝉花

同属植物

黄蝉 *Allamanda schottii*

常绿灌木，直立性，高达 2 m。叶近无柄，3 ~ 5 枚轮生，椭圆形或狭倒卵形，全缘。聚伞花序顶生，花橙黄色，内面有红褐色条纹，花冠下部圆筒状，基部膨大。蒴果。花期 5—9 月，果期 10—12 月。产于巴西。（观赏地点：藤本园、药用植物园）

夹竹桃 *Nerium oleander* (*Nerium indicum*)

【科属】夹竹桃科夹竹桃属。【别名】欧洲夹竹桃、柳桃。【简介】常绿直立大灌木，高达 5 m。叶 3 ~ 4 枚轮生，窄披针形，顶端急尖，基部楔形。聚伞花序顶生，花芳香，花冠深红色或粉红色，栽培演变有白色或黄色，花冠单瓣呈 5 裂时，花冠漏斗状。花期全年，果期一般在冬春季，少见结果。【产地】产于欧洲和亚洲。【观赏地点】藤本园。

1

2

1. 黄蝉　2. 夹竹桃

1

2

3

1. 断肠花　2. 山橙　3. 羊角拗

断肠花 *Beaumontia brevituba*

【**科属**】夹竹桃科清明花属。【**别名**】大果夹竹桃。【**简介**】高大木质藤本。叶倒披针形或长圆状倒卵形，顶端有短尖头，基部楔形。聚伞花序伞房状，顶生，具 4 ~ 5 花，花芳香。蓇葖合生，木质，圆柱形。花期春夏季，果期秋冬季。【**产地**】产于海南，生于疏林中，攀缘于大树上。【**观赏地点**】藤本园。

山橙 *Melodinus suaveolens*

【**科属**】夹竹桃科山橙属。【**别名**】马骝藤。【**简介**】攀缘木质藤本，长达 10 m。叶近革质，椭圆形或卵圆形，顶端短渐尖，基部渐尖或圆形。聚伞花序顶生和腋生，花白色，副花冠钟状或筒状，裂片伸出花冠喉外。浆果球形，顶端具钝头。花期 5—11 月，果期 8 月至次年 1 月。【**产地**】产于广东、广西等地，常生于丘陵、山谷，攀缘树木或石壁上。【**观赏地点**】藤本园。

羊角拗 *Strophanthus divaricatus*

【**科属**】夹竹桃科羊角拗属。【**别名**】羊角扭、断肠草。【**简介**】灌木，高达 2 m。叶薄纸质，椭圆状长圆形或椭圆形，顶端短渐尖或急尖，基部楔形，边缘全缘。聚伞花序常着花 3 朵，花冠漏斗状，淡黄色，花冠裂片顶端延长成一长尾，带状，裂片内面具由 10 枚舌状鳞片组成的副花冠。蓇葖广叉开。花期 3—7 月，果期 6 月至次年 2 月。【**产地**】产于贵州、云南、广西、广东、福建等地，野生于丘陵山地、路旁疏林中或山坡灌丛中。越南和老挝也有分布。【**观赏地点**】藤本园。

宿苞厚壳树 *Ehretia asperula*

【科属】紫草科厚壳树属。【简介】攀缘灌木，高 3 ~ 5 m。叶革质，宽椭圆形或长圆状椭圆形，先端钝或具短尖，基部圆，通常全缘。聚伞花序呈伞房状，花冠白色，漏斗形。核果红色或橘黄色。花期夏秋季，果期冬季。【产地】产于海南，生于干燥山坡疏林中。越南和印度尼西亚有分布。【观赏地点】藤本园。

多裂鱼黄草

毛叶丁公藤 *Erycibe hainanensis*

【科属】旋花科丁公藤属。【简介】攀缘灌木，高约 10 m，密被栗色长柔毛。叶纸质至近革质，椭圆形至长圆状椭圆形，突尖或渐尖，基部钝或稍圆。花序圆锥状，多花，腋生及顶生，极密被锈色长柔毛，花 3 ~ 4 朵密集成簇，黄色，具香气。浆果椭圆形。花期 5—8 月，果期 10—12 月。【产地】产于广东、海南和广西，生于海拔 170 ~ 1100 m 林中。越南北部也有分布。【观赏地点】藤本园。

黄毛银背藤 *Argyreia velutina*

【科属】旋花科银背藤属。【简介】攀缘灌木。叶近革质，椭圆形至椭圆状卵圆形，先端锐尖，基部近圆形，叶面密被硬毡毛，背面极密被丝状黄毡毛。二歧状聚伞花序，花冠漏斗状，粉红色。浆果扁球形。花期秋季。【产地】产于云南，生于海拔 960 ~ 1540 m 灌丛中。【观赏地点】藤本园。

多裂鱼黄草 *Merremia dissecta*

【科属】旋花科鱼黄草属。【简介】茎缠绕、细长，圆柱形。叶掌状分裂近达基部，具 5 ~ 7 披针形的、具小短尖头的、边缘具粗齿至不规则的羽裂片。花序梗腋生，少花，花冠漏斗状，白色。蒴果。花果期几乎全年。【产地】产于美洲。【观赏地点】藤本园。

1

2

3

1. 毛叶丁公藤　2. 黄毛银背藤　3. 多裂鱼黄草

金杯藤 *Solandra maxima*

【科属】茄科金杯藤属。【别名】金杯花。【简介】常绿藤本灌木。叶互生，长椭圆形，浓绿色。花单生枝顶，花苞绿色棒槌状，硕大，花杯状，金黄色或淡黄色，大型，具香气，花冠裂片5裂，反卷，裂片中央具5个纵向深褐色条纹。花期几乎全年。【产地】产于中美洲。【观赏地点】藤本园、蕨园。

茉莉 *Jasminum sambac*

【科属】木樨科素馨属。【别名】茉莉花。【简介】直立或攀缘灌木，高达3 m。叶对生，单叶，叶片纸质，圆形、椭圆形、卵状椭圆形或倒卵形，两端圆或钝，基部有时微心形。聚伞花序顶生，花冠白色。果球形。花期5—8月，果期7—9月。【产地】产于印度。【观赏地点】藤本园。

1

2

1. 金杯藤
2. 茉莉

1

2

大花老鸦嘴 *Thunbergia grandiflora*

【**科属**】爵床科山牵牛属。【**别名**】山牵牛、大花山牵牛。【**简介**】木质藤本。叶具柄，叶片卵形、宽卵形至心形，先端急尖至锐尖，有时有短尖头或钝，边缘有三角形裂片。花在叶腋单生或成顶生总状花序，花冠檐蓝紫色。蒴果，喙长 2 cm。花期几乎全年。【**产地**】产于广西、广东、海南和福建，生于山地灌丛。印度和中南半岛也有分布。【**观赏地点**】藤本园、药用植物园、裸子植物区。

同属植物

桂叶山牵牛 *Thunbergia laurifolia*

又名樟叶老鸦嘴、樟叶山牵牛。木质藤本。叶对生，长圆形至长圆状披针形，先端锐尖，全缘或角状浅裂。总状花序顶生或腋生，花冠管和喉白色，冠檐淡蓝色。蒴果。花期几乎全年。产于中南半岛和马来半岛。（观赏地点：藤本园）

1. 大花老鸦嘴　2. 桂叶山牵牛

1

翼叶山牵牛 *Thunbergia alata*

又名翼叶老鸦嘴、黑眼花、黑眼苏珊。缠绕草本。叶片卵状箭头形或卵状稍戟形，先端锐尖，基部箭形或稍戟形，边缘具 2 ~ 3 短齿或全缘。花黄色，喉蓝紫色。蒴果。花期几乎全年。产于非洲热带地区。（观赏地点：藤本园）

宽叶十万错 *Asystasia gangetica*

【科属】爵床科十万错属。**【简介】**多年生草本。叶具柄，椭圆形，基部急尖，钝，圆或近心形，几全缘，两面稀疏被短毛。总状花序顶生，花偏向一侧。花冠短，略2唇形，花紫红色或白色。蒴果。花期几乎全年。**【产地】**产于云南和广东。印度、中南半岛至马来半岛也有分布。**【观赏地点】**藤本园。

2

1. 翼叶山牵牛
2. 宽叶十万错

同属植物

小花十万错 *Asystasia gangetica* subsp. *micrantha*

多年生草本，匍匐，茎长可达 3m。叶卵形至长卵形，近全缘，绿色。花白色，2 唇，上唇 2 裂，下唇 3 裂，中间唇瓣带紫色。花果期全年。产于撒哈拉以南非洲。（观赏地点：藤本园、生物园、姜园）

非洲凌霄 *Podranea ricasoliana*

【科属】紫葳科非洲凌霄属。**【别名】**紫芸藤。**【简介】**常绿攀缘木质藤本，蔓长 4 ~ 10 m。羽状复叶对生，小叶 7 ~ 11 枚，长卵形，先端尖，基部圆形，叶缘具锯齿。花冠筒状，粉红色至淡紫色，具紫红色纵条纹。蒴果线形，种子扁平。花期全年。**【产地】**产于非洲南部。**【观赏地点】**藤本园、西门停车场。

1

1. 非洲凌霄

1

2

粉花凌霄 *Pandorea jasminoides*

【科属】紫葳科粉花凌霄属。【别名】肖粉凌霄。【简介】常绿半蔓性灌木，无卷须。奇数羽状复叶对生，小叶 5 ~ 9 枚，椭圆形至卵状披针形，全缘。顶生圆锥花序，花冠漏斗状，白色或带紫色，喉部红色。蒴果长椭圆形，木质。花期春季至秋季。【产地】产于澳大利亚。【观赏地点】藤本园。

连理藤 *Clytostoma callistegioides*

【科属】紫葳科连理藤属。【简介】常绿攀缘状灌木。叶具全缘的小叶 2 枚，其最顶 1 枚常变为不分枝的卷须。花排成顶生或腋生的圆锥花序，萼钟状，花冠漏斗状钟形，裂片圆形，芽时覆瓦状排列。蒴果。花期 3—5 月。【产地】产于巴西和阿根廷。【观赏地点】藤本园。

1. 粉花凌霄　2. 连理藤

1

凌霄 *Campsis grandiflora*

【科属】紫葳科凌霄属。**【简介】**攀缘藤本。叶对生，为奇数羽状复叶，小叶 7 ~ 9 枚，卵形至卵状披针形，顶端尾状渐尖，基部阔楔形，两侧不等大。顶生疏散的短圆锥花序，花冠内面鲜红色，外面橙黄色。蒴果顶端钝。花期 5—8 月。**【产地】**产于长江流域各地。日本也有分布。**【观赏地点】**藤本园。

同属植物

厚萼凌霄 *Campsis radicans*

又名美国凌霄。藤本，长达 10 m。小叶 9 ~ 11 枚，椭圆形至卵状椭圆形，顶端尾状渐尖，基部楔形，边缘具齿。花冠筒细长，漏斗状，橙红色至鲜红色。蒴果长圆柱形。花期春季至夏季。产于美洲。（观赏地点：藤本园）

2

3

1—2. 凌霄　3. 厚萼凌霄

1

2

蒜香藤 *Mansoa alliacea*

【科属】紫葳科蒜香藤属。【简介】常绿藤本，长达 3 ~ 4 m。复叶对生，揉搓有蒜香味，具 2 枚小叶，矩圆状卵形，革质而有光泽，基部歪斜，顶生小叶变成卷须。聚伞花序腋生和顶生，花密集，花冠漏斗状，鲜紫色或带紫红。花期春秋季。【产地】产于圭亚那和巴西。【观赏地点】藤本园、药用植物园、温室门口。

蓝花藤 *Petrea volubilis*

【科属】马鞭草科蓝花藤属。【别名】锡叶藤。【简介】木质藤本，长达 5 m。叶对生，触之粗糙，椭圆状长圆形或卵状椭圆形，全缘或波状。总状花序顶生，下垂，花蓝紫色，花冠 5 深裂，早落，萼裂片狭长圆形，宿存。花期 3—5 月。【产地】产于古巴。【观赏地点】藤本园、园林树木区。

1. 蒜香藤　2. 蓝花藤

蒜香藤

苦郎树 *Clerodendrum inerme*

【科属】唇形科（马鞭草科）大青属。【别名】许树。【简介】攀缘状灌木，直立或平卧，高达 2 m。叶对生，薄革质，卵形、椭圆形或椭圆状披针形、卵状披针形，顶端钝尖，基部楔形或宽楔形，全缘。聚伞花序，花芳香，花冠白色，顶端 5 裂。核果。花果期 3—12 月。【产地】产于福建、台湾、广东和广西，生于海岸沙滩和潮汐能至的地方。印度、南亚、东南亚至大洋洲北部也有分布。【观赏地点】藤本园。

同属植物

红萼龙吐珠 *Clerodendrum speciosum*

又名美丽龙吐珠。常绿木质藤本。叶对生，纸质，卵状椭圆形，全缘，先端渐尖，基部圆钝至近心形。圆锥状聚伞花序，多花，萼粉红色至淡紫色，花冠深红色，雌雄蕊细长，突出花冠外。花期全年。产于非洲。（观赏地点：藤本园、热带雨林植物室、能源植物园）

美丽赪桐 *Clerodendrum splendens*

又名艳赪桐。常绿木质藤本。叶对生，纸质，椭圆形至卵形，全缘，先端渐尖，基部近圆形。聚伞花序腋生或顶生，花冠朱红色，花萼红色，雌雄蕊突出花冠外。核果。花期春季至秋末。产于非洲热带地区。（观赏地点：藤本园、热带雨林植物室、能源植物园）

1. 红萼龙吐珠　2. 美丽赪桐

龙吐珠

蝶花荚蒾

龙吐珠 *Clerodendrum thomsoniae* (*Clerodendrum thomsonae*)

攀缘状灌木，高 2 ~ 5 m。叶片纸质，狭卵形或卵状长圆形，顶端渐尖，基部近圆形，全缘。聚伞花序，花萼白色，基部合生，花冠深红色，雄蕊与花柱同伸出花冠外。花期 3—5 月，其他季节也可见花。产于西非。（观赏地点：藤本园）

蝶花荚蒾 *Viburnum hanceanum*

【**科属**】五福花科（忍冬科）荚蒾属。【**简介**】灌木，高达 2 m。叶纸质，圆卵形、近圆形或椭圆形，有时倒卵形，顶端圆形而微凸头，基部圆形至宽楔形。聚伞花序伞形式，外围有 2 ~ 5 朵大型白色不孕花，可孕花花冠黄白色。果实红色，稍扁，卵圆形。花期 4—5 月，果期 8—9 月。【**产地**】产于江西、福建、湖南、广东和广西，生于海拔 200 ~ 800 m 山谷溪流旁或灌丛中。【**观赏地点**】藤本园、园林树木区。

1

2

1. 龙吐珠　2. 蝶花荚蒾

1

2

华南忍冬 *Lonicera confusa*

【**科属**】忍冬科忍冬属。【**别名**】大金银花。【**简介**】半常绿藤本。叶纸质，卵形至卵状矩圆形，顶端尖或稍钝而具小短尖头，基部圆形、截形或带心形。花具香味，花冠白色，后变黄色，唇形，筒直或有时稍弯曲。果实黑色，椭圆形或近圆形。花期 4—5 月，有时 9—10 月开第二次花，果期 10 月。【**产地**】产于广东、海南和广西，生于海拔达 800 m 丘陵地的山坡、杂木林和灌丛中，以及平原旷野路旁或河边。越南和尼泊尔也有分布。【**观赏地点**】藤本园。

同属植物

长花忍冬 *Lonicera longiflora*

藤本，全株几无毛，枝与小枝红褐色或紫褐色。叶纸质或薄革质，卵状矩圆形至矩圆状披针形，很少卵形，顶端渐尖，基部圆至宽楔形。双花常集生于小枝顶呈疏散的总状花序，花冠白色，后变黄色。果实成熟时白色。花期 3—6 月，果期 10 月。产于广东、海南和云南，生于海拔达 1700 m 疏林内或山地路旁向阳处。（观赏地点：藤本园）

1. 华南忍冬　2. 长花忍冬

1. 忍冬
2. 红白忍冬

1

2

忍冬 *Lonicera japonica*

又名金银花，半常绿藤本。叶纸质，卵形至矩圆状卵形，有时卵状披针形，稀圆卵形或倒卵形，顶端尖或渐尖，基部圆或近心形。花冠白色，后变黄色，唇形，筒稍长于唇瓣，很少近等长。果实圆形，熟时蓝黑色。花期4—6月（秋季亦常开花），果期10—11月。除黑龙江、内蒙古、宁夏、青海、新疆、海南和西藏无自然生长外，全国各地均有分布。日本和朝鲜也有分布。（观赏地点：藤本园、药用植物园）

红白忍冬 *Lonicera japonica* var. *chinensis*

幼枝紫黑色。幼叶带紫红色。小苞片比萼筒狭。花冠外面紫红色，内面白色，上唇裂片较长，裂隙深超过唇瓣1/2。产于安徽，生于海拔800 m山坡。（观赏地点：藤本园）

生物园

生物园是锦葵科和爵床科植物最为集中的园区。各种锦葵科植物，有着“锦葵”二字所展现的风情——繁花似锦，硕大如葵。它们的颜色多为极其艳丽的鲜红、粉红、金黄色，遥望之下，满树的繁花鲜艳夺目。爵床科的花朵则以繁复的花序和奇异的形态，展现着另一种摄人心魄的美。除开这两大类植物，这里还点缀有野牡丹、樱花、蔷薇和其他各种草木，林林总总，让游人体会到“乱花渐欲迷人眼”的感受。

生物园

生物园占地约56亩，原为保育苗圃，2005年改建为生物园，共栽培600余种观赏植物，主要有引种历史区、果树区、锦葵区、爵床区、野牡丹区、樱花区、观花灌木草本区及月季花区等。其中以所收集的爵床科与锦葵科植物最为吸引游客，如爵床科的珊瑚塔、金塔火焰花、兔耳爵床（蜂鸟花）、逐马蓝、林君木等，锦葵科的高红槿、昂天莲等。此外，生物园的白花羊蹄甲、秤锤树、版纳龙船花等，也是植物爱好者们追逐的对象。

生物园

广东万年青 *Aglaonema modestum*

【科属】天南星科广东万年青属。**【别名】**粤万年青、大叶万年青。**【简介】**多年生常绿草本，高 40 ~ 70 cm。叶片深绿色，卵形或卵状披针形，不等侧，先端有长 2 cm 的渐尖，基部钝或宽楔形。佛焰苞长圆披针形，肉穗花序长为佛焰苞 2/3，圆柱形。浆果绿色至黄红色。花期 5 月，果期 10—11 月。**【产地】**产于广东、广西和云南，生于海拔 500 ~ 1700 m 密林下。**【观赏地点】**生物园、蕨园。

合果芋 *Syngonium podophyllum*

【**科属**】天南星科合果芋属。【**简介**】多年生常绿蔓生草本，节部常生有气生根。幼叶具长柄，卵圆形或呈戟状，先端尖，基部近心形或戟形，成株叶片5～9裂，裂片椭圆形，先端尖，基部联合，全缘。佛焰苞白色，肉穗花序白色，花密集。花期夏季。【**产地**】产于中美洲和南美洲。【**观赏地点**】生物园、热带雨林室、蕨园、药用植物园、经济植物区。

1

2

1. 郁金　2. 银珠

郁金 *Curcuma aromatica*

【**科属**】姜科姜黄属。【**别名**】姜黄。【**简介**】株高约 1 m。叶基生，叶片长圆形，顶端具细尾尖，基部渐狭，叶面无毛。花葶单独由根茎抽出，穗状花序圆柱形，有花的苞片淡绿色，卵形，上部无花的苞片白色而染淡红。花冠管漏斗形，白色而带粉红，唇瓣黄色。花期 4—6 月。【**产地**】产于我国东南部至西南部各地，栽培或野生于林下。南亚、东南亚各地也有分布。【**观赏地点**】生物园。

银珠 *Peltophorum tonkinense*

【**科属**】豆科盾柱木属。【**别名**】油楠。【**简介**】乔木，高 12 ~ 20 m。二回偶数羽状复叶，羽片 6 ~ 13 对，小叶 5 ~ 14 对，长圆形，先端钝圆、微凹或有凸尖，基部渐狭。总状花序，花黄色，大而芳香。荚果。花期 3—6 月，果期 4—10 月。【**产地**】产于海南，生于海拔 300 ~ 400 m 山地疏林中。【**观赏地点**】生物园。

肥荚红豆 *Ormosia fordiana*

【科属】豆科红豆属。【别名】大红豆。【简介】乔木，高达 17 m。奇数羽状复叶，小叶薄革质，倒卵状披针形或倒卵状椭圆形，稀椭圆形，顶生小叶较大，先端急尖或尾尖，基部楔形或略圆。圆锥花序，花冠淡紫红色。荚果，种皮鲜红色。花期 5—7 月，果期 11 月。【产地】产于广东、海南、广西和云南，生于海拔 100 ~ 1400 m 山谷、山坡路旁、溪边杂木林中。越南、缅甸、泰国和孟加拉国也有分布。【观赏地点】生物园。

翅荚决明 *Senna alata* (*Cassia alata*)

【科属】豆科决明属（腊肠树属）。【别名】翅果决明。【简介】直立灌木，高 1.5 ~ 3 m。小叶 6 ~ 12 对，薄革质，倒卵状长圆形或长圆形，顶端圆钝而有小短尖头，基部斜截形。花序顶生和腋生，单生或分枝，花瓣黄色，具明显的紫色脉纹。荚果具翅。花期春季至秋季，果期秋季至冬季。【产地】产于美洲热带地区。【观赏地点】生物园。

1

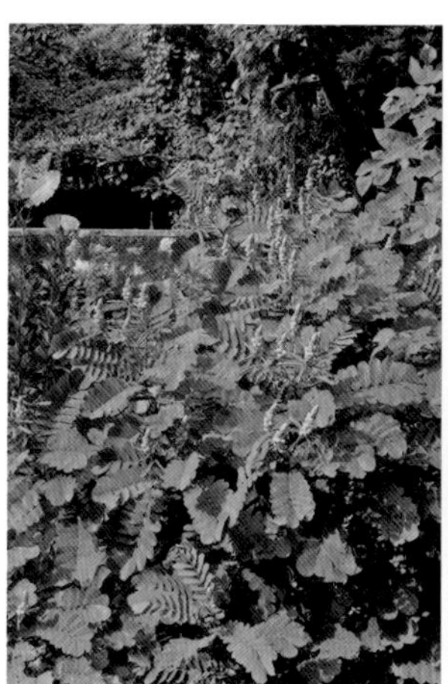

2

1. 肥荚红豆　2. 翅荚决明

1

2

3

同属植物

双荚决明 *Senna bicapsularis* (*Cassia bicapsularis*)

直立灌木。小叶倒卵形或倒卵状长圆形，膜质，顶端圆钝，基部渐狭，偏斜。总状花序，常集成伞房花序状，花鲜黄色。荚果圆柱状，膜质。花期10—11月，果期11月至次年3月。产于美洲热带地区。（观赏地点：生物园、新石器时期遗址）

白花羊蹄甲 *Bauhinia acuminata*

【科属】豆科羊蹄甲属。【简介】小乔木或灌木。叶近革质，卵圆形，有时近圆形，基部通常心形，先端2裂达叶长1/3 ~ 2/5。总状花序腋生，呈伞房花序式，密集，少花，花瓣白色。荚果线状倒披针形，扁平。花期4—6月或全年，果期6—8月。【产地】产于云南、广西和广东。印度、斯里兰卡、马来半岛、越南和菲律宾也有分布。【观赏地点】生物园。

同属植物

总状花羊蹄甲 *Bauhinia racemosa*

落叶小乔木。叶革质，扁圆形，宽度大于长度，先端分裂达叶长的1/3。总状花序顶生或侧生，有花20余朵，花瓣淡黄色。荚果不规则直或弯镰状，扁平或肿胀。花期5—7月，果期7—8月。产于云南。印度、马来西亚和缅甸也有分布。（观赏地点：生物园、藤本园）

1. 双荚决明　2. 白花羊蹄甲
3. 总状花羊蹄甲

双荚决明

白花羊蹄甲

喙荚云实 *Caesalpinia minax*

【科属】豆科云实属。【别名】南蛇簕。【简介】有刺藤本。二回羽状复叶，羽片 5 ~ 8 对，小叶 6 ~ 12 对，椭圆形或长圆形，先端圆钝或急尖，基部圆形，微偏斜。总状花序或圆锥花序顶生，花瓣 5 片，白色，具紫色斑点。荚果长圆形，果瓣表面密生针状刺。花期 3—5 月，果期 7 月。【产地】产于广东、广西、云南、贵州和四川，生于海拔 400 ~ 1500 m 山沟、溪旁或灌丛中。【观赏地点】生物园。

1

同属植物

洋金凤 *Caesalpinia pulcherrima*

又名金凤花。大灌木或小乔木。二回羽状复叶，羽片 4 ~ 8 对，对生，长圆形或倒卵形顶端凹缺，有时具短尖头。总状花序近伞房状，花瓣橙红色或黄色，圆形。荚果狭而薄，倒披针状长圆形。花果期几乎全年。原产地可能是西印度群岛。（观赏地点：生物园）

2

高盆樱桃 *Cerasus cerasoides*

【**科属**】蔷薇科樱属。【**别名**】云南欧李。【**简介**】乔木，高 3 ~ 10 m。叶片卵状披针形或长圆披针形，先端长渐尖，基部圆钝，叶边有细锐重锯齿或单锯齿。花 1 ~ 3，伞形排列，与叶同时开放，花瓣淡粉色至白色。核果，熟时紫黑色。花期春季。【**产地**】产于云南和西藏，生于海拔 1300 ~ 2200 m 沟谷密林中。克什米尔地区、尼泊尔、印度、不丹和缅甸也有分布。【**观赏地点**】生物园。

1—2. 洋金凤　3. 高盆樱桃

3

'中国红'樱花

1

2

1.'中国红'樱花　2.'广州'樱

同属植物

'中国红'樱花

Cerasus campanulata 'Zhongguohong'

乔木或灌木，高3～8 m。叶片卵形、卵状椭圆形或倒卵状椭圆形，薄革质，先端渐尖，基部圆形。伞形花序，具2～4花，花瓣红色。花期1—3月，果期4—5月。园艺种。（观赏地点：生物园）

'广州'樱 *Cerasus yunnanensis* 'Guangzhou'

乔木，高4～8 m。叶片长圆形、倒卵长圆形或卵状长圆形，先端渐尖，基部圆形，边有尖锐锯齿间有少数重锯齿。花序近伞房总状，花瓣粉红色。核果。花期2—3月，果期夏季。园艺种。（观赏地点：生物园）

滇刺枣 *Ziziphus mauritiana*

【科属】鼠李科枣属。【别名】酸枣、台湾青枣。【简介】常绿乔木或灌木，高达 15 m。叶纸质至厚纸质，卵形、矩圆状椭圆形，稀近圆形，顶端圆形，稀锐尖，基部近圆形，边缘具细锯齿。花绿黄色，两性，5 基数。核果矩圆形或球形，橙色或红色，成熟时变黑色。花期 8—11 月，果期 9—12 月。【产地】产于云南、四川、广东和广西，生于海拔 1800 m 以下山坡、丘陵、河边湿润林中或灌丛中。南亚、东南亚、澳大利亚和非洲也有分布。【观赏地点】生物园。

桂木 *Artocarpus nitidus* subsp. *lingnanensis*

【科属】桑科波罗蜜属。【别名】红桂木。【简介】乔木，高可达 17 m，树皮黑褐色，纵裂。叶互生，革质，长圆状椭圆形至倒卵椭圆形，先端短尖或具短尾，基部楔形或近圆形，全缘或具不规则浅疏锯齿。雄花序头状，花被片 2 ~ 4 裂，雌花序近头状。聚花果近球形，表面粗糙被毛。花期 4—5 月。【产地】产于广东、海南和广西等地，生于中海拔湿润的杂木林中。【观赏地点】生物园、澳洲植物园路、彩虹桥旁。

1

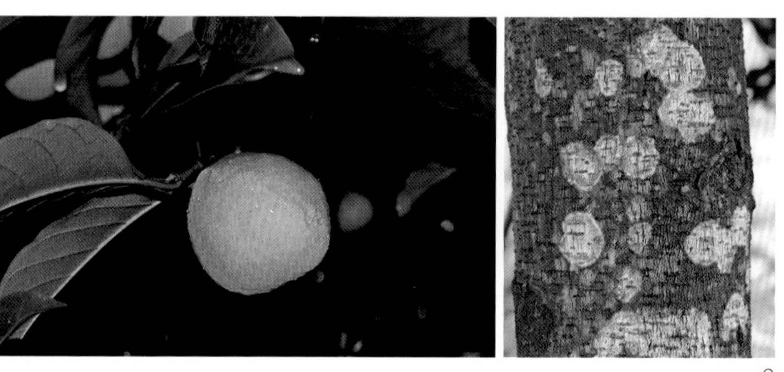

2

1. 滇刺枣　2. 桂木

1

大果榕 *Ficus auriculata*

【科属】桑科榕属。【别名】大无花果。【简介】乔木或小乔木，高 4 ~ 10 m。叶互生，厚纸质，广卵状心形，先端钝，基部心形。榕果簇生于树干基部或老茎短枝上，梨形或扁球形至陀螺形，雄花花被片 3 裂，雌花生于另一植株榕果内，花被片 3 裂。花期 8 月至次年 3 月，果期 5—8 月。【产地】产于海南、广西、云南、贵州和四川等地，生于海拔 130 ~ 2100 m 低山沟谷潮湿雨林中。印度、越南和巴基斯坦也有分布。【观赏地点】生物园。

号角树 *Cecropia peltata*

【科属】荨麻科（桑科）号角树属。【别名】蚁栖树。【简介】常绿乔木，原产地高达 60 m。叶互生，近圆形，深裂至 2/3，裂片 9 ~ 11，表面粗糙，背面密生白色短绒毛。雌雄异株，穗状花序，花密生。雄花序 12 ~ 30 个成一束，雌花序 4 ~ 6 个成一束。果长圆形。花期几乎全年。【产地】产于墨西哥南部至南美洲北部和大安的列斯群岛。【观赏地点】生物园、经济植物区。

2

1. 大果榕　2. 号角树

糙点栝楼 *Trichosanthes dunniana* (*Trichosanthes rubriflos*)

【科属】葫芦科栝楼属。**【别名】**红花栝楼。**【简介】**草质攀缘藤本，长达 3 ~ 6 m。叶片纸质，阔卵形或近圆形，长、宽几乎相等，3 ~ 7 掌状深裂。花雌雄异株，雄花苞片深红色，花萼筒红色，花冠粉红色至红色，边缘具流苏，雌花单生，裂片和花冠同雄花。果实阔卵形或球形。花期 5—11 月，果期 8—12 月。**【产地】**产于广东、四川、广西、贵州、云南和西藏等地，生于海拔 150 ~ 1900 m 山谷林中。东南亚也有分布。**【观赏地点】**生物园。

阳 桃

阳桃 *Averrhoa carambola*

【科属】酢浆草科阳桃属。【别名】杨桃、五敛子。【简介】乔木，高可达12 m。奇数羽状复叶，互生，小叶5 ~ 13枚，全缘，卵形或椭圆形，顶端渐尖，基部圆，一侧歪斜。花小，微香，花瓣背面淡紫红色，边缘色较淡，有时粉红色或白色。浆果。花期4—12月，果期7—12月。【产地】产于马来西亚和印度尼西亚。【观赏地点】生物园。

1

岭南山竹子 *Garcinia oblongifolia*

【科属】藤黄科藤黄属。【别名】海南山竹子。【简介】乔木或灌木，高5 ~ 15 m。叶片近革质，长圆形，倒卵状长圆形至倒披针形，顶端急尖或钝，基部楔形。花小单性，异株，花瓣橙黄色或淡黄色。浆果卵球形或圆球形。花期4—5月，果期10—12月。【产地】产于广东和广西，生于海拔200 ~ 1200 m平地、丘陵、沟谷密林或疏林中。越南也有分布。【观赏地点】生物园、药用植物园。

2

3

1. 阳桃　2—3. 岭南山竹子

1

2

罗旦梅 *Flacourtia jangomas*

【科属】杨柳科（大风子科）刺篱木属。【别名】云南刺篱木。【简介】落叶小乔木或大灌木，高 5 ~ 10 m，稀达 15 m。叶通常膜质，卵形至卵状椭圆形稀卵状披针形，先端钝或渐尖，基部楔形至圆形，边缘全缘或有粗锯齿。聚伞花序，花白色至浅绿色。果实肉质，浅棕色或紫色。花期 4—5 月，果期 5—10 月。【产地】产于云南、广西和海南，生于海拔 700 ~ 800 m 山地雨林、常绿阔叶林中。东南亚也有分布。【观赏地点】生物园。

红尾铁苋 *Acalypha chamaedrifolia* (*Acalypha reptans*)

【科属】大戟科铁苋菜属。【简介】多年生常绿，株高 20 cm 左右。叶互生，卵圆形，先端渐尖，基部楔形，边缘具锯齿。柔荑花序，雌雄同株，花序腋生，红色。花期春季至秋季。【产地】产于北美洲。【观赏地点】生物园、棕榈园。

1. 罗旦梅　2. 红尾铁苋

木奶果 *Baccaurea ramiflora*

【**科属**】叶下珠科（大戟科）木奶果属。【**别名**】火果。【**简介**】常绿乔木，高5～15m。叶片纸质，倒卵状长圆形、倒披针形或长圆形，顶端短渐尖至急尖，基部楔形，全缘或浅波状。总状圆锥花序，花小，雌雄异株，无花瓣，雄花萼片4～5枚，雌花萼片4枚。浆果卵状或近圆球状。花期3—4月，果期6—10月。【**产地**】产于广东、海南、广西和云南，生于海拔100～1300m山地林中。南亚、东南亚也有分布。【**观赏地点**】生物园、园林树木区。

1

守宫木 *Sauropus androgynus*

【**科属**】叶下珠科（大戟科）守宫木属。【**别名**】树仔菜、天绿香。【**简介**】灌木，高1～3m。叶片近膜质或薄纸质，卵状披针形、长圆状披针形或披针形，顶端渐尖，基部楔形、圆或截形。雄花1～2朵腋生，或几朵与雌花簇生于叶腋，雌花通常单生于叶腋，花萼裂片红色。蒴果扁球状或圆球状。花期4—7月，果期7—12月。【**产地**】产于印度、斯里兰卡、老挝、柬埔寨、越南、菲律宾、印度尼西亚和马来西亚等地。【**观赏地点**】生物园。

2

3

1. 木奶果　2—3. 守宫木

1

黄薇 *Heimia myrtifolia*

【科属】千屈菜科黄薇属。**【简介】**灌木。叶椭圆形、披针形或线形，顶端渐尖，基部渐窄狭，几无柄。花单生，具短梗，花萼半球形，花瓣黄色。蒴果球形。花期4—9月。**【产地】**产于巴西。**【观赏地点】**生物园、藤本园。

2

紫薇 *Lagerstroemia indica*

【科属】千屈菜科紫薇属。**【别名】**痒痒树、百日红。**【简介】**落叶灌木或小乔木，高可达7 m。叶互生或有时对生，纸质，椭圆形、阔矩圆形或倒卵形，顶端短尖或钝形，有时微凹，基部阔楔形或近圆形。花淡红色或紫色、白色。蒴果椭圆状球形或阔椭圆形。花期6—9月，果期9—12月。**【产地】**产于亚洲，现广植于热带地区。**【观赏地点】**生物园、能源植物园、藤本园。

同属植物

福建紫薇 *Lagerstroemia limii*

灌木或小乔木，高约4 m。叶互生至近对生，革质至近革质，顶端短渐尖或急尖，基部短尖或圆形。顶生圆锥花序，萼筒具12条明显的棱，5 ~ 6裂，花瓣淡红色至紫色。蒴果卵形。花期5—6月，果期7—8月。产于福建、浙江和湖北。（观赏地点：生物园、藤本园）

3

1. 黄薇　2. 紫薇　3. 福建紫薇

福建紫薇

1

2

红果仔 *Eugenia uniflora*

【科属】桃金娘科番樱桃属。**【别名】**番樱桃。**【简介】**灌木或小乔木，高可达 5 m。叶片纸质，卵形至卵状披针形，先端渐尖或短尖，钝头，基部圆形或微心形，新叶红色，后转绿色。花白色或稍带红色，单生或数朵聚生于叶腋。浆果球形，深红色。花期早春，果期春末至夏季。**【产地】**产于巴西。**【观赏地点】**生物园、西门停车场、木兰园、园林树木区。

阔叶蒲桃 *Syzygium megacarpum* (*Syzygium latilimbum*)

【科属】桃金娘科蒲桃属。**【简介】**乔木，高 20 m。叶片狭长椭圆形至椭圆形，先端渐尖，基部圆形，有时微心形。聚伞花序顶生，具 2 ~ 6 花，花大，白色，花瓣分离，圆形。果实卵状球形。花果期不定，几乎全年开花结果。**【产地】**产于广东、广西和云南，见于湿润的低地森林 中。泰国和越南等地也有分布。**【观赏地点】**生物园。

1. 红果仔　2. 阔叶蒲桃

柏拉木 *Blastus cochinchinensis*

【科属】野牡丹科柏拉木属。【别名】山甜娘。【简介】灌木，高 0.6 ~ 3 m。叶片纸质或近坚纸质，披针形、狭椭圆形至椭圆状披针形，顶端渐尖，基部楔形。伞状聚伞花序，腋生，花萼钟状漏斗形，花瓣 4 ~ 5 片，白色至粉红色。蒴果椭圆形。花期 4—8 月，果期 10—12 月。【产地】产于云南、广西、广东、福建和台湾，生于海拔 200 ~ 1300 m 阔叶林内。印度和越南均有分布。【观赏地点】生物园。

柏拉木

1

2

3

4

1. 巴西野牡丹　2. 角茎野牡丹　3. 野牡丹　4. 白花印度野牡丹

巴西野牡丹 *Tibouchina semidecandra*

【科属】野牡丹科蒂牡花属。**【别名】**巴西蒂牡花。**【简介】**常绿小灌木，高 0.5 ~ 1.5 m。叶对生，长椭圆形至披针形，两面具细茸毛，全缘，3 ~ 5 出脉。花顶生，大型，深紫蓝色，花萼 5 枚，红色。蒴果杯状球形。花期全年。**【产地】**产于巴西。**【观赏地点】**生物园、新石器时期遗址。

同属植物

角茎野牡丹 *Tibouchina granulosa*

又名角茎蒂牡花，常绿灌木或小乔木，高达 3 m。叶对生，5 出脉，先端尖，基部楔形，具长柄，全缘。花硕大，蓝紫色，5 瓣，花瓣卵圆形。蒴果坛状球形。主花期冬季至次年早春，其他季节也可见花。产于巴西。（观赏地点：生物园）

野牡丹 *Melastoma malabathricum* (*Melastoma candidum*)

【科属】野牡丹科野牡丹属。**【别名】**野牡丹、山石榴。**【简介】**灌木，高 0.5 ~ 1.5 m。叶片坚纸质，卵形或广卵形，顶端急尖，基部浅心形或近圆形，全缘，7 基出脉。伞房花序，有花 3 ~ 5 朵，花瓣玫瑰红色或粉红色。蒴果坛状球形。花期 5—7 月，果期 10—12 月。栽培的变种有白花印度野牡丹 var. *alba*，花白色。**【产地】**产于云南、广西、广东、福建和台湾，生于山坡林下或开朗的灌草丛中。中南半岛也有分布。**【观赏地点】**生物园、西门路边。

1

2

1. 复羽叶栾树
2. 爪哇木棉

复羽叶栾树 *Koelreuteria bipinnata*

【科属】无患子科栾树属。【简介】乔木，高可达 20 余米。叶平展，二回羽状复叶，小叶 9 ~ 17 枚，互生，很少对生，纸质或近革质，斜卵形。圆锥花序大型，花瓣 4 片，长圆状披针形。蒴果椭圆形或近球形，具 3 棱，淡紫红色，老熟时褐色。花期 7—9 月，果期 8—10 月。【产地】产于云南、贵州、四川、湖北、湖南、广西和广东等地，生于海拔 400 ~ 2500 m 山地疏林中。【观赏地点】生物园、木本花卉区。

爪哇木棉 *Ceiba pentandra*

【科属】锦葵科（木棉科）吉贝属。【别名】吉贝、美洲木棉。【简介】落叶大乔木，高达 30 m。小叶 5 ~ 9 枚，长圆披针形，短渐尖，基部渐尖，全缘或近顶端具极疏细齿。花先叶或与叶同时开放，花瓣倒卵状长圆形，外面密被白色长柔毛。蒴果长圆形。花期 1—4 月。【产地】产于美洲热带地区。【观赏地点】生物园、新石器时期遗址。

昂天莲

吊芙蓉

昂天莲 *Ambroma augustum* (*Abroma augusta*)

【**科属**】锦葵科（梧桐科）昂天莲属。【**别名**】水麻。【**简介**】灌木，高 1 ~ 4 m。叶心形或卵状心形，有时 3 ~ 5 浅裂，顶端急尖或渐尖，基部心形或斜心形。聚伞花序具 1 ~ 5 花，萼片 5 枚，近基部连合，花瓣 5 片，红紫色。蒴果。花期春夏季。【**产地**】产于广东、广西、云南和贵州，生于山谷沟边或林缘。南亚、东南亚也有分布。【**观赏地点**】生物园。

吊芙蓉 *Dombeya wallichii*

【**科属**】锦葵科（梧桐科）非洲芙蓉属。【**别名**】非洲芙蓉。【**简介**】常绿大灌木或小乔木，高 2 ~ 3 m，偶可高达 7 ~ 10 m。单叶互生，心形，叶面粗糙，叶缘有钝锯齿。伞形花序从叶腋间伸出，悬垂，花粉红色至红色，花瓣 5 片。蒴果。花期 12 月至次年 3 月。【**产地**】产于东非和马达加斯加等地。【**观赏地点**】生物园、木本花卉区。

1. 昂天莲　2. 吊芙蓉

陆地棉 *Gossypium hirsutum*

【科属】锦葵科棉属。【别名】棉花。【简介】一年生草本，高 0.6 ~ 1.5 m。叶阔卵形，长、宽近相等或较宽，基部心形或心状截形，常 3 浅裂，很少 5 裂，先端突渐尖。花单生，花白色或淡黄色，后变淡红色或紫色。蒴果。花期夏秋季。【产地】产于墨西哥。【观赏地点】生物园。

樟叶槿 *Hibiscus grewiifolius*

【科属】锦葵科木槿属。【简介】常绿小乔木，高达 7 m。叶纸质至近革质，卵状长圆形至椭圆状长圆形，先端短渐尖，基部钝至阔楔形，全缘。花大，黄色，基部紫褐色，萼片宿存。蒴果卵圆形。花期夏秋，果期 1—2 月。【产地】产于海南，生于海拔 2000 m 山地森林中。越南、老挝、泰国、缅甸和印度尼西亚的爪哇等热带地区也有分布。【观赏地点】生物园、澳洲路。

1. 陆地棉　2. 樟叶槿

高红槿

同属植物

高红槿 *Hibiscus elatus*

常绿乔木，高 5 m。叶近心脏形，先端短渐尖头，基部心形，全缘至有短齿。花单生于叶腋或顶生，花萼 5 枚，常早落，花大，花瓣 5 片，钟状，红色，基部暗褐色。蒴果卵圆形，花期秋季，果期冬季。产于西印度群岛。（观赏地点：生物园）

1

2

木芙蓉 *Hibiscus mutabilis*

又名芙蓉花、醉芙蓉。落叶灌木或小乔木，高 2 ~ 5 m。叶宽卵形至圆卵形或心形，常 5 ~ 7 裂，裂片三角形，先端渐尖，具钝圆锯齿。花单生，初开时白色或淡红色，后变深红色。蒴果扁球形。花期 8—10 月。产于湖南。（观赏地点：生物园）

扶桑 *Hibiscus rosa-sinensis*

又名朱槿、大红花。常绿灌木，高 1 ~ 3 m。叶阔卵形或狭卵形，先端渐尖，基部圆形或楔形，边缘具粗齿或缺刻。花单生于上部叶腋间，常下垂，花冠漏斗形，玫红色或淡红、淡黄等色。蒴果。花期全年。原产地不详。（观赏地点：生物园）

吊灯扶桑 *Hibiscus schizopetalus*

又名灯笼花。常绿直立灌木，高达 3 m。叶椭圆形或长圆形，先端短尖或短渐尖，基部钝或宽楔形，边缘具齿缺。花单生，花梗下垂，花瓣 5 枚，红色，深细作流苏状，向上反曲，雄蕊柱长而突出，下垂。蒴果。花期全年。产于东非热带地区。（观赏地点：生物园、彩虹桥）

1. 木芙蓉　2. 扶桑

吊灯扶桑

小悬铃花 *Malvaviscus arboreus* (*Malvaviscus arboreus* var. *penduliflocus*)

【科属】锦葵科悬铃花属。**【别名】**悬铃花。**【简介】**多年生常绿灌木，株高 1 ~ 1.5 m，可达 3 m。叶轮阔心形，缘浅裂，具锯齿，绿色。花生于枝顶叶腋，直立，花瓣不开展，雄蕊柱远伸出花冠外。花期几乎全年。**【产地】**产于美洲。**【观赏地点】**生物园、新石器时期遗址、药用植物园。

小悬铃花

1

辣木 *Moringa oleifera*

【**科属**】辣木科辣木属。【**简介**】乔木，高3 ~ 12 m，根有辛辣味。通常三回羽状复叶，羽片4 ~ 6对，小叶3 ~ 9片，薄纸质，卵形，椭圆形或长圆形。花序广展，花白色，芳香，花瓣匙形。蒴果细长，下垂，3瓣裂。花期全年，果期6—12月。【**产地**】产于印度，现广植于各热带地区。【**观赏地点**】生物园。

叶仙人掌 *Pereskia aculeata*

【**科属**】仙人掌科木麒麟属。【**别名**】木麒麟、虎刺。【**简介**】攀缘灌木，高3 ~ 10 m。分枝圆柱状，小窠生叶腋。叶片卵形、宽椭圆形至椭圆状披针形，先端急尖至短渐尖，边缘全缘，稍肉质。花芳香，花被片6 ~ 12片，萼片状，白色，或略带黄色或粉红色。浆果。花期11月，果期冬季至次年早春。【**产地**】产于中美洲、南美洲北部及东部、西印度群岛。【**观赏地点**】生物园。

2

1. 辣木　2. 叶仙人掌

1

秤锤树 *Sinojackia xylocarpa*

【科属】安息香科秤锤树属。【别名】捷克木。【简介】乔木，高达 7 m。叶纸质，倒卵形或椭圆形，顶端急尖，基部楔形或近圆形，边缘具硬质锯齿。总状聚伞花序具 3 ~ 5 花，花冠白色。果实卵形，红褐色，顶端具圆锥状喙。花期 3—4 月，果期 7—9 月。【产地】产于江苏，生于海拔 500 ~ 800 m 林缘或疏林中。【观赏地点】生物园、樟科植物区。

2

版纳龙船花 *Ixora paraopaca*

【科属】茜草科龙船花属。【简介】灌木，高 2 m。叶纸质，长圆状披针形，顶端渐尖，基部阔楔形。聚伞花序排成顶生的圆锥花序式，总花梗极短，花红色，花冠管无毛，裂片矩圆形。花期 4 月。【产地】产于云南。【观赏地点】生物园。

3

团花 *Neolamarckia cadamba*

【科属】茜草科团花属。【别名】黄梁木。【简介】落叶大乔木，高达 30 m。叶对生，薄革质，椭圆形或长圆状椭圆形，顶端短尖，基部圆形或截形。头状花序单个顶生，花冠黄白色，漏斗状，花冠裂片披针形。果成熟时黄绿色。花、果期 6—11 月。【产地】产于广东、广西和云南，生于山谷溪旁或杂木林下。越南、马来西亚、缅甸、印度和斯里兰卡也有分布。【观赏地点】生物园。

1. 秤锤树　2. 版纳龙船花　3. 团花

1

钝钉头果 *Gomphocarpus physocarpus*

2

【科属】夹竹桃科（萝藦科）钉头果属。**【别名】**唐棉、气球果。**【简介】**常绿灌木，株高 1 ~ 2 m。叶对生，狭披针形。聚伞花序，花具香气，萼片披针形，花冠白色，裂片卵形。蓇葖果斜卵球形，外果皮具软刺。花期 3—10 月，果期 10—12 月。**【产地】**产于非洲热带地区。**【观赏地点】**生物园、热带雨林室外。

蕊木 *Kopsia arborea* (*Kopsia lancibracteolata*)

3

【科属】夹竹桃科蕊木属。**【别名】**假乌榄树。**【简介】**乔木，高达 15 m。叶革质，卵状长圆形，顶端急尖，基部阔楔形。聚伞花序顶生，花冠白色，内面喉部被长柔毛，裂片长圆形。核果未熟时绿色，成熟后变黑色，近椭圆形。花期 3—6 月，果期 7—12 月。**【产地】**产于云南、广东、海南和广西等地，生于溪边或林中。**【观赏地点】**生物园、南药路。

1—2. 钝钉头果　3. 蕊木

1

2

1. 鸳鸯茉莉
2. 赤苞花

鸳鸯茉莉 *Brunfelsia brasiliensis*

【科属】茄科鸳鸯茉莉属。【别名】双色茉莉、番茉莉。【简介】常绿灌木，高达 1.5 m。单叶互生，长椭圆形或椭圆状矩形，全缘。花顶生，单生或数朵集生于新梢顶端，花冠高脚碟状，先端 5 裂，初开时深紫色，后渐变为白色，芳香。蒴果。花期 4—9 月，果期秋冬季。【产地】产于巴西。【观赏地点】生物园、木本花卉区。

赤苞花 *Megaskepasma erythrochlamys*

【科属】爵床科赤苞花属。【别名】红蓬爵床。【简介】常绿灌木，株高 1.5 ~ 2.5 m，原产地高可达 5 m。叶对生，长椭圆形，先端渐尖，基部渐狭，楔形，边全缘，绿色。穗状花序，苞片红色，宿存，花冠 2 唇形，白色。盛花期秋冬季，其他季节也偶见开花。【产地】产于美洲热带雨林中。【观赏地点】生物园、藤本园。

珊瑚塔 *Aphelandra sinclairiana*

【科属】爵床科单药花属。【别名】美丽单药花。【简介】常绿灌木，株高3 m或更高。叶长椭圆形，先端钝，基部渐狭成翅，全缘，绿色。花序直立，苞片鲑黄色，宿存，花冠管状，2唇形，玫瑰色。花期冬季。【产地】产于中美洲。【观赏地点】生物园。

金蔓草 *Peristrophe hyssopifolia* 'Aureo-Variegata'

【**科属**】爵床科观音草属。【**别名**】'金心'柳叶观音草。【**简介**】多年生草本，呈半蔓性，匍匐生长，茎长 60 ~ 90 cm。叶对生，卵状披针形，先端尖，基部楔形，叶面具金黄斑块。花序腋生，花萼小，5 深裂，冠檐 2 唇形，花紫红色。花期春季至夏季。【**产地**】园艺种。【**观赏地点**】生物园。

红楼花 *Odontonema strictum*

【**科属**】爵床科红楼花属。【**别名**】红苞花。【**简介**】常绿小灌木，丛生，株高 0.6 ~ 1.2 m。叶对生，卵状披针或卵圆状，叶面有波皱，先端渐尖。总状花序，顶端有时呈鸡冠状，花萼钟状，5 裂，花冠长管形，花红色，2 唇形。蒴果。花期 9—12 月。【**产地**】产于中美洲热带雨林区。【**观赏地点**】生物园、药用植物园。

同属植物

美序红楼花 *Odontonema callistachyum*

又名紫花红楼花。直立常绿灌木，株高 1.5 ~ 2.5 m。叶对生，叶椭圆形到椭圆状卵形，先端尖，基部楔形。总状花序，花冠长管形，花紫色，2 唇形。蒴果。花期冬季至次年春季。产于墨西哥和中美洲。（观赏地点：生物园、热带雨林植物室）

1

1. 金蔓草
2. 红楼花
3. 美序红楼花

2

3

红楼花

美序红楼花

金塔火焰花 *Phlogacanthus pyramidalis*

【科属】爵床科火焰花属。【简介】粗壮草本，高约 1 m。叶纸质，椭圆形或椭圆状卵形，两端近急尖或顶端短渐尖，基部稍下延，全缘。花序总状，顶生，小聚伞花序具 3 花，花冠淡紫红色。蒴果。花期 3—4 月。【产地】产于海南，生于低海拔至中海拔林中。越南也有分布。【观赏地点】生物园。

假杜鹃 *Barleria cristata*

【科属】爵床科假杜鹃属。【简介】小灌木，高达 2 m。叶片纸质，椭圆形、长椭圆形或卵形，先端急尖，有时具渐尖头，基部楔形。叶腋内通常着生 2 花，花冠蓝紫色或白色，2 唇形。蒴果长圆形。花期 11—12 月。栽培的品种有‘紫纹’假杜鹃‘Lavender Lace’。【产地】产于台湾、福建、广东、海南、广西、四川、贵州、云南、西藏等地，生于海拔 700 ~ 1100 m 山坡、路旁或疏林下阴热带处。中南半岛也有分布。【观赏地点】生物园、木本花卉区。

1

同属植物

花叶假杜鹃 *Barleria lupulina*

直立常绿灌木，具腋刺，株高约 1.5 m。叶对生，披针形，绿色，主脉红色，全缘。穗状花序，苞片覆瓦状，花由苞片内伸出，黄色，2 唇形。蒴果。花期 3—6 月。产于非洲毛里求斯等地。（观赏地点：生物园）

2

3

1. 假杜鹃　2.‘紫纹’假杜鹃　3. 花叶假杜鹃

白金羽花 *Schaueria flavicoma*

【科属】爵床科金羽花属。【简介】灌木状多年生草本，株高0.5 ~ 1.5 m。叶具长柄，对生，长卵形至披针形，先端渐尖，基部圆形，边缘浅波状。圆锥花序，萼裂片丝状，黄绿色，花下部管状，上部2唇形，下唇3裂，白色。花期几乎全年。【产地】产于巴西。【观赏地点】生物园、热带雨林植物室。

白苞爵床 *Justicia betonica*

【科属】爵床科爵床属。【简介】常绿灌木，株高1.5 m左右。叶对生，卵形至长椭圆形，先端钝或渐尖，基部渐狭，楔形。穗状花序，苞片白色，具绿色脉纹，网结，花冠2唇形，上唇稍裂，下唇3裂，淡粉色。蒴果。花期夏季至冬季。【产地】产于非洲和印度次大陆。【观赏地点】生物园。

1

2

1. 白金羽花　2. 白苞爵床

1. 黑叶小驳骨
2. 白鹤灵芝

黑叶小驳骨 *Justicia ventricosa* (*Gendarussa ventricosa*)

【**科属**】爵床科爵床属（驳骨草属）。【**简介**】多年生、直立、粗壮草本或亚灌木，高约1 m。叶纸质，椭圆形或倒卵形，顶端短渐尖或急尖，基部渐狭。穗状花序顶生，密生，苞片覆瓦状重叠，花冠白色或粉红色。蒴果。花期冬春季。【**产地**】产于我国南部和西南部，生于近村的疏林下或灌丛中。越南、泰国和缅甸也有分布。【**观赏地点**】生物园。

白鹤灵芝 *Rhinacanthus nasutus*

【**科属**】爵床科灵枝草属。【**别名**】灵枝草。【**简介**】多年生、直立草本或亚灌木。叶椭圆形或卵状椭圆形，稀披针形，顶端短渐尖或急尖，有时稍钝头，基部楔形，边全缘或稍呈浅波状。圆锥花序，花冠白色，上唇线状披针形，下唇3深裂至中部。蒴果。花期春季。【**产地**】产于云南，生于海拔700 m左右灌丛或疏林下。菲律宾也有分布。【**观赏地点**】生物园。

蓝花草 *Ruellia simplex* (*Ruellia brittoniana*)

【科属】爵床科芦莉草属。**【别名】**翠芦莉、狭叶翠芦莉。**【简介】**多年生常绿草本或亚灌木，茎紫色，株高可达1m。叶披针形，主脉淡紫色，边缘浅波状。花序腋生，花萼5深裂，花冠漏斗状，5裂，蓝色、粉红或白色。蒴果。花期春季至夏季。**【产地】**产于墨西哥。**【观赏地点】**生物园、水生植物园。

同属植物

红花芦莉 *Ruellia elegans*

又名艳芦莉。多年生草本，成株呈灌木状，株高 60 ~ 90 cm。叶椭圆状披针形或长卵圆形，叶绿色，微卷，对生，先端渐尖，基部楔形。花腋生，花冠筒状，5 裂，鲜红色。花期夏秋季。产于巴西。（观赏地点：生物园）

白烛芦莉 *Ruellia longifolia* (*Whitfieldia longifolia*)

爵床科芦莉草属（白烛芦莉属）。小灌木，株高可达 1 m 或更高。叶椭圆形，先端尾尖，基部楔形。穗状花序，苞片 2 片，花萼 5 枚，白色，上面具柔毛，花冠漏斗状，白色，花蕊伸出花冠外。花期冬季。产于北美。（观赏地点：生物园）

1. 红花芦莉
2. 白烛芦莉

1

2

叉花草

叉花草 *Strobilanthes hamiltoniana* (*Diflugossa colorata*)

【**科属**】爵床科马蓝属（叉花草属）。【**别名**】腾越金足草。【**简介**】直立多分枝。大叶具柄，小叶柄短或无柄，大叶片披针形，顶端心形，渐尖，基部尖，小叶片通常卵形，边缘有细锯齿。穗状花序，花冠堇色，冠檐裂片圆。蒴果。花期秋季至冬季。【**产地**】产于云南。东喜马拉雅和印度也有分布。【**观赏地点**】生物园、正门门口。

同属植物

红背耳叶马蓝 *Strobilanthes auriculata* var. *dyeriana* (*Perilepta dyeriana*)

又名红背马蓝，爵床科马蓝属（耳叶马蓝属）。多年生草本或直立灌木。叶无柄，卵形，倒卵状披针形，顶端渐尖或尾尖，基部收缩提琴形，下延。穗状花序，花冠堇色，冠管短而狭。花期冬季至次年春季。产于缅甸。（观赏地点：生物园、藤本园、正门小卖部旁）

糯米香 *Strobilanthes tonkinensis* (*Semnostachya menglaensis*)

爵床科马蓝属（糯米香属）。草本，高 0.5 ~ 1 m。叶对生，常不等大，叶片椭圆形、长椭圆形或卵形，先端急尖，基部楔形下延或偶有圆形。穗状花序，花冠白色，冠檐裂片近圆形。蒴果圆柱形。花期冬季至次年春季。产于云南，生于林边草地。（观赏地点：生物园）

1. 红背耳叶马蓝　2. 糯米香

1

拟美花 *Pseuderanthemum carruthersii*

【科属】爵床科山壳骨属。**【别名】**金叶拟美花。**【简介】**常绿灌木，株高可达2 m。叶对生，先端钝或短尖，基部近圆形，边全缘，新叶黄绿色，老叶绿色。穗状花序，花对生，花冠5裂，白色，冠口紫色并具紫色斑点。蒴果。花期夏季至冬季，其他季节也可见花。**【产地】**产于大洋洲。**【观赏地点】**生物园、热带雨林植物室。

同属植物

大花钩粉草 *Pseuderanthemum laxiflorum*

又名紫云杜鹃、疏花山壳骨。常绿灌木、亚灌木，株高0.6 ~ 1.2 m。叶对生，卵状披针形或披针形，顶端渐尖，基部楔形，全缘。花腋生，长筒状，先端5裂，紫红色。花期夏秋季。产于南美洲。（观赏地点：生物园）

2

1. 拟美花　2. 大花钩粉草

1. 兔耳爵床
2. 林君木

1

兔耳爵床 *Ruttya fruticosa*

【科属】爵床科兔耳爵床属。**【别名】**蜂鸟花。**【简介】**常绿灌木，株高 1 ~ 2 m。叶对生，卵圆形至椭圆形，先端渐尖，圆钝，基部渐狭，近无柄，绿色，全缘。花萼深裂，绿色，花红色，侧裂片反折，上裂片 2 裂，花冠口部具褐色斑。花期冬季。**【产地】**产于非洲东部。**【观赏地点】**生物园。

林君木 *Suessenguthia multisetosa*

【科属】爵床科溪君木属。**【简介】**常绿灌木，株高 1.5 ~ 5 m，茎四棱形，脆弱。叶对生，卵形，先端锐尖，基部楔形，边缘波形，具疏齿，深绿色。花序腋生，花萼裂片紫色，被柔毛，花冠粉红色，5 裂。蒴果。花期春季。**【产地】**产于玻利维亚，生于海拔 700 m 潮湿的森林中。**【观赏地点】**生物园。

2

1 2

可爱花 *Eranthemum pulchellum*

【科属】爵床科喜花草属。**【别名】**喜花草。**【简介】**灌木，高可达 2 m。叶对生，通常卵形，有时椭圆形，顶端渐尖或长渐尖，基部圆或宽楔形并下延，全缘或具不明显的钝齿。穗状花序，具覆瓦状排列的苞片，花冠蓝色或白色，高脚碟状。蒴果。花期冬季至次年早春。**【产地】**产于印度及热带喜马拉雅地区。**【观赏地点】**木本花卉区、生物园。

同属植物

华南可爱花 *Eranthemum austrosinense*

直立草本。叶厚纸质，叶片卵形或椭圆状卵形，先端短渐尖至急尖，钝头，基部阔楔形至近圆形，常稍下延，侧脉 4 ~ 5 对。穗状花序，小苞片三角状卵形，被短柔毛，花冠紫红色，高脚碟状。蒴果。花期冬季至次年早春。产于广东、广西、贵州和云南。（观赏地点：生物园）

云南可爱花 *Eranthemum tetragonum*

草本，株高 1 m。叶片披针形、线状披针形到长圆形，基部渐狭并下延至叶柄，边全缘或具细齿，先端渐尖。苞片具柔毛，花冠蓝色到浅紫色。蒴果。花期 12 月至次年 3 月。产于云南，生于海拔 400 ~ 800 m 森林或灌丛中。柬埔寨、老挝、缅甸、泰国和越南也有分布。（观赏地点：生物园）

3

1. 可爱花 2. 华南可爱花 3. 云南可爱花

逐马蓝 *Brillantaisia owariensis*

【科属】爵床科逐马蓝属。【简介】多年生常绿草本，株高可达 3 m。叶对生，卵圆形，先端渐尖，基部渐狭成翅，边缘具细锯齿。松散圆锥花序，花萼深裂，线状，花冠 2 唇形，上唇具柔毛，下部先端 3 裂，蓝色。花期春季至夏季。【产地】产于非洲热带地区。【观赏地点】生物园、热带雨林植物室。

黄花风铃木 *Handroanthus chrysanthus*

【科属】紫葳科风铃木属。【别名】巴西风铃木。【简介】落叶或半常绿乔木，高 4 ~ 6 m。树干直立，树冠圆伞形。掌状复叶对生，小叶 4 ~ 5 枚，倒卵形，具疏锯齿，被褐色细茸毛。花冠漏斗形，风铃状，皱曲，花色鲜黄。蓇葖果。花期 2—4 月。【产地】产于美洲。【观赏地点】生物园、奇异植物室、杜鹃园。

1

2

1. 逐马蓝
2. 黄花风铃木

1

黄钟树 *Tecoma stans*

【科属】紫葳科黄钟花属。【别名】金钟花、黄钟花。【简介】常绿灌木或小乔木，高达 8 m。奇数羽状复叶，交互对生，小叶 3 ～ 11 片，椭圆状披针形至披针形，先端渐尖，基部锐形，叶缘具粗锯齿。总状花序顶生，萼筒钟状，花冠漏斗状或钟状，黄色。蒴果线形。花期夏秋季，冬季也可见花。【产地】产于南美洲。【观赏地点】生物园、彩虹桥附近。

火焰树 *Spathodea campanulata*

【科属】紫葳科火焰树属。【别名】喷泉树。【简介】乔木，高 10 m。奇数羽状复叶，对生，小叶椭圆形至倒卵形，顶端渐尖，基部圆形，全缘。伞房状总状花序，花冠一侧膨大，基部紧缩成细筒状，檐部近钟状，橘红色。蒴果。花期春季，其他季节也可见花。【产地】产于非洲。【观赏地点】生物园、凤梨园、新石器时期遗址。

2

1. 黄钟树　2. 火焰树

澳洲植物园及
能源植物园
澳大利亚的环境、植物与人
THE AUSTRALIAN ENVIRONMENT PLANT LIFE AND PEOPLE
bhpbilliton

澳大利亚是一片与其他大洲隔绝的陆地，也正是这长久的隔绝，让这里的生命演化出不一样的精彩。澳大利亚拥有众多的特有植物，而在华南植物园的澳洲植物园，你就可以近距离接触这些风情独特、遗世独立的各种植物，观赏它们独一无二的风姿。植物既是人类食物的重要来源，也有部分植物能替代

澳洲植物园

石油，“柴油树”“酒精树”的逐渐应用，将大大减少温室气体排放，在能源植物园既可探索能源植物的奥秘，也可了解能源科学的发展。

澳洲植物园占地约25亩，由南十字星喷泉、岩石园、成人仪式环、波浪形草坪等展现澳洲人文与自然的园林景观组成。在这里能见到许多国内少见的植物，如小尤第木、槭叶酒瓶树、白炽花、齿叶肉蜜莓、矛花、香荫树等。能源植物园占地28.5亩，分为油料植物区、薪炭林区和纤维类植物区，收集能源植物300多种。在这里可以见到城市园林上极少应用的物种，如凤目栾、乌檀、异叶三宝木、东京油楠、铁力木和铁刀木等。

能源植物园

大叶风吹楠 *Horsfieldia kingii* (*Horsfieldia hainanensis*)

【**科属**】肉豆蔻科风吹楠属。【**简介**】乔木，高 6 ~ 10 m。叶坚纸质，倒卵形或长圆状倒披针形，先端锐尖，有时钝，基部渐狭。雄花序成簇，球形，花被 2 ~ 3 裂，雌花序短，花近球形，花被片 2 深裂或 3 深裂。果长圆形。花期 6 月，果期 10—12 月。【**产地**】产于云南、海南，生于海拔 400 ~ 1200 m 沟谷密林中。印度和孟加拉国也有分布。【**观赏地点**】能源植物园、生物园。

杯轴花 *Tetrasynandra longipes*

【科属】玉盘桂科管榕桂属。【简介】常绿灌木。叶椭圆形至细长椭圆形，先端锐尖或渐尖，基部楔形或渐狭，边缘具钺齿或圆齿。花序通长短于叶，花小，不显著，黄色。果黑色。花期夏季。【产地】产于澳大利亚昆士兰州。【观赏地点】澳洲植物园。

矛花 *Doryanthes excelsa*

【科属】矛花科（龙舌兰科）矛花属。【别名】悉尼火百合、高大矛花。【简介】多年生草本，株高 0.9 ~ 1.2 m。叶带形，基生叶先端尖，基部渐狭，全缘，花茎上的叶披针形。花茎单一，高可达 6 m，花集生于花茎顶端，小花花瓣 6 枚，紫红色，苞片暗紫色。蒴果。花期 10—11 月。【产地】产于澳大利亚新南威尔士州。【观赏地点】澳洲植物园。

1

2

1. 杯轴花　2. 矛花

1

双色野鸢尾 *Dietes bicolor*

【科属】鸢尾科离被鸢尾属。【简介】多年生草本，株高 50 ~ 80 cm。叶基生，剑形，淡绿色，先端尖，基部成鞘状，互相套迭，具平行脉。花茎具分枝，着花 10 余朵。花两性，花瓣黄色，底部具暗紫色斑点。蒴果。花期春季，果期秋季。【产地】产于南非。【观赏地点】澳洲植物园、奇异植物室。

同属植物

离被鸢尾 *Dietes iridioides*

多年生草本，株高 45 ~ 60 cm。叶基生，剑形，先端尖，全缘，绿色。花大，花被片 6 片，外轮花被片白色，上具黄色斑块，内轮花被片白色，底部具紫色斑块。雌蕊花柱上部 3 分枝，分枝扁平，拱形弯曲，淡蓝色，花瓣状，顶端 2 裂。花期晚春至初夏。产于南非。（观赏地点：澳洲植物园、奇异植物室）

2

1. 双色野鸢尾　2. 离被鸢尾

油点木 *Dracaena surculosa*

【**科属**】天门冬科（百合科）龙血树属。【**简介**】常绿灌木，丛生，株高 60 cm 左右。叶常 3 枚呈轮生状，椭圆形，先端尖，基部楔形，绿色，抱茎，上面具奶油状斑点。花序头状，小花白色，具香气。浆果球形，红色。花果期冬春季。【**产地**】产于非洲。【**观赏地点**】澳洲植物园。

曲牙花 *Buckinghamia celsissima*

【**科属**】山龙眼科曲牙花属。【**别名**】白金汉。【**简介**】常绿乔木，高 10 ~ 30 m。幼叶具 1 个或多个裂片，成株叶狭卵形，先端尖，基部楔形，全缘，绿色。总状花序，白色，花瓣线状，反折，花蕊远伸出花冠外，弯曲。花期夏季。【**产地**】产于澳大利亚昆士兰州，生于潮湿的热带雨林中。【**观赏地点**】澳洲植物园。

1

2

1. 油点木　2. 曲牙花

网脉山龙眼

1

网脉山龙眼 *Helicia reticulata*

【**科属**】山龙眼科山龙眼属。【**简介**】乔木或灌木，高 3 ~ 10 m。叶革质或近革质，长圆形、卵状长圆形、倒卵形或倒披针形，顶端短渐尖、急尖或钝，基部楔形，边缘具疏生锯齿或细齿。总状花序，花被管白色或浅黄色。果椭圆状。花期 5—7 月，果期 10—12 月。【**产地**】产于云南、贵州、广西、广东、湖南、江西和福建，生于海拔 300 ~ 2100 m 山地湿润常绿阔叶林中。【**观赏地点**】能源植物园。

红花银桦 *Grevillea banksii*

【**科属**】山龙眼科银桦属。【**简介**】常绿灌木或小乔木，高 4 ~ 7 m。叶互生，一回羽状深裂，裂片 3 ~ 13 枚，广披针形或线形，上面平滑或有毛，背面密生丝状绢毛。总状花序直立，生于小枝顶端，单一或有少数分枝，花被深粉红色。盛花期春夏季，果期秋季。【**产地**】产于澳大利亚昆士兰州。【**观赏地点**】澳洲植物园、奇异植物室。

2

1. 网脉山龙眼　2. 红花银桦

1

2

壳菜果 *Mytilaria laosensis*

【科属】金缕梅科壳菜果属。【别名】米老排。【简介】常绿乔木，高达 30 m。叶革质，阔卵圆形，全缘，或幼叶先端 3 浅裂，先端短尖，基部心形。肉穗状花序，花多数，紧密排列在花序轴，萼片 5 ~ 6 枚，花瓣带状舌形，白色。蒴果。花期 4—5 月，果期秋季。【产地】产于云南、广西和广东。老挝和越南也有分布。【观赏地点】能源植物园。

大叶相思 *Acacia auriculiformis*

【科属】豆科金合欢属。【别名】耳叶相思。【简介】常绿乔木。叶状柄镰状长圆形，两端渐狭，较显著主脉有 3 ~ 7 条。穗状花序，簇生于叶腋或枝顶，花橙黄色，花瓣长圆形。荚果成熟时旋卷，果瓣木质。花期秋季至冬季，果期冬季。【产地】产于澳大利亚北部和新西兰。【观赏地点】能源植物园。

1. 壳菜果　2. 大叶相思

同属植物

台湾相思 *Acacia confusa*

又名台湾柳。常绿乔木，高 6 ~ 15 m。苗期第一片真叶为羽状复叶，长大后小叶退化，叶柄变为叶状柄，革质，披针形，直或微呈弯镰状。头状花序球形，花金黄色，具微香。荚果扁平。花期 3—10 月，果期 8—12 月。产于台湾、福建、广东、广西和云南。菲律宾、印度尼西亚和斐济也有分布。（观赏地点：能源植物园、新石器时期遗址）

珍珠相思树 *Acacia podalyriifolia*

常绿灌木或小乔木，高 2 ~ 5 m。叶状柄宽卵形或椭圆形，被白粉，呈灰绿至银白色，基部圆形。总状花序，花黄色。荚果扁平。花期 1—3 月，果期夏季。产于澳大利亚昆士兰州。（观赏地点：澳洲植物园、彩叶植物区）

1

2

1. 台湾相思
2. 珍珠相思树

1

2

铁刀木 *Senna siamea* (*Cassia siamea*)

【**科属**】豆科决明属（腊肠树属）。【**别名**】黑心树。【**简介**】乔木，高 10 m 左右。小叶对生，6 ~ 10 对，革质，长圆形或长圆状椭圆形，顶端圆钝，常微凹，基部圆形。总状花序并排成伞房花序状，花瓣黄色，阔倒卵形，雄蕊 10 枚，其中 7 枚发育，3 枚退化。荚果扁平。花期 10—11 月，果期 12 月至次年 1 月。【**产地**】产于云南。印度、缅甸和泰国也有分布。【**观赏地点**】能源植物园。

孪叶豆 *Hymenaea courbaril*

【**科属**】豆科孪叶豆属。【**别名**】南美叉叶树。【**简介**】常绿乔木，高 5 ~ 10m。叶互生。小叶卵形或卵状长圆形，向内微弯，先端急尖，基部斜圆形，不等侧。伞房状圆锥花序顶生，花较大，花瓣卵形或长卵形，近等大。荚果木质。花期 8—11 月，果期次年 5—6 月。【**产地**】产于中美洲和墨西哥。【**观赏地点**】能源植物园、木兰园。

1. 铁刀木　2. 孪叶豆

椭圆叶木蓝 *Indigofera cassioides* (*Indigofera cassoides*)

【**科属**】豆科木蓝属。【**简介**】落叶灌木，高达 1.5 m。羽状复叶，小叶 6 ~ 10 对，椭圆形或倒卵形，先端钝或截形，微凹，基部楔形或倒卵形。总状花序腋生，花冠淡紫色或紫红色。荚果圆柱形。花期 1—3 月，果期 4—6 月。【**产地**】产于云南和广西，生于山坡草地、疏林或灌丛中。巴基斯坦、印度、越南和泰国也有分布。【**观赏地点**】能源植物园。

椭圆叶木蓝

东京油楠 *Sindora tonkinensis*

【科属】豆科油楠属。【简介】乔木，高可达 15 m。偶数羽状复叶，具小叶 4 ~ 5 对，小叶革质，卵形、长卵形或椭圆状披针形，两侧不对称。圆锥花序，密被黄色柔毛，萼片 4 枚，外面密被黄色柔毛，花瓣肥厚，密被黄色柔毛。荚果近圆形或椭圆形。花期 5—6 月，果期 8—9 月。【产地】产于中南半岛。【观赏地点】能源植物园、科普信息中心、水生植物园路、杜鹃园。

饭甑青冈 *Cyclobalanopsis fleuryi*

【科属】壳斗科青冈属。【别名】饭甑椆。【简介】常绿乔木，高达 25 m。叶片革质，长椭圆形或卵状长椭圆形，顶端急尖或短渐尖，基部楔形，全缘或顶端具波状锯齿。雄花序全体被褐色绒毛，雌花序生于小枝上部叶腋，着 4 ~ 5 花。果序轴短，壳斗钟形或近圆筒形。花期 3—4 月，果期 10—12 月。【产地】产于江西、福建、广东、海南、广西、贵州和云南等地，生于海拔 500 ~ 1500 m 山地密林中。越南也有分布。【观赏地点】澳洲植物园。

1. 东京油楠　2. 饭甑青冈

1

大叶藤黄 *Garcinia xanthochymus*

【科属】藤黄科藤黄属。【别名】歪歪果。【简介】乔木，高8 ~ 20m。叶两行排列，厚革质，具光泽，椭圆形、长圆形或长方状披针形，顶端急尖或钝，基部楔形或宽楔形。伞房状聚伞花序，花两性，5数，黄绿色。浆果圆球形或卵球形，成熟时黄色，顶端突尖，有时偏斜。花期3—5月，果期8—11月。【产地】产于云南和广西，生于海拔100 ~ 1400m沟谷和丘陵地潮湿的密林中。南亚、东南亚等地也有分布。【观赏地点】能源植物园、山茶园、中心大草坪。

同属植物

云树 *Garcinia cowa*

又名云南山竹子。乔木，高8 ~ 12m。叶片坚纸质，披针形或长圆状披针形，顶端渐尖或长渐尖，基部楔形。花单性，异株，雄花3 ~ 8朵，顶生或腋生，花瓣黄色，雌花通常单生叶腋。果成熟时卵球形。花期3—5月，果期7—10月。产于云南，生于海拔150 ~ 1300m沟谷、低丘潮湿的杂木林中。印度、孟加拉国经中南半岛至马来群岛和安达曼群岛也有分布。（观赏地点：能源植物园）

2

1. 大叶藤黄　2. 云树

1

2

铁力木 *Mesua ferrea*

【科属】红厚壳科（藤黄科）铁力木属。【简介】常绿乔木，具板状根，高 20 ~ 30 m。叶嫩时黄色带红，老时深绿色，革质，通常下垂，披针形或狭卵状披针形至线状披针形。花两性，1 ~ 2 顶生或腋生，萼片 4 枚，花瓣 4 枚，白色。果卵球形或扁球形。花期 3—5 月，果期 8—10 月。【产地】产于云南、广东和广西等地，通常零星栽培。从印度、斯里兰卡、孟加拉国、中南半岛至马来半岛等地均有分布。【观赏地点】能源植物园。

黄牛木 *Cratoxylum cochinchinense*

【科属】金丝桃科（藤黄科）黄牛木属 。【别名】黄芽木。【简介】落叶灌木或乔木，高 1.5 ~ 25 m。叶片椭圆形至长椭圆形或披针形，先端骤然锐尖或渐尖，基部钝形至楔形。聚伞花序具 1 ~ 3 花，花瓣粉红、深红至红黄色。蒴果。花期 4—5 月，果期 6 月以后。【产地】产于广东、广西和云南，生于丘陵或山地的干燥阳坡上的次生林或灌丛中。缅甸、泰国、越南、马来西亚、印度尼西亚至菲律宾也有分布。【观赏地点】能源植物园、药用植物园。

1. 铁力木　2. 黄牛木

1

白茶树 *Koilodepas hainanense*

【科属】大戟科白茶树属。【简介】乔木或灌木，高 3 ~ 15 m。叶纸质或薄革质，长椭圆形或长圆状披针形，顶端渐尖，基部阔楔形、圆钝或微心形，边缘具细钝齿或圆齿。花序穗状，雄花 5 ~ 11 朵排成的团伞花序，稀疏排列在花序轴上，雌花 1 ~ 3 朵，生于花序基部。蒴果扁球形，褐色。花期 3—4 月，果期 4—5 月。【产地】产于海南，生于海拔 80 ~ 400 m 山地或山谷常绿林或疏林中。越南也有分布。【观赏地点】能源植物园。

齿叶乌桕 *Shirakiopsis indica*

【科属】大戟科齿叶乌桕属。【简介】常绿乔木，一般可达 18 m，最高可达 30 m。叶互生，长椭圆形，先端渐尖，基部近圆形，边缘具细齿。总状花序，小花黄绿色。果实圆形，初为绿色，成熟后褐色。花期 3—5 月，果期冬季。【产地】产于南亚、东南亚和西太平洋岛屿。【观赏地点】能源植物园、园林树木区。

2

1. 白茶树　2. 齿叶乌桕

白雪木 *Euphorbia leucocephala*

【科属】大戟科大戟属。【简介】落叶灌木，株高1.5 ~ 2 m。叶轮生于小枝上，叶具长柄，长椭圆形，上面绿色，背面银白色，全缘。苞片白色，后期变为粉红色，杯状聚伞花序，花被白色。蒴果。花果期秋季至冬季。【产地】产于墨西哥和中美洲。【观赏地点】能源植物园。

麻风树 *Jatropha curcas*

【科属】大戟科麻风树属（麻疯树属）。【简介】灌木或小乔木，高2 ~ 5 m。叶纸质，近圆形至卵圆形，顶端短尖，基部心形，全缘或3 ~ 5浅裂。花序腋生，雄花萼片5枚，花瓣长圆形，黄绿色，雌花萼片离生。蒴果椭圆状或球形，黄色。花期9—10月。【产地】产于美洲热带地区。【观赏地点】能源植物园。

同属植物

棉叶珊瑚花 *Jatropha gossypiifolia*

又名棉叶膏桐、棉叶麻风树。灌木或小乔木，株高1.5 m。叶纸质，多生于枝端，掌状深裂，叶缘具细齿。叶柄、叶背及新叶呈紫红色。聚伞花序顶生，花暗红色，五瓣。蒴果。花期夏秋季，果期秋冬季。产于美洲。（观赏地点：能源植物园）

1. 白雪木 2. 麻风树 3. 棉叶珊瑚花

麻风树

棉叶珊瑚花

木薯 *Manihot esculenta*

【**科属**】大戟科木薯属。【**简介**】直立灌木，高 1.5 ～ 3 m。叶纸质，轮廓近圆形，掌状深裂几达基部，裂片 3 ～ 7 片，倒披针形至狭椭圆形。圆锥花序，花萼带紫红色，雄花裂片长卵形，雌花裂片长圆状披针形。蒴果椭圆状。花期 9—11 月。【**产地**】产于巴西。【**观赏地点**】能源植物园、南美植物区。

1

2

异叶三宝木 *Trigonostemon flavidus*

【科属】大戟科三宝木属。**【简介】**灌木，高 1 ~ 2 m。叶纸质，倒披针形至长圆状倒披针形，顶端短渐尖，基部渐狭，基端耳状或近心形。花雌雄异序或同序，雄花序总状，腋生，雄花萼片 5 枚，花瓣暗紫红色，雌花单生叶腋，花瓣与雄花同。蒴果近球形。花期 5—10 月。**【产地】**海南特有，生于低海拔至中海拔山谷密林中。**【观赏地点】**能源植物园。

同属植物

长梗三宝木 *Trigonostemon thyrsoideus*

又名普柔树。灌木至小乔木，高 1 ~ 5 m。叶纸质，倒卵状椭圆形、长圆状椭圆形至披针形，顶端短尖至短渐尖，基部阔楔形至近圆形。圆锥花序，雄花花瓣 5 枚，长圆形，黄色，雌花花瓣与雄花同，但较大。蒴果。花期 4—7 月。产于云南和广西，生于密林中。越南也有分布。（观赏地点：能源植物园）

1. 异叶三宝木　2. 长梗三宝木

剑叶三宝木 *Trigonostemon xyphophylloides*

灌木，高约 3 m。叶互生，倒披针形至近匙形，顶端短尖至渐尖，向着基部渐狭，基端钝，上半部边缘具疏细齿。总状花序，雌雄花同序，雄花花瓣倒披针形，黄色，雌花花瓣与雄花同。蒴果略扁球形。花期 6—9 月。海南特有，生于密林中。（观赏地点：能源植物园）

红穗铁苋菜 *Acalypha hispida*

【**科属**】大戟科铁苋菜属。【**别名**】狗尾红。【**简介**】灌木，高 0.5 ~ 3 m。叶纸质，阔卵形或卵形，顶端渐尖或急尖，基部阔楔形、圆钝或微心形，边缘具粗锯齿。雌雄异株，雌花序腋生，穗状，下垂，雌花萼片 4 枚，少见 3 枚，近卵形。蒴果。花期 2—11 月。【**产地**】产于太平洋岛屿。【**观赏地点**】能源植物园。

1

2

1. 剑叶三宝木
2. 红穗铁苋菜

粗毛野桐 *Mallotus hookerianus*

【科属】大戟科野桐属。【简介】灌木或小乔木，高1.5 ~ 6 m。叶对生，同对的叶片形状和大小极不相同，小型叶退化成托叶状，钻形，大型叶近革质，长圆状披针形。花雌雄异株，雄花序总状，花萼裂片4枚，雌花单生，有时2 ~ 3朵组成总状花序，花萼裂片5枚。蒴果。花期3—5月，果期8—10月。【产地】产于广西、广东和海南，生于海拔500 ~ 800 m山地林中。越南也有分布。【观赏地点】能源植物园。

1

2

木油桐 *Vernicia montana*

【科属】大戟科油桐属。【别名】千年桐、皱果桐。【简介】落叶乔木，高达20 m。叶阔卵形，顶端短尖至渐尖，基部心形至截平，全缘或2～5裂。雌雄异株或同株异序，花瓣白色或基部紫红色且具紫红色脉纹。核果卵球状，具3条纵棱。花期4—5月，果期夏秋季。【产地】产于浙江、江西、福建、台湾、湖南、广东、海南、广西、贵州和云南等地，生于海拔1300 m以下疏林中。越南、泰国和缅甸也有分布。【观赏地点】能源植物园、经济植物区。

沟柱桐 *Whyanbeelia terrae-reginae*

【科属】苦皮桐科（大戟科）沟柱桐属。【别名】维安比木。【简介】乔木。叶对生，长椭圆形或近宽披针形，先端渐尖，基部楔形或圆形，绿色，全缘。花小，雌雄同株，花被片小，绿色，花梗及花盘具白色短柔毛，雄蕊白色。果球形，黄绿色，具柔毛。花期冬季至次年春季，果期夏季。【产地】产于澳大利亚昆士兰州。【观赏地点】澳洲植物园。

1. 木油桐　2. 沟柱桐

山地五月茶 *Antidesma montanum*

【**科属**】叶下珠科（大戟科）五月茶属。【**别名**】南五月茶。【**简介**】乔木，高达 15 m。叶纸质，椭圆形、长圆形、倒卵状长圆形、披针形或长圆状披针形，顶端具长或短的尾状尖，基部急尖或钝。总状花序顶生或腋生，雄花花萼浅杯状，雌花花萼杯状。核果卵圆形。花期 4—7 月，果期 7—11 月。【**产地**】产于广东、海南、广西、贵州、云南和西藏等地，生于海拔 700 ~ 1500 m 山地密林中。南亚、东南亚也有分布。【**观赏地点**】能源植物园。

同属植物

海南五月茶 *Antidesma hainanense*

灌木，高达4 m。叶片纸质，长圆形、长椭圆形或倒卵状披针形，顶端短尾状渐尖，具小尖头，基部急尖或钝。腋生的总状花序，雄花萼片4枚，圆形，雌花萼片4～5枚，披针形或椭圆状长圆形。花期4—7月，果期8—11月。产于广东、海南、广西和云南，生于海拔300～1000 m山地密林中。越南和老挝也有分布。（观赏地点：能源植物园）

海南五月茶

1

2

日本五月茶 *Antidesma japonicum*

又名酸味子。乔木或灌木，高 2 ~ 8 m。叶片纸质至近革质，椭圆形、长椭圆形至长圆状披针形，稀倒卵形，顶端通常尾状渐尖，基部楔形、钝或圆。总状花序顶生，雄花花萼钟状，雌花花萼与雄花的相似，但较小。核果椭圆形。花期 4—6 月，果期 7—9 月。产于我国长江以南各地，生于海拔 300 ~ 1700 m 山地疏林中或山谷湿润地方。日本、越南、泰国和马来西亚等地也有分布。（观赏地点：能源植物园）

喜光花 *Actephila merrilliana*

【科属】叶下珠科（大戟科）喜光花属。**【简介】**灌木，高 1 ~ 2 m。叶片近革质，长椭圆形、倒卵状披针形或倒披针形，顶端钝或短渐尖，基部楔形或宽楔形。雄花单生或几朵簇生于叶腋，花瓣 5 片，雌花单朵腋生，花瓣 5 片。蒴果扁圆球形。花果期几乎全年。**【产地】**产于广东和海南，散生于山坡、山谷阴湿林下或溪旁灌丛中。**【观赏地点】**能源植物园。

1. 日本五月茶　2. 喜光花

1

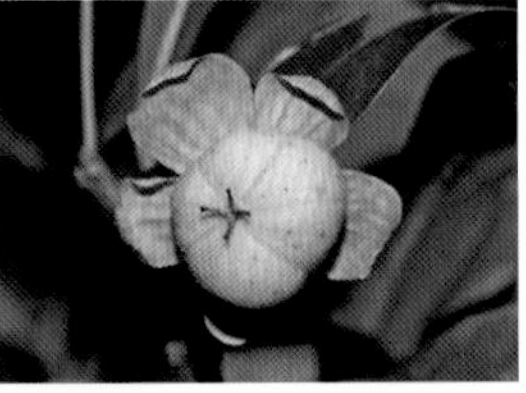

2

3

1—2. 大萼喜光花　3. ‘红梢’ 狭叶白千层

同属植物

大萼喜光花 *Actephila collinsiae*

灌木，株高 1 ~ 1.5 m。叶片长椭圆形，顶端渐尖，基部楔形，全缘。雌雄同株，花白色，萼片大，宿存。花期夏季，果期秋季。产于泰国。（观赏地点：能源植物园）

‘红梢’ 狭叶白千层

Melaleuca linariifolia ‘Claret Tops’

【**科属**】桃金娘科白千层属。【**简介**】小乔木，高 6 ~ 10 m。叶互生，嫩叶红色，线性，全缘。花白色至乳白色，每个花序含 4 ~ 20 朵小花。花瓣极小，雄蕊在花周围排列成 5 束。蒴果。花期春季。【**产地**】园艺种，原种产于澳大利亚。【**观赏地点**】澳洲植物园。

皱果桉 *Corymbia ptychocarpa*

【**科属**】桃金娘科伞房桉属。【**简介**】小乔木，株高4～8 m，最高可达15 m。叶披针形，先端尖，基部圆形，全缘，中脉淡黄色。伞形花序，花粉红或深红色。蒴果。花期冬季。【**产地**】产于澳大利亚。【**观赏地点**】澳洲植物园。

巴氏星刷树 *Asteromyrtus brassii*

【**科属**】桃金娘科星刷树属。【**简介**】小乔木。叶披针形，先端尖，基部渐狭，全缘，绿色。花红色或深粉色，着生于老枝，雄蕊5束。蒴果球形。花期冬季至次年春季。【**产地**】产于澳大利亚。【**观赏地点**】澳洲植物园。

凤目栾 *Majidea zanguebarica*

【**科属**】无患子科凤目栾属。【**简介**】小乔木，株高可达5 m。羽状复叶，小叶对生，长椭圆形，先端钝，基部渐狭，不等侧，全缘。聚伞圆锥花序，花单性，同株，萼片黄绿色，花瓣4片，红色，雄蕊伸出花冠外，雌花不育雄蕊极短。蒴果。花期夏季，果期秋季。【**产地**】产于东非。【**观赏地点**】能源植物园。

1

2

3

1. 皱果桉　2. 巴氏星刷树　3. 凤目栾

齿叶肉蜜莓

小尤第木

1

齿叶肉蜜莓 *Sarcotoechia serrata*

【科属】无患子科肉蜜莓属。【别名】蕨叶罗望子。【简介】常绿小乔木，顶芽和嫩枝淡棕色。偶数羽状复叶，小叶 6 ~ 12 对，小叶柄短或无，边缘具明显大锯齿，近于浅裂。花极小，黄白色，花萼裂片狭卵形，花瓣卵形或渐尖。果实成熟后黄色，种子红色。花期冬季，果期夏季。【产地】产于澳大利亚。【观赏地点】澳洲植物园。

小尤第木 *Evodiella muelleri*

【科属】芸香科红茱萸属。【别名】红茱萸。【简介】灌木或小乔木，株高可达 6 ~ 8 m。复叶具 3 小叶，小叶长椭圆形，先端渐尖，基部渐狭，全缘，浅波状。花着生于枝干上，聚伞花序，小花粉红色，花瓣及萼片 4 枚，雄蕊伸出花冠，萼片宿存。蒴果。花期夏季，果期秋季。【产地】产于澳大利亚昆士兰州。【观赏地点】澳洲植物园。

2

1. 齿叶肉蜜莓　2. 小尤第木

槭叶酒瓶树 *Brachychiton acerifolius*

【**科属**】锦葵科（梧桐科）酒瓶树属。【**别名**】澳洲火焰木、槭叶瓶子树。【**简介**】落叶乔木，高达 18 ~ 20m。叶近圆形，掌状 5 ~ 7 深裂，裂片长椭圆状披针形至菱形，光滑，叶柄细长。总状花序生长在枝端，先叶开放，花鲜红色。蓇葖果。花期春夏季。【**产地**】产于澳大利亚。【**观赏地点**】澳洲植物园。

白炽花 *Hibiscus macilwraithensis*

【**科属**】锦葵科木槿属。【**简介**】常绿灌木，株高 1 ~ 4m。叶纸质，粗糙，长椭圆形，先端阔，基部渐狭，先端尖，叶柄短。花小，萼片深裂，绿色，花瓣白色，蕊柱伸出花冠外。蒴果。花期几乎全年。【**产地**】产于澳大利亚昆士兰州。【**观赏地点**】澳洲植物园。

1

2

1. 槭叶酒瓶树　2. 白炽花

1

白脚桐棉 *Thespesia lampas*

【科属】锦葵科桐棉属。【别名】肖槿。【简介】常绿灌木，高1～2 m。叶卵形至掌状3裂，先端渐尖，基部圆形至近心形，两侧裂片浅裂，先端渐尖至圆头。花单生于叶腋间或排列成聚伞花序，花冠钟形，黄色。蒴果椭圆形，具5棱。花期3—4月，其他季节也可见花。【产地】产于云南、广西、广东和海南等地，生于低海拔暖热山地的灌丛中。越南、老挝、印度、菲律宾、印度尼西亚和东非等热带地区也有分布。【观赏地点】能源植物园。

土沉香 *Aquilaria sinensis*

【科属】瑞香科沉香属。【别名】白木香、芫香。【简介】乔木，高5～15 m。叶革质，圆形、椭圆形至长圆形，有时近倒卵形，先端锐尖或急尖而具短尖头，基部宽楔形。花芳香，黄绿色，多朵组成伞形花序，萼5裂，花瓣10片。蒴果。花期春夏季，果期夏秋。【产地】产于广东、海南、广西和福建，喜生于低海拔的山地、丘陵以及路边阳处疏林中。【观赏地点】能源植物园、新石器时期遗址、药用植物园。

2

1. 白脚桐棉　2. 土沉香

九节 *Psychotria asiatica* (*Psychotria rubra*)

【科属】茜草科九节属。**【简介】**灌木或小乔木，高 0.5 ~ 5 m。叶对生，纸质或革质，长圆形、椭圆状长圆形或倒披针状长圆形，稀长圆状倒卵形，有时稍歪斜。聚伞花序，花冠白色。核果红色。花果期全年。**【产地】**主产于我国中南部，生于海拔 20 ~ 1500 m 平地、丘陵、山坡、山谷溪边的灌丛或林中。亚洲其他地区也有分布。**【观赏地点】**能源植物园、药用植物园。

蔓九节 *Psychotria serpens*

【**科属**】茜草科九节属。【**别名**】风不动藤。【**简介**】攀缘或匍匐藤本，常以气根攀附于树干或岩石上。叶对生，幼株的叶多卵形或倒卵形，老植株的叶多呈椭圆形、披针形或倒卵状长圆形。圆锥状或伞房状聚伞花序顶生，花冠白色。果白色。花期4—6月，果期全年。【**产地**】产于浙江、福建、台湾、广东、香港、海南和广西，生于平地、丘陵、山地、山谷水旁的灌丛或林中。日本、朝鲜和东南亚也有分布。【**观赏地点**】澳洲植物园。

1

2

乌檀 *Nauclea officinalis*

【科属】茜草科乌檀属。【别名】胆木。【简介】乔木，高 4 ~ 12 m。叶纸质，椭圆形，稀倒卵形，顶端渐尖，略钝头，基部楔形。头状花序单个顶生，花冠漏斗形，黄色，花柱伸出花冠外。小果整合为聚花果，成熟时黄褐色。花期夏季，果期冬季。【产地】产于广东、广西和海南，生于中等海拔地区森林中。东南亚也有分布。【观赏地点】能源植物园、药用植物园。

粗栀子 *Gardenia scabrella*

【科属】茜草科栀子属。【简介】常绿灌木或小乔木，高达 6 m。叶对生，长椭圆形，先端钝，基部楔形，绿色，叶脉明显，全缘。花单生于枝端或叶腋，花瓣 6 ~ 7 片，白色。花期春季至夏季。【产地】产于澳大利亚昆士兰州。【观赏地点】澳洲植物园。

1. 乌檀　2. 粗栀子

1

1. 马利筋

马利筋 *Asclepias curassavica*

【**科属**】夹竹桃科（萝藦科）马利筋属。【**别名**】莲生桂子。【**简介**】多年生直立草本，灌木状。叶膜质，披针形至椭圆状披针形，顶端短渐尖或急尖，基部楔形而下延至叶柄。聚伞花序顶生或腋生，着花 10 ~ 20 朵，花冠紫红色，副花冠黄色。蓇葖披针形。花期几乎全年，果期 8—12 月。栽培品种有‘黄冠’马利筋‘Flaviflora’，花冠黄色。【**产地**】产于拉丁美洲的西印度群岛。【**观赏地点**】能源植物园、热带雨林室外。

‘黄冠’马利筋

红花蕊木 *Kopsia fruticosa*

【**科属**】夹竹桃科蕊木属。【**简介**】灌木，高达 3 m。叶纸质，椭圆形或椭圆状披针形，顶部具尾尖，基部楔形。聚伞花序顶生，花冠粉红色。核果通常单个。花期 9 月，果期秋冬季。【**产地**】产于印度尼西亚、印度、菲律宾和马来西亚。【**观赏地点**】能源植物园、园林树木区。

‘蕾丝’假连翘 *Duranta erecta* ‘Lass’ (*Duranta repens* ‘Lass’)

【**科属**】马鞭草科假连翘属。【**简介**】灌木，高 1.5 ~ 3 m。叶对生，少有轮生，叶片卵状椭圆形或卵状披针形，纸质，顶端短尖或钝，基部楔形。花冠蓝紫色，边缘白色。核果。花果期几乎全年。栽培的品种有‘花叶’假连翘 ‘Variegata’ ‘金叶’假连翘 ‘GoldenLeaves’。【**产地**】园艺种，原种产于美洲热带地区。【**观赏地点**】能源植物园、热带雨林植物室。

1

1. 红花蕊木
2. ‘蕾丝’假连翘
3. ‘花叶’假连翘

2 3

‘金叶’假连翘

1

云南石梓 *Gmelina arborea*

【**科属**】唇形科（马鞭草科）石梓属。【**别名**】滇石梓。【**简介**】落叶乔木，高达15 m。叶片厚纸质，广卵形，顶端渐尖，基部浅心形至阔楔形。聚伞花序组成顶生的圆锥花序，花萼钟状，花冠黄色，外面密被黄褐色绒毛，2唇形，上唇全缘或2浅裂，下唇3裂。核果。花期4—5月，果期5—7月。【**产地**】产于云南，生于海拔1500 m以下路边及疏林中。南亚、东南亚也有分布。【**观赏地点**】澳洲植物园、木兰园。

肾茶 *Orthosiphon spicatus* (*Clerodendranthus spicatus*)

【**科属**】唇形科鸡脚参属（肾茶属）。【**别名**】猫须草。【**简介**】多年生草本。茎直立，高1 ~ 1.5 m。叶卵形、菱状卵形或卵状长圆形，先端急尖，基部宽楔形至截状楔形，边缘具粗牙齿或疏圆齿，纸质。轮伞花序，花冠浅紫或白色，冠檐大，2唇形，上唇大，外反，雄蕊远超出花冠。坚果。花果期5—11月。【**产地**】产于海南、广西、云南、台湾和福建，常生于林下潮湿处。南亚、东南亚至澳大利亚及邻近岛屿也有分布。【**观赏地点**】澳洲植物园。

2

1. 云南石梓　2. 肾茶

1

细齿雪叶木 *Argophyllum lejourdanii*

【科属】雪叶木科（茶藨子科）雪叶木属。【别名】勒尤丹鼠刺。【简介】灌木，高 1 ~ 5 m。叶椭圆形，先端尖，基部楔形，边缘具锐锯齿，新叶被毛，老叶无毛。花小，白色，花萼、花梗及花瓣背面被毛。蒴果。花期 4—5 月。【产地】产于澳大利亚昆士兰州，生于海拔 50 ~ 800 m 开阔森林中。【观赏地点】澳洲植物园。

香荫树 *Hymenosporum flavum*

【科属】海桐科（海桐花科）香荫树属。【别名】黄花海桐。【简介】常绿乔木，株高 10 m 左右，原产地可达 25 m。叶椭圆形至长椭圆形，先端尖，基部楔形，绿色。伞形花序，萼片深裂，绿色，花奶油黄色，外被短柔毛。蒴果，外被柔毛。花期春季，果期秋季。【产地】产于澳大利亚和新几内亚。【观赏地点】澳洲植物园。

2

1. 细齿雪叶木
2. 香荫树

姜园

人们熟悉的生姜、豆蔻、草果、砂仁，是烹饪美味佳肴不可或缺的香料和调味品，但如果对这些姜科植物的了解仅仅停留在芳香和味道，你一定会错过它们开花时绝美的色彩和姿态。这里种植的也不仅是姜科的种类，还有其近缘的类群。平日郁郁葱葱尽显绿意，它们的花朵更是精美奇丽，有的生于枝顶，有的需要你拨开叶丛，靠近地面细心寻找其美丽的身影。

姜园

姜园占地面积约 110 亩，主要收集有鹤望兰科、芭蕉科、兰花蕉科、蝎尾蕉科、姜科、闭鞘姜科、竹芋科和美人蕉科等科的植物。最吸引植物爱好者的主要有双翅舞花姜、九翅豆蔻、兰花蕉和金嘴蝎尾蕉等。

姜园

鹤望兰 *Strelitzia reginae*

【科属】鹤望兰科（芭蕉科）鹤望兰属。【别名】极乐鸟。【简介】多年生草本，无茎。叶片长圆状披针形，顶端急尖，基部圆形或楔形，下部边缘波状。花数朵生于约与叶柄等长或略短的总花梗上，佛焰苞舟状，绿色，边紫红，萼片披针形，橙黄色，箭头状花瓣基部具耳状裂片，暗蓝色。花期春季至秋季。【产地】产于非洲南部。【观赏地点】姜园。

兰花蕉 *Orchidantha chinensis*

【**科属**】兰花蕉科兰花蕉属。【**简介**】多年生草本，高约45 cm。叶2列，叶片椭圆状披针形，顶端渐尖，基部楔形，稍下延。花自根茎生出，单生，花大，紫色，萼片长圆状披针形，唇瓣线形，侧生2枚花瓣长圆形。蒴果。花期2—4月，果期夏季。【**产地**】产于广东和广西，生于山谷中。【**观赏地点**】姜园。

1

同属植物

长萼兰花蕉 *Orchidantha chinensis* var. *longisepala*

多年生草本，株高40 ~ 50 cm。叶椭圆状披针形，顶端渐尖，基部楔形。花单生，紫色，萼片、唇瓣及侧瓣均比兰花蕉长。花期1—3月。产于广西，生于海拔约400 m山谷中。（观赏地点：姜园、热带雨林室、兰园）

2

1. 兰花蕉　2. 长萼兰花蕉

金嘴蝎尾蕉

‘佩德罗·奥尔蒂斯’
蝎尾蕉

1　2

金嘴蝎尾蕉 *Heliconia rostrata*

【科属】蝎尾蕉科蝎尾蕉属。【别名】金鸟赫蕉。【简介】多年生常绿草本，株高 1.5 ~ 2.5 m。叶互生，直立，狭披针形或带状阔披针形，先端尖，基部渐狭，深绿色，全缘。顶生穗状花序，弯垂，木质苞片互生，呈 2 列互生排列，船形，基部深红色，近顶端金黄色，舌状花两性，米黄色。蒴果。主要花期夏秋季。【产地】产于秘鲁和厄瓜多尔。【观赏地点】姜园。

同属植物

‘佩德罗·奥尔蒂斯’蝎尾蕉 *Heliconia* ‘Pedro Ortiz’

多年生常绿丛生，株高 2 ~ 4 m。叶大型，狭长圆形，先端圆，基部渐狭，具长柄。花序顶生，直立，花序轴红色，苞片红色，小花黄色。蒴果。花期 4—12 月，主要花期夏季。本种为布尔若蝎尾蕉与粉鸟蝎尾蕉的杂交品种（*Heliconia bourgeana* x *collinsiana*）。（观赏地点：姜园）

1. 金嘴蝎尾蕉　2. ‘佩德罗·奥尔蒂斯’蝎尾蕉

1

2

美叶芭蕉 *Musa acuminata* var. *sumatrana*

【科属】芭蕉科芭蕉属。**【简介】**多年生草本，假茎高 1.5 ~ 2 m。叶片长圆形，被蜡粉，叶背紫红色，叶面具大小不一的紫色斑块或条纹。雄花合生，花被片先端 3 裂。果序内弯，紫红色。花期春夏季，果期秋季。**【产地】**产于印度尼西亚。**【观赏地点】**姜园。

同属植物

紫苞芭蕉 *Musa ornata*

多年生草本，株高 1.5 ~ 3 m。叶长圆形，长可达 1.8 m，先端圆，基部圆钝，全缘。花序顶生，苞片紫红色，花黄色。果小，绿色。花果期几乎全年。产于南亚、东南亚。（观赏地点：姜园）

1. 美叶芭蕉　2. 紫苞芭蕉

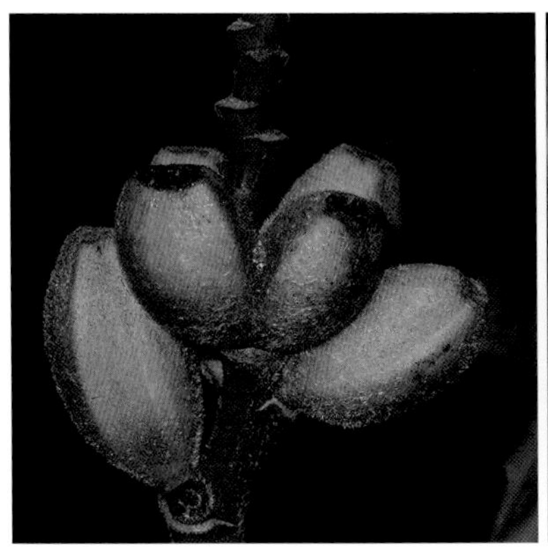

1

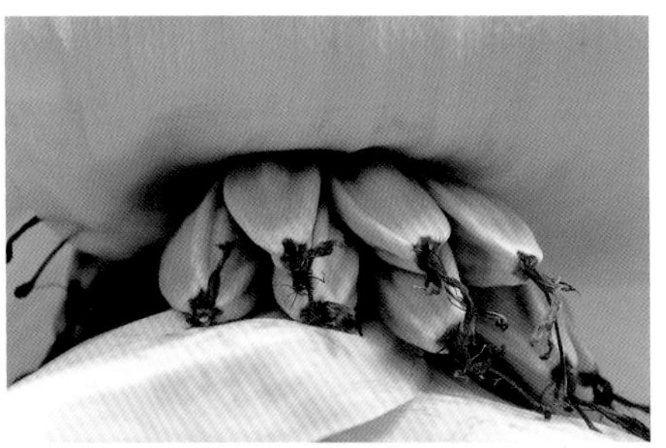

朝天蕉 *Musa velutina*

多年生丛生草本，株高 1 ~ 1.8 m。叶长椭圆形，先端钝，基部圆，绿色，被蜡粉。花序直立，苞片粉红色，小花黄色带粉色。果粉红色，长卵形，具柔毛。花期冬季，果期夏季。产于印度。（观赏地点：姜园）

象腿蕉 *Ensete glaucum*

【科属】 芭蕉科象腿蕉属。**【别名】** 象腿芭蕉。**【简介】** 假茎单生，高达 5 m。叶片长圆形，先端具尾尖，基部楔形，光滑无毛，叶柄短。花序初时如莲座状，后伸长成柱状，长可达 2.5 m，下垂，苞片绿色，宿存，花 10 余朵。浆果倒卵形。花期夏季，果期秋季。**【产地】** 产于云南，生于 800 ~ 1100 m 沟谷两旁的缓坡地带。东南亚也有分布。**【观赏地点】** 姜园。

2

1. 朝天蕉　2. 象腿蕉

紫花芦竹芋 *Marantochloa purpurea*

【**科属**】竹芋科芦竹芋属。【**简介**】多年生草本，株高 1 ~ 4 m，具分枝。叶长圆形、长卵圆形，先端尖，基部近圆形，叶面绿色，叶背带紫色。聚伞花序松散，小花粉红色至紫色。果红色。花期春夏季。【**产地**】产于非洲热带地区，生于海拔约 1500 m 潮湿森林中或沼泽地区。【**观赏地点**】姜园。

巴西竹芋 *Calathea majestica* (*Calathea princeps*)

【**科属**】竹芋科肖竹芋属。【**别名**】绿芋竹芋。【**简介**】多年生常绿草本，株高可达 1 m。叶长椭圆形，先端尖，基部楔形，叶脉及叶缘浓绿色，侧脉间呈浅黄绿色，叶背淡紫红色。花序大，苞片黄绿色，花紫红色。花期夏秋季。【**产地**】产于南美洲。【**观赏地点**】姜园、兰园、热带雨林植物室。

1

2

1. 紫花芦竹芋　2. 巴西竹芋

同属植物

绒叶肖竹芋 *Calathea zebrina*

中等大草本，株高 0.5 ~ 1 m。叶长圆状披针形，不等侧，顶端钝，基部渐尖，叶面深绿，间以黄绿色条纹。头状花序单独生于花葶上，苞片覆瓦状排列，萼片长圆形，花冠紫堇色或白色。花期 5—6 月。产于巴西。（观赏地点：姜园）

1

2

1. 闭鞘姜 2. 宝塔姜

闭鞘姜 *Cheilocostus speciosus* (*Costus speciosus*)

【**科属**】闭鞘姜科闭鞘姜属（闭鞘姜属）。【**别名**】水蕉花。【**简介**】株高 1 ~ 3 m。叶片长圆形或披针形，顶端渐尖或尾状渐尖，基部近圆形。穗状花序，苞片卵形，革质，红色，花萼革质，红色，花冠管裂片长圆状椭圆形，白色或顶部红色，唇瓣宽喇叭形，白色，雄蕊花瓣状。蒴果。花期 7—9 月，果期 9—11 月。【**产地**】产于台湾、广东、广西和云南等地，生于海拔 45 ~ 1700 m 疏林下、山谷阴湿地、路边草丛、荒坡、水沟边等处。亚洲热带地区广布。【**观赏地点**】姜园。

宝塔姜 *Costus barbatus*

【**科属**】闭鞘姜科宝塔姜属（闭鞘姜属）。【**别名**】红花闭鞘姜。【**简介**】多年生草本。株高 1 ~ 2 m。叶片深绿色，在茎上近螺旋状向上生长，叶长椭圆形，先端尖，基部渐狭，无柄。花序呈塔状，由深红色苞片呈覆瓦状排列组成，管状花金黄色。蒴果。花期夏季至秋季。【**产地**】产于中美洲。【**观赏地点**】姜园、蕨园。

1

2

同属植物

大苞闭鞘姜 *Costus dubius*

多年生草本，株高可达 1 ~ 2 m。叶片圆形或披针形，先端尖，基部楔形，呈螺旋状排列。穗状花序，高约 20 cm，苞片绿色，花白色，上具黄色斑块。花期夏季。产于西非热带雨林中。（观赏地点：姜园）

柔毛闭鞘姜 *Costus villosissimus*

多年生草本，株高可达 2 m，全株被黄色柔毛。叶长圆形，先端尖，基部渐狭，无柄。花着生于茎顶，鲜黄色。花期夏季。产于哥斯达黎加和哥伦比亚。（观赏地点：姜园）

1. 大苞闭鞘姜　2. 柔毛闭鞘姜

九翅豆蔻 *Amomum maximum*

【科属】姜科豆蔻属。【简介】株高 2 ~ 3 m，茎丛生。叶片长椭圆形或长圆形，顶端尾尖，基部渐狭，下延。穗状花序近圆球形，花冠白色，裂片长圆形，唇瓣卵圆形，中脉两侧黄色，基部两侧具红色条纹。蒴果卵圆形，果皮具明显的九翅。花期 5—6 月，果期 6—8 月。【产地】产于西藏、云南、广东和广西，生于海拔 350 ~ 800 m 林中阴湿处。南亚至东南亚也有分布。【观赏地点】姜园。

同属植物

海南假砂仁 *Amomum chinense*

株高 1 ~ 1.5 m。叶片长圆形或椭圆形，顶端尾状渐尖，基部急尖，两面均无毛。穗状花序陀螺状，具花 20 余朵，苞片紫色，花冠管稍突出，唇瓣白色，三角状卵形，中脉黄绿色，两边具紫色的脉纹。蒴果。花期 4—5 月，果期 6—8 月。产于海南，生于林中。（观赏地点：姜园）

无毛砂仁 *Amomum glabrum*

株高 0.8 ~ 1.5 m。叶片狭椭圆形披针形，基部楔形，先端渐尖或尾状。苞片带红色，小苞片白色，唇瓣白色，中脉两侧杏黄色。蒴果。花期 4—5 月。产于云南，生于海拔约 700 m 森林中。（观赏地点：姜园）

1

2

1. 海南假砂仁　2. 无毛砂仁

长柄豆蔻 *Amomum longipetiolatum*

株高 0.5 ~ 1 m。叶片长圆状披针形，顶端渐尖，基部急尖，叶背色较淡。穗状花序椭圆形，通常具 3 ~ 4 花，花大，白色，花冠管纤细，唇瓣倒卵形，具斑点，中部红色。蒴果近球形。花期 4—5 月。产于海南和广西，生于海拔 350 ~ 550 m 林中。（观赏地点：姜园）

疣果豆蔻 *Amomum muricarpum*

株高大。叶片披针形或长圆状披针形，顶端尾状渐尖，基部楔形。穗状花序卵形，花序轴密被黄色茸毛，小苞片筒状，花萼管顶端 2 裂，红色，唇瓣倒卵形，杏黄色，中脉具紫色脉纹及紫斑。蒴果。花期 5—9 月，果期 6—12 月。产于广东和广西，生于海拔 300 ~ 1000 m 密林中。菲律宾也有分布。（观赏地点：姜园）

1 2

1. 长柄豆蔻 2. 疣果豆蔻

1

砂仁 *Amomum villosum*

又名阳春砂仁。株高 1.5 ~ 3 m。中部叶片长披针形，上部叶片线形，顶端尾尖，基部近圆形。穗状花序椭圆形，苞片披针形，小苞片管状，花萼管白色，唇瓣圆匙形，白色，顶端具 2 裂、反卷、黄色小尖头，中脉黄色而染紫红。蒴果。花期 5—6 月，果期 8—9 月。产于福建、广东、广西和云南，栽培或野生于山地阴湿之处。（观赏地点：姜园）

姜花 *Hedychium coronarium*

【科属】姜科姜花属。**【别名】**蝴蝶花。**【简介】**茎高 1 ~ 2 m。叶片长圆状披针形或披针形，顶端长渐尖，基部急尖。穗状花序顶生，椭圆形，苞片呈覆瓦状排列，卵圆形，花芬芳，白色，花冠管纤细，唇瓣倒心形，白色。花期 8—12 月。**【产地】**产于四川、云南、广西、广东、湖南和台湾，生于林中或栽培。南亚、东南亚至澳大利亚也有分布。**【观赏地点】**姜园。

2

1. 砂仁　2. 姜花

莪术 *Curcuma phaeocaulis* (*Curcuma zedoaria*)

【**科属**】姜科姜黄属。【**简介**】株高约1 m，根茎具樟脑香味。叶直立，椭圆状长圆形至长圆状披针形，中部常具紫斑。花葶由根茎单独发出，常先叶而生，穗状花序，苞片顶端红色，上部较长而紫色，花萼白色，花黄色。花期4—6月。【**产地**】产于台湾、福建、江西、广东、广西、四川和云南等地，栽培或野生于林荫下。印度至马来西亚也有分布。【**观赏地点**】姜园。

莪 术

1. 光果姜
2. 红豆蔻

光果姜 *Zingiber nudicarpum*

【科属】姜科姜属。【简介】多年生草本，根状茎内部白色。叶片椭圆形长圆形，基部狭窄，先端渐尖。花序纺锤形，由根茎处生出，花序梗长，苞片倒卵形，红色，花冠白色或淡黄色，唇瓣紫色并具黄白色斑点。花期6月。【产地】产于广西，生于海拔约300 m森林中。【观赏地点】姜园。

红豆蔻 *Alpinia galanga*

【科属】姜科山姜属。【别名】大高良姜。【简介】株高达2 m。叶片长圆形或披针形，顶端短尖或渐尖，基部渐狭。圆锥花序密生多花，每一分枝上具3 ~ 6花，花绿白色，具异味，唇瓣白色而具红线条，深2裂。果长圆形。花期5—8月，果期9 ~ 11月。【产地】产于台湾、广东、广西和云南等地，生于海拔100 ~ 1300 m山野沟谷阴湿林下或灌丛中。亚洲热带地区广布。【观赏地点】姜园。

1

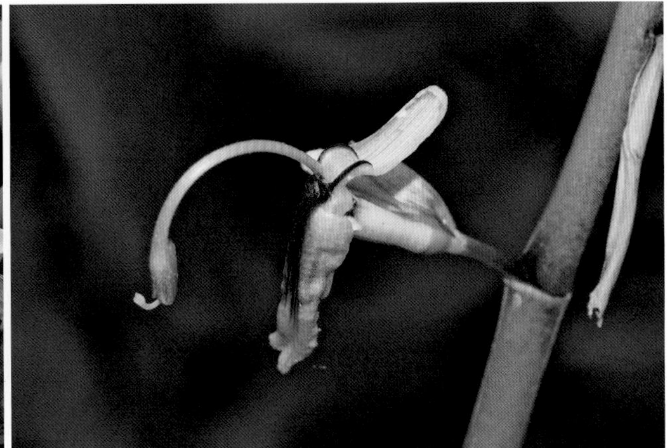

2

同属植物

草豆蔻 *Alpinia hainanensis*

又名海南山姜。叶片带形，顶端渐尖并具一旋卷尾状尖头，基部渐狭。总状花序中，顶部具长圆状卵形苞片，小苞片红棕色，花萼筒钟状，唇瓣倒卵形，顶浅 2 裂。产于广东和海南。（观赏地点：姜园）

假益智 *Alpinia maclurei*

株高 1 ~ 2 m。叶片披针形，顶端尾状渐尖，基部渐狭，叶背被短柔毛。圆锥花序多花，花 3 ~ 5 朵聚生于分枝顶端，小苞片长圆形，花萼管状，花冠裂片长圆形，唇瓣长圆状卵形。果球形。花期 3—7 月，果期 4—10 月。产于广东、广西和云南，生于山地疏或密林中。越南也有分布。（观赏地点：姜园）

1. 草豆蔻　2. 假益智

卵果山姜 *Alpinia ovoidecarpa*

多年生草本，高 2 ~ 2.5 m。叶片长圆状披针形，顶端急尖，基部偏心形，两面无毛。总状花序直立，花朵繁密，小苞片褐色。花萼管状，花白色，唇瓣黄色带红色条纹，边缘白色。蒴果红色，卵形。花期 4 月，果期 9 月。产于广西。（观赏地点：姜园）

益智 *Alpinia oxyphylla*

株高 1 ~ 3 m。叶片披针形，顶端渐狭，具尾尖，基部近圆形。总状花序在花蕾时全部包藏于一帽状总苞片中，花萼筒状，花冠裂片长圆形，后方 1 枚稍大，白色，唇瓣粉白色而具红色脉纹。蒴果。花期 3—5 月，果期 4—9 月。产于广东、海南和广西，生于林下阴湿处或栽培。（观赏地点：姜园、凤梨园）

1. 卵果山姜　2. 益智

1　2　3　4

多花山姜 *Alpinia polyantha*

茎高达 4.6 m。叶约 9 片，叶片披针形至椭圆形，顶端渐尖，基部楔形。圆锥花序，分枝上花 5 ~ 8 朵，小苞片倒披针形至长圆形，花萼红色，唇瓣中脉淡黄色，近基部两侧具少数紫色条纹。蒴果。花期 5—6 月，果期 10—11 月。产于广西，生于山坡林中。（观赏地点：姜园）

皱叶山姜 *Alpinia rugosa*

多年生草本，株高 0.5 ~ 1.2 m，叶片长圆形，基部稍偏斜，边缘全缘，先端下弯，叶皱。总状花序直立，密生花 20 余朵，花萼粉红色，管状，花冠管状，白色，唇瓣橙黄色，中部红色。蒴果。花期 3 月。产于海南，生于海拔 600 ~ 800 m 山谷森林中。（观赏地点：姜园）

艳山姜 *Alpinia zerumbet*

株高 2 ~ 3 m。叶片披针形，顶端渐尖而具一旋卷小尖头，基部渐狭。圆锥花序呈总状花序式，下垂，小苞片白色，顶端粉红色，花萼白色，顶粉红色，花冠裂片乳白色，顶端粉红色。蒴果。花期 4—6 月，果期 7—10 月。产于我国东南部至西南部各地，亚洲热带地区广布。栽培的品种有‘花叶’艳山姜‘Variegata’。（观赏地点：姜园、新石器时期遗址）

1. 多花山姜　2. 皱叶山姜　3. 艳山姜　4.‘花叶’艳山姜

艳山姜

'红多' 山姜

1

2

3

‘升振’山姜 *Alpinia* ‘Shenzhen’

多年生草本，高 1 ~ 2 m。叶片披针形，顶端渐尖，基部楔形。圆锥花序，小苞片粉红色，唇瓣黄色，具紫红色条纹。花期 2—5 月。园艺种。（观赏地点：姜园）

‘红多’山姜 *Alpinia* ‘Hongduo’

多年生草本，高 1.5 ~ 3 m。叶片披针形，顶端渐尖，基部楔形。圆锥花序，直立，小苞片红色，唇瓣黄色，具紫红色条纹。花期 2—5 月。园艺种。（观赏地点：姜园）

1—2.‘升振’山姜　3.‘红多’山姜

1

紫花山柰 *Kaempferia elegans*

【**科属**】姜科山柰属。【**简介**】根茎匍匐。叶 2 ~ 4 枚一丛，叶片长圆形，顶端急尖，基部圆形，质薄，叶面绿色，叶背稍淡。头状花序，苞片绿色，花淡紫色，花冠管纤细，唇瓣 2 裂至基部。花期夏季。【**产地**】产于四川，印度至马来半岛、菲律宾也有分布。【**观赏地点**】姜园、药用植物园。

双翅舞花姜 *Globba schomburgkii*

【**科属**】姜科舞花姜属。【**简介**】株高 30 ~ 50 cm。叶片 5 ~ 6 枚，椭圆状披针形，顶端尾状渐尖，基部钝。圆锥花序下垂，具 2 至多花，在苞片内仅具珠芽，珠芽卵形，表面疣状。花黄色，萼钟状，具 3 齿，花冠裂片卵形，唇瓣黄色。花期 8—9 月。【**产地**】产于云南，生于林中阴湿处。中南半岛也有分布。【**观赏地点**】姜园。

短萼仪花 *Lysidice brevicalyx*

【**科属**】豆科仪花属。【**简介**】乔木，高 10 ~ 20 m，小叶 3 ~ 5 对，近革质，长圆形、倒卵状长圆形或卵状披针形。圆锥花序，苞片和小苞片白色，花瓣倒卵形，先端近截平而微凹，紫色。荚果长圆形或倒卵状长圆形。花期 4—5 月，果期 8—9 月。【**产地**】产于广东、香港、广西和云南等地，生于海拔 500 ~ 1000 m 疏林或密林中，常见于山谷、溪边。【**观赏地点**】姜园、生物园。

2

3

1. 紫花山柰　2. 双翅舞花姜　3. 短萼仪花

双翅舞花姜

短萼仪花

1

琴叶珊瑚 *Jatropha integerrima*

【**科属**】大戟科麻风树属（麻疯树属）。【**别名**】日日樱、变叶珊瑚花。【**简介**】常绿或半常绿灌木，高 2 ~ 3 m。单叶互生，叶型变化大，倒阔披针形、卵圆形、长椭圆形等，叶基具 2 ~ 3 对锐刺，先端渐尖。花单性，雌雄同株，花冠红色或粉红色。花期几乎全年。【**产地**】产于西印度群岛。【**观赏地点**】姜园、热带雨林植物室。

木槿 *Hibiscus syriacus*

【**科属**】锦葵科木槿属。【**别名**】朝开暮落花。【**简介**】落叶灌木，高 3 ~ 4 m。叶菱形至三角状卵形，具深浅不同的 3 裂或不裂，先端钝，基部楔形，边缘具不整齐齿缺。花单生于枝端叶腋间，花钟形，淡紫色，花瓣倒卵形。蒴果。花期 5—10 月。【**产地**】原产于我国中部各地。【**观赏地点**】姜园、药用植物园。

2

1. 琴叶珊瑚　2. 木槿

硬枝老鸦嘴 *Thunbergia erecta*

【**科属**】爵床科山牵牛属。【**别名**】直立山牵牛。【**简介**】直立灌木，高达 2 m。叶片近革质，卵形至卵状披针形，有时菱形，先端渐尖，基部楔形至圆形，边缘具波状齿或不明显 3 裂。花单生于叶腋，花冠管白色，喉黄色，冠檐紫堇色。蒴果。花期几乎全年。【**产地**】产于非洲西部热带地区。【**观赏地点**】姜园、生物园、木本植物区。

兰园及药用植物园

✿ 兰园

“我从山中来，带着兰花草。种在小园中，希望花开早。一日看三回，看得花时过。兰花却依然，苞也无一个。”这首大家十分熟悉的小诗，清新质朴，也道出了对兰花有所期待而不能得见的期盼与遗憾。但在华南植物园的兰园里，你将不会感受到遗憾——千奇百怪的兰花，有的附生于树上、石上，有的种植于花坛之中，还有的植于玻璃橱窗之内，无论是哪一类兰花，开放之时都会让你惊讶于它们极具多样性的颜色、姿态和芳香。中国古代史料中曾有“伏羲尝百药”“神农尝百草”等记载，药用植物在医药中占有重要地位，药用植物园主要以搜集南药资源见长，从其生长、繁育到应用，展示了药用植物的神奇世界。

兰园占地面积约18亩，主要由附生兰区、地生兰区、中国兰区、兰花景观温室、洋兰温室等组成，收集有火焰兰、多花脆兰、多花指甲兰、纹瓣兰、鹤顶兰、竹叶兰、湿唇兰、聚石斛等兰科植物数百种。园内有品茶轩、王莲池、亲水平台等园林小品，优美的景观、高雅的兰花互为点缀，相得益彰。

兰园

药用植物园占地面积约45亩，20世纪70年代初就已创建，用以保存中草药资源，现收集有岭南药用植物1000多种，如万寿竹、龙脷叶、四叶罗芙木、板蓝、光泽锥花、海南大风子等。除此之外，药用植物园亦栽培众多来自海外的珍奇植物，如木本马兜铃、黄花夜香树、依兰等。药用植物园内种类之丰富，让人有常去常新之感。

药用植物园

披针叶茴香

披针叶茴香 *Illicium lanceolatum*

【科属】五味子科（木兰科）八角属。【别名】莽草、红毒茴。【简介】灌木或小乔木，高 3 ～ 10 m。叶互生或稀疏地簇生于小枝近顶端或排成假轮生，革质，披针形、倒披针形或倒卵状椭圆形。花腋生或近顶生，单生或 2 ～ 3 花，花被片红色、深红色。蓇葖果 10 ～ 14 枚（少有 9 枚）轮状排列。花期 4—6 月，果期 8—10 月。【产地】产于江苏、安徽、浙江、江西、福建、湖北、湖南和贵州，生于混交林、疏林、灌丛中，常生于海拔 300 ～ 1500 m 阴湿狭谷和溪流沿岸。【观赏地点】药用植物园。

1

2

3

鱼腥草 *Houttuynia cordata*

【科属】三白草科蕺菜属。**【别名】**蕺菜。**【简介】**腥臭草本，高 30 ~ 60 cm。叶薄纸质，具腺点，卵形或阔卵形，顶端短渐尖，基部心形。总苞白色，长圆形或倒卵形，顶端钝圆。蒴果。花期 4—7 月。**【产地】**产于我国中部、东南至西南部各地，生于沟边、溪边或林下湿地上。亚洲东部和东南部广布。**【观赏地点】**药用植物园。

山蒟 *Piper hancei*

【科属】胡椒科胡椒属。**【别名】**海风藤。**【简介】**攀缘藤本，长至 10 余米。叶纸质或近革质，卵状披针形或椭圆形，少具披针形，顶端短尖或渐尖，基部渐狭或楔形。花单性，雌雄异株，雄花序长 6 ~ 10 cm，雌花序长约 3 cm。浆果球形，黄色。花期 3—8 月。**【产地】**产于浙江、福建、江西、湖南、广东、广西、贵州和云南，生于山地溪涧边、密林或疏林中，攀缘于树上或石上。**【观赏地点】**药用植物园、分类区。

同属植物

毛脉树胡椒 *Piper hispidum*

灌木，株高 3 ~ 6 m。叶片椭圆形到椭圆状卵形，先端渐尖，基部心形，全缘。花单性，聚集成与叶对生穗状花序，黄绿色。花期几乎全年。产于西印度群岛。（观赏地点：药用植物园）

1. 鱼腥草　2. 山蒟
3. 毛脉树胡椒

木本马兜铃 *Aristolochia arborea*

【科属】马兜铃科马兜铃属。**【简介】**攀缘灌木或呈小乔木状，高 5 ~ 6 m。叶革质，互生，椭圆形，先端渐尖，基部圆形或略心形，叶脉明显，叶柄极短。花密生于枝干底部，褐色，具网状脉纹，花被管弯曲，檐部展开，下部内面具白色大斑块。蒴果。花期春季至秋季。**【产地】**产于中美洲。**【观赏地点】**药用植物园。

山刺番荔枝 *Annona montana*

【科属】番荔枝科番荔枝属。**【别名】**山地番荔枝。**【简介】**常绿乔木，高 10 m。叶互生，椭圆形，纸质，基部楔形，先端短渐尖。花序顶生或腋生，1 花或 2 花。萼片小，外轮花瓣黄棕色，内轮花瓣橙黄色，短于外花瓣。聚合浆果卵球形，具柔软毛刺。花期几乎全年。**【产地】**产于美洲热带地区。**【观赏地点】**生物园、木兰园旁。

1. 木本马兜铃　2. 山刺番荔枝

山刺番荔枝

1

海岛木 *Trivalvaria costata* (*Polyalthia nemoralis*)

【科属】番荔枝科海岛木属（暗罗属）。**【别名】**陵水暗罗。**【简介】**灌木或小乔木，株高 5 m。叶片倒卵形至椭圆形，先端渐尖至尾尖，基部楔形至圆形。花单生，白色至淡黄色，花瓣长圆状椭圆形，内外轮花瓣等长或内轮略短。果卵状椭圆形，初时绿色，成熟时红色。花期 4—7 月，果期 7—12 月。**【产地】**产于广东和海南。东南亚也有分布。**【观赏地点】**药用植物园。

蕉木 *Chieniodendron hainanense* (*Oncodostigma hainanense*)

【科属】番荔枝科蕉木属（南蕉木属）。**【别名】**山蕉。**【简介】**常绿乔木，高达 16 m。叶薄纸质，长圆形或长圆状披针形，顶端短渐尖，基部圆形。花黄绿带褐色，1 ~ 2 朵腋生或腋外生。果长圆筒状或倒卵状，外果皮具凸起纵脊。花期 4—12 月，果期冬季至次年春季。**【产地】**产于海南和广西，生于山谷水旁密林中。**【观赏地点】**药用植物园。

2

1. 海岛木　2. 蕉木

1

2

依兰 *Cananga odorata*

【科属】番荔枝科依兰属。【别名】依兰香。【简介】常绿大乔木，高达 20 m。叶大，膜质至薄纸质，卵状长圆形或长椭圆形，顶端渐尖至急尖，基部圆形。花序单生于叶腋内或叶腋外，具 2 ~ 5 花，花大，黄绿色，芳香，倒垂。成熟果近圆球状或卵状。花期 4—8 月，果期 12 月至次年 3 月。【产地】产于缅甸、印度尼西亚、菲律宾和马来西亚。【观赏地点】药用植物园、凤梨园。

金粟兰 *Chloranthus spicatus*

【科属】金粟兰科金粟兰属。【别名】珠兰。【简介】半灌木，高 30 ~ 60 cm。叶对生，厚纸质，椭圆形或倒卵状椭圆形，顶端急尖或钝，基部楔形，边缘具圆齿状锯齿。穗状花序排列成圆锥花序状，花小，黄绿色，极芳香。花期 4—7 月，果期 8—9 月。【产地】产于云南、四川、贵州、福建和广东，生于海拔 150 ~ 990 m 山坡、沟谷密林下。【观赏地点】药用植物园。

1. 依兰　2. 金粟兰

刺芋 *Lasia spinosa*

【科属】天南星科刺芋属。【别名】野茨菇。【简介】多年生具刺常绿草本，高可达 1 m。叶片形状多变，幼株上戟形，成年植株过渡为鸟足羽状深裂。佛焰苞上部螺旋状旋转，肉穗花序圆柱形，钝，黄绿色。浆果倒卵圆状。花期春季至夏季，果次年成熟。【产地】产于云南、广西、广东、西藏和台湾，生于海拔 1530 m 以下田边、沟旁、阴湿草丛、竹丛中。南亚、东南亚也有分布。【观赏地点】药用植物园、热带雨林植物室。

桂平魔芋 *Amorphophallus coaetaneus*

【科属】天南星科魔芋属（磨芋属）。【简介】多年生落叶草本，块茎扁球形。叶片 3 裂，1 次裂片斜椭圆形，2 次裂片羽状分裂。花序和叶同时存在，佛焰苞椭圆形或倒卵形，上部舟状展开，下部席卷，暗紫色或浅绿色或有时内面基部暗紫色。肉穗花序。花期 4—5 月，果期 7—8 月。【产地】产于广西和云南，生于海拔 300 ~ 900 m 潮湿山谷或灌丛中。越南也有分布。【观赏地点】药用植物园。

绿萝 *Epipremnum aureum*

【科属】天南星科麒麟叶属。【简介】高大藤本，茎攀缘，多分枝，枝悬垂。幼枝鞭状，细长。叶片大，纸质，宽卵形，短渐尖，基部心形，翠绿色，通常具多数不规则纯黄色斑块，全缘，不等侧卵形或卵状长圆形。【产地】产于所罗门群岛。【观赏地点】药用植物园、兰园。

1

2

3

1. 刺芋　2. 桂平魔芋　3. 绿萝

同属植物

麒麟叶 *Epipremnum pinnatum*

又名上树龙、百足藤、飞天蜈蚣。藤本，攀缘极高。叶片薄革质，幼叶狭披针形或披针状长圆形，基部浅心形，成熟叶宽长圆形，基部宽心形，两侧不等羽状深裂。佛焰苞外面绿色，内面黄色，肉穗花序圆柱形。花期 4—5 月，果期秋季。产于台湾、广东、广西和云南的热带地域，附生于热带雨林的大树上或岩壁上。印度、马来半岛至菲律宾、太平洋诸岛和大洋洲都有分布。（观赏地点：兰园、药用植物园、生物园、姜园）

石柑子 *Pothos chinensis*

【**科属**】天南星科石柑属。【**简介**】附生藤本，长 0.4 ~ 6 m。叶片纸质，鲜时表面深绿色，背面淡绿色，椭圆形，披针状卵形至披针状长圆形，先端渐尖至长渐尖，常具芒状尖头。花序腋生，佛焰苞卵状，绿色，肉穗花序短，椭圆形至近圆球形，淡绿色、淡黄色。浆果红色。花果期几乎全年。【**产地**】产于台湾、湖北、广东、广西、四川、贵州和云南，生于海拔 2400 m 以下阴湿密林中，常匍匐于岩石上或附生于树干上。越南、老挝和泰国也有分布。【**观赏地点**】药用植物园。

1. 麒麟叶　2. 石柑子

1. 螳螂跌打　2. 春羽

1

2

同属植物

螳螂跌打 *Pothos scandens*

附生藤本，长 4 ~ 6 m。叶形多变，叶片纸质，披针形至线状披针形，基部钝圆，先端渐尖。叶柄多少具耳。佛焰苞极小，紫色，舟状。肉穗花序淡绿色、淡黄色至黄色，近圆球形或椭圆形。浆果红色或黄色。花果期几乎全年。产于云南，多附生于树干或石崖上。南亚、东南亚也有分布。（观赏地点：药用植物园）

春羽 *Philodendron bipinnatifidum*

【**科属**】天南星科喜林芋属。【**别名**】羽叶喜林芋。【**简介**】多年生常绿草本，株高 0.5 ~ 1 m。具短茎，成年株茎常匍匐生长，老叶不断脱落，新叶主要生于茎顶端，轮廓为宽心脏形，羽状深裂，裂片宽披针形，边缘浅波状，有时皱卷，叶柄粗壮，较长。佛焰苞外面绿色，内面黄白色，肉穗花序总梗甚短，白色，花单性，无花被。浆果。花期 3—5 月。【**产地**】产于巴西。【**观赏地点**】兰园、蕨园、温室群景区。

1

2

3

裂果薯 *Schizocapsa plantaginea*

【科属】薯蓣科（蒟蒻薯科）裂果薯属。【别名】水田七。【简介】多年生草本，高 20 ~ 30 cm。叶片狭椭圆形或狭椭圆状披针形，顶端渐尖，基部下延，沿叶柄两侧呈狭翅。总苞片 4 枚，卵形或三角状卵形，伞形花序具 8 ~ 20 花，花被裂片 6 枚，淡绿色、青绿色、淡紫色、暗色。蒴果。花果期 4—11 月。【产地】产于湖南、江西、广东、广西、贵州和云南，生于海拔 200 ~ 600 m 水边、沟边、山谷、林下、路边、田边潮湿地方。泰国、越南和老挝也有分布。【观赏地点】药用植物园。

万寿竹 *Disporum cantoniense*

【科属】秋水仙科（百合科）万寿竹属。【简介】根状茎横出，茎高 50 ~ 150 cm。叶纸质，披针形至狭椭圆状披针形，先端渐尖至长渐尖，基部近圆形。伞形花序具 3 ~ 10 花，花紫色，花被片斜出，倒披针形。浆果。花期 5—7 月，果期 8—10 月。【产地】产于台湾、福建、安徽、湖北、湖南、广东、广西、贵州、云南、四川、陕西和西藏，生于海拔 700 ~ 3000 m 灌丛中或林下。不丹、尼泊尔、印度和泰国也有分布。【观赏地点】药用植物园。

多花脆兰 *Acampe rigida*

【科属】兰科脆兰属。【简介】大型附生植物。具多数 2 列叶，叶近肉质，带状，先端钝且不等侧 2 圆裂，基部具宿存而抱茎的鞘。花黄色带紫褐色横纹，不甚开展，具香气，萼片和花瓣近直立，萼片长圆形，花瓣狭倒卵形，唇瓣白色。蒴果。花期 8—9 月，果期 10—11 月。【产地】产于广东、香港、海南、广西、贵州和云南，附生于海拔 560 ~ 1600 m 林中树干上或林下岩石上。南亚、东南亚至非洲热带地区也有分布。【观赏地点】兰园。

1. 裂果薯　2. 万寿竹　3. 多花脆兰

万寿竹

多花脆兰

1

1. 鹤顶兰

鹤顶兰 *Phaius tancarvilleae* (*Phaius tankervilleae*)

【科属】兰科鹤顶兰属。【简介】株高大。假鳞茎圆锥形。叶 2 ~ 6 枚，互生于假鳞茎上部，长圆状披针形，先端渐尖。总状花序具多数花，花大，美丽，背面白色，内面暗赭色或棕色，萼片近相似，花瓣长圆形，唇瓣面白色带茄紫色前端，内面茄紫色带白色条纹。蒴果。花期 3—6 月。【产地】广布于亚洲热带和亚热带地区以及大洋洲。【观赏地点】兰园。

华西蝴蝶兰 *Phalaenopsis wilsonii*

【科属】兰科蝴蝶兰属。【别名】小蝶兰。【简介】气生根发达，簇生。茎短，叶通常具 4 ~ 5 枚。叶稍肉质，两面绿色或幼时背面紫红色，长圆形或近椭圆形，旱季常落叶。花开放，萼片和花瓣白色带淡粉红色中肋或全体淡粉红色。蒴果。花期 4—7 月，果期 8—9 月。【产地】产于广西、贵州、四川、云南和西藏，生于海拔 800 ~ 2150 m 山地疏生林中树干上或林下阴湿岩石上。【观赏地点】兰园。

华西蝴蝶兰

火焰兰 *Renanthera coccinea*

【**科属**】兰科火焰兰属。【**简介**】茎攀缘，粗壮。叶2列，斜立或近水平伸展，舌形或长圆形，先端稍不等侧2圆裂，基部抱茎且下延为抱茎的鞘。圆锥花序或总状花序疏生多数花，花火红色，开展。蒴果。花期4—6月。【**产地**】产于海南和广西，攀缘于海拔1400 m沟边林缘、疏林中树干上和岩石上。东南亚也有分布。【**观赏地点**】兰园。

1

同属植物

云南火焰兰 *Renanthera imschootiana*

茎长达1 m，具多数彼此紧靠而2列的叶。叶革质，长圆形，先端稍斜2圆裂，基部具抱茎的鞘。总状花序或圆锥花序具多数花，花开展，中萼片黄色，侧裂片内面红色，花瓣黄色带红色斑点。蒴果。花期5月。产于云南，生于海拔500 m以下河谷林中树干上。越南也有分布。（观赏地点：兰园）

2

'麒麟' 火焰兰

Renanthera Tom Thumb 'Qi Lin'

多年生附生草本，株型直立。叶片带形，交叠排列于主茎上，绿色。花葶自叶腋处伸出，橙红色，带深红色斑点，单花可达数十朵。主要花期春季，其他季节也可见花。园艺种。（观赏地点：兰园）

3

1. 火焰兰　2. 云南火焰兰
3. '麒麟' 火焰兰

1

纹瓣兰 *Cymbidium aloifolium*

【科属】兰科兰属 。**【简介】**附生。假鳞茎卵球形。叶 4 ~ 5 枚，带形，厚革质，先端不等的 2 圆裂或 2 钝裂。总状花序，萼片与花瓣淡黄色至奶油黄色，中央具 1 条栗褐色宽带和若干条纹，唇瓣白色或奶油黄色而密生栗褐色纵纹，唇瓣侧裂片超出蕊柱与药帽之上。蒴果。花期 4—5 月，偶见 10 月。**【产地】**产于广东、广西、贵州和云南，生于海拔 100 ~ 1100 m 疏林中或灌丛中树上或溪谷旁岩壁上。南亚、东南亚也有分布。**【观赏地点】**兰园。

同属植物

硬叶兰 *Cymbidium mannii* (*Cymbidium bicolor*)

附生。假鳞茎狭卵球形。叶 4 ~ 7 枚，带形，厚革质，先端为不等的 2 圆裂或 2 尖裂。总状花序，萼片与花瓣淡黄色至奶油黄色，中央具 1 条宽阔栗褐色纵带，唇瓣白色至奶油黄色，具栗褐色斑，唇瓣侧裂片短于蕊柱。蒴果。花期 3—4 月。产于广东、海南、广西、贵州和云南西南部至南部，生于海拔 1600 m 以下林中或灌丛中的树上。南亚、东南亚也有分布。（观赏地点：兰园）

2

1. 纹瓣兰　2. 硬叶兰

'象牙白'虎头兰

'象牙白'虎头兰 *Cymbidium tracvanum × eburnsum*

多年生草本，株高可达1m。叶带形，革质，先端尖，弯垂，绿色。总状花序，萼片与花瓣近相似，黄绿色，上具紫红色纵纹或斑点。花期冬末至次年春季。本种为西藏虎头兰与象牙白的杂交品种。（观赏地点：兰园）

香港毛兰 *Eria gagnepainii*

【科属】兰科毛兰属。**【简介】**地生草本。假鳞茎细圆筒形，不膨大，顶端着生2枚叶。叶长圆状披针形或椭圆状披针形，先端渐尖，基部收窄，无柄。花序1～2个，花黄色。蒴果。花期2—4月。**【产地】**产于海南、香港、云南和西藏，生于林下岩石上。越南也有分布。**【观赏地点】**兰园。

1

1. 香港毛兰

1

2

1. 拟万代兰
2. 湿唇兰

拟万代兰 *Vandopsis gigantea*

【科属】兰科拟万代兰属。**【简介】**植株大型，具2列叶。叶肉质，外弯，宽带形，先端钝且不等侧2圆裂，基部具宿存、抱茎而彼此紧密套叠的鞘。花序出自叶腋，总状花序下垂，密生多数花，花金黄色带红褐色斑点，肉质，开展。蒴果。花期3—4月。**【产地】**产于广西和云南，生于海拔800～1700 m山地林缘或疏林中，附生于大乔木树干上。东南亚等地也有分布。**【观赏地点】**兰园。

湿唇兰 *Hygrochilus parishii*

【科属】兰科湿唇兰属。**【简介】**茎粗壮，上部具3～5枚叶。叶长圆形或倒卵状长圆形，先端不等侧2圆裂，基部通常楔形收狭。花序1～6个，疏生5～8朵花，花大，稍肉质，萼片和花瓣黄色带暗紫色斑点。蒴果。花期6—7月。**【产地】**产于云南，生于海拔800～1100 m山地疏林中大树干上。印度、缅甸、泰国、老挝和越南也有分布。**【观赏地点】**兰园。

束花石斛 *Dendrobium chrysanthum*

【科属】兰科石斛属。**【简介】**茎粗厚，肉质，下垂或弯垂，圆柱形。叶 2 列，互生于整个茎上，纸质，长圆状披针形，先端渐尖，基部具鞘。伞状花序，每 2 ~ 6 花为一束，花黄色，质地厚。蒴果长圆柱形。花期 9—10 月。**【产地】**产于广西、贵州、云南和西藏，生于海拔 700 ~ 2500 m 山地密林中树干上或山谷阴湿的岩石上。南亚、东南亚也有分布。**【观赏地点】**兰园。

1

同属植物

鼓槌石斛 *Dendrobium chrysotoxum*

又名金弓石斛。茎直立，肉质，纺锤形。叶革质，长圆形，先端急尖而钩转，基部收狭。总状花序近茎顶端发出，斜出或稍下垂，疏生多数花，金黄色，稍带香气。蒴果。花期 3—5 月。产于云南，生于海拔 520 ~ 1620 m 阳光充足的常绿阔叶林中树干上或疏林下岩石上。南亚、东南亚也有分布。（观赏地点：兰园、高山极地植物室）

2

1. 束花石斛　2. 鼓槌石斛

1

聚石斛 *Dendrobium lindleyi*

茎假鳞茎状，密集或丛生，纺锤形或卵状长圆形，顶生 1 枚叶。叶革质，长圆形，先端钝并且微凹，基部收狭。总状花序疏生数朵至 10 余朵花，花橘黄色，开展，薄纸质。蒴果。花期 4—5 月。产于广东、香港、海南、广西和贵州，喜生于海拔达 1000 m 疏林中树干上。南亚、东南亚也有分布。（观赏地点：兰园）

美花石斛 *Dendrobium loddigesii*

又名粉花石斛。茎柔弱，常下垂，细圆柱形。叶纸质，2 列，互生于整个茎上，舌形，长圆状披针形或稍斜长圆形，先端锐尖而稍钩转。花白色或紫红色。蒴果。花期 4—5 月。产于广西、广东、海南、贵州和云南，生于海拔 400 ～ 1500 m 山地林中树干上或林下岩石上。老挝和越南也有分布。（观赏地点：药用植物园）

1. 美花石斛

杓唇石斛 *Dendrobium moschatum*

茎粗壮，圆柱形，长达 1 m。叶革质，2 列，互生于茎上部，长圆形至卵状披针形，先端渐尖或不等侧 2 裂。总状花序下垂，疏生数朵至 10 余朵花，花深黄色，白天开放，晚间闭合，唇瓣圆形，边缘内卷而形成杓状。蒴果。花期 4—6 月。产于云南，生于海拔 1300 m 疏林中的树干上。南亚、东南亚也有分布。（观赏地点：兰园、药用植物园）

银带虾脊兰 *Calanthe argenteostriata*

【科属】兰科虾脊兰属。**【简介】**假鳞茎粗短，近圆锥形，具 2 ~ 3 枚鞘和 3 ~ 7 枚在花期展开的叶。叶上面深绿色，带 5 ~ 6 条银灰色条带，椭圆形或卵状披针形，先端急尖。总状花序具 10 余朵花，花张开，黄绿色。蒴果。花期 4—5 月。**【产地】**产于广东、广西、贵州和云南，生于海拔 500 ~ 1200 m 山坡林下的岩石空隙或覆上的石灰岩面上。**【观赏地点】**兰园。

1

2

1. 杓唇石斛　2. 银带虾脊兰

多花指甲兰

香荚兰 *Vanilla planifolia*

【**科属**】兰科香荚兰属。【**别名**】香草兰 。【**简介**】攀缘草本，长可达 3 m。叶片椭圆形，先端渐尖，基部圆形，肉质，绿色或黄绿色。总状花序生于叶腋，萼片及花瓣近相似，离生，黄绿色，披针形，唇瓣不明显 3 裂。花期春季，果期夏季。【**产地**】产于美洲和西印度群岛。【**观赏地点**】兰园。

多花指甲兰 *Aerides rosea*

【**科属**】兰科指甲兰属。【**简介**】茎粗壮，长 5 ～ 20 cm。叶肉质，狭长圆形或带状，先端钝且不等侧 2 裂。花序叶腋生，常 1 ～ 3 个，密生许多花，花白色带紫色斑点，开展。蒴果近卵形。花期 6—7 月，果期 8 月至次年 5 月。【**产地**】产于广西、贵州和云南，生于海拔 320 ～ 1530 m 山地林缘或山坡疏生的常绿阔叶林中树干上。南亚、东南亚也有分布。【**观赏地点**】兰园。

1

2

3

1—2. 香荚兰　3. 多花指甲兰

竹叶兰 *Arundina graminifolia*

【科属】兰科竹叶兰属。**【简介】**株高 40 ~ 80 cm，有时可达 1 m 以上。茎直立，具多枚叶，叶线状披针形，薄革质或坚纸质，先端渐尖，基部具圆筒状鞘。花粉红色或略带紫色或白色。蒴果近长圆形。花果期几乎全年。**【产地】**产于我国南部，生于海拔 400 ~ 2800 m 草坡、溪谷旁、灌丛下或林中。南亚、东南亚等地广布。**【观赏地点】**兰园。

山菅兰 *Dianella ensifolia*

1

【科属】阿福花科（百合科）山菅兰属。【别名】山交剪。【简介】株高可达 1 ~ 2 m。叶狭条状披针形，基部稍收狭成鞘状，套迭或抱茎，边缘和背面中脉具锯齿。圆锥花序，花常多朵生于侧枝上端，花被片绿白色、淡黄色至青紫色。浆果近球形，深蓝色。花果期3—8 月。【产地】产于云南、四川、贵州、广西、广东、江西、浙江、福建和台湾，生于海拔 1700 m 以下林下、山坡或草丛中。亚洲热带地区至非洲马达加斯加岛也有分布。【观赏地点】药用植物园。

垂笑君子兰 *Clivia nobilis*

【科属】石蒜科君子兰属。【简介】多年生草本。基生叶有十几枚，质厚，深绿色，具光泽，带状，边缘粗糙。花茎由叶丛中抽出，稍短于叶，伞形花序顶生，多花，开花时花稍下垂，花被狭漏斗形，橘红色。花期秋季至次年春季。【产地】产于非洲南部。【观赏地点】药用植物园。

2

1. 山菅兰 2. 垂笑君子兰

1

2

龙须石蒜 *Eucrosia bicolor*

【科属】石蒜科龙须石蒜属。【简介】多年生落叶球根，球茎圆形，株高约 30 cm。叶片长卵形，叶基部渐狭成柄，先端渐尖，全缘，绿色。伞形花序，高达 60 cm，花红色，雄蕊远伸出花冠外，白色。花期春末。【产地】产于厄瓜多尔和秘鲁。【观赏地点】药用植物园。

忽地笑 *Lycoris aurea*

【科属】石蒜科石蒜属。【简介】鳞茎卵形。秋季出叶，叶剑形，向基部渐狭，顶端渐尖，中间淡色带明显。花茎高约 60 cm，伞形花序具 4 ~ 8 花，花黄色，花被裂片强度反卷和皱缩，雄蕊略伸出于花被外，花丝黄色。蒴果。花期 8—9 月，果期 10 月。【产地】产于福建、台湾、湖北、湖南、广东、广西、四川和云南，生于阴湿山坡。【观赏地点】药用植物园。

1. 龙须石蒜　2. 忽地笑

同属植物

石蒜 *Lycoris radiata*

又名蟑螂花。鳞茎近球形。秋季出叶，叶狭带状，顶端钝，深绿色，中间具粉绿色带。伞形花序具 4 ~ 7 花，花鲜红色，花被裂片狭倒披针形，强度皱缩和反卷，花被筒绿色。花期 8—9 月，果期 10 月。主要产于我国中南部，野生于阴湿山坡和溪沟边。日本也有分布。（观赏地点：药用植物园）

水鬼蕉 *Hymenocallis littoralis*

【科属】石蒜科水鬼蕉属。【简介】多年生草本。叶 10 ~ 12 枚，剑形，顶端急尖，基部渐狭，深绿色。花茎扁平，花茎顶端生花 3 ~ 8 朵，白色，花被管纤细，杯状体（雄蕊杯）钟形或阔漏斗形。蒴果。花期夏末秋初。【产地】产于美洲热带地区。【观赏地点】药用植物园、新石器时期遗址。

‘白花’香殊兰 *Crinum moorei* ‘Album’

【科属】石蒜科文殊兰属。【别名】‘白花’穆氏文殊兰。【简介】多年生球根花卉，株高 1 ~ 1.5 m。叶剑状披针形，长可达 1 m，宽约 20 cm，全缘，绿色。花茎自叶丛中抽出，粗大，中空。伞形花序，花朵着生于花枝顶端，5 ~ 8 朵，俯垂，花白色，具芳香。花期 5—10 月。【产地】园艺种，原种产于非洲热带地区。【观赏地点】药用植物园、木本花卉区。

1

2

1. 水鬼蕉
2. ‘白花’香殊兰

1

2

虎尾兰 *Sansevieria trifasciata*

【科属】天门冬科（百合科）虎尾兰属。**【简介】**具横走根状茎。叶基生，常 1 ~ 2 枚，也有 3 ~ 6 枚成簇的，硬革质，扁平，长条状披针形，具白绿色横带斑纹。花淡绿色或白色，每 3 ~ 8 朵簇生，排成总状花序。浆果。花期 11—12 月。**【产地】**产于非洲西部。**【观赏地点】**药用植物园、凤梨园、温室群景区。

长柱开口箭 *Tupistra grandistigma*

【科属】天门冬科（百合科）长柱开口箭属。**【简介】**根状茎圆柱形。叶 3 ~ 5 枚或更多，生于短茎上，纸质，矩圆状倒披针形，先端渐尖，下部渐狭成明显或稍明显的柄。穗状花序，花钟状，花被筒裂片披针形，肉质，黑紫色。浆果球形。花期 3 月，果期 6 月。**【产地】**产于云南，生于海拔 1 600 m 林下。越南也有分布。**【观赏地点】**药用植物园。

1. 虎尾兰　2. 长柱开口箭

1

2

蜘蛛抱蛋 *Aspidistra elatior*

【**科属**】天门冬科（百合科）蜘蛛抱蛋属。【**别名**】一叶兰。【**简介**】多年生草本，根状茎近圆柱形，直径 5 ~ 10 mm。叶单生，矩圆状披针形、披针形至近椭圆形，先端渐尖，基部楔形，边缘多少皱波状，两面绿色，有时稍具黄白色斑点或条纹。花被钟状，外面带紫色或暗紫色，内面下部淡紫色或深紫色。浆果。花期冬春季。【**产地**】未见野生，我国各地公园多有栽培。【**观赏地点**】药用植物园、兰园。

同属植物

长药蜘蛛抱蛋 *Aspidistra dolichanthera*

多年生草本，根状茎直径 6 ~ 8 mm。叶 2 或 3 簇生，叶片绿色具稀疏黄色斑点，卵形到卵状披针形，基部圆形。花苞片 3 ~ 6 枚。花单生，花被白色，钟状，顶部 6 裂或 7 裂，裂片长圆形。浆果。花期 4 月。产于广西。（观赏地点：药用植物园）

1. 蜘蛛抱蛋　2. 长药蜘蛛抱蛋

线萼蜘蛛抱蛋 *Aspidistra linearifolia*

又名线叶蜘蛛抱蛋。多年生草本。叶 2 ~ 5 枚簇生，线形，近全缘，绿色。苞片 4 ~ 5 枚，花被钟状，紫黑色，肉质，花瓣裂片 6 枚，近三角形，外弯。浆果。花期春季。产于广西。（观赏地点：兰园）

小花蜘蛛抱蛋 *Aspidistra minutiflora*

多年生草本，根状茎近圆柱状。叶 2 ~ 3 枚簇生，带形或带状倒披针形，先端渐尖，基部渐狭而成不很明显的柄，近先端边缘具细锯齿。苞片 2 ~ 4 枚，花小，花被坛状，青带紫色，具紫色细点。浆果。花期 7—10 月。产于贵州、广东和广西，生于路旁或山腰石上或石壁上。（观赏地点：兰园）

1

2

1. 线萼蜘蛛抱蛋　2. 小花蜘蛛抱蛋

1

2

3

旅人蕉 *Ravenala madagascariensis*

【科属】鹤望兰科(芭蕉科)旅人蕉属。【别名】水树。【简介】棕榈状，高 5 ~ 6 m，原产地高达 30 m。叶 2 行排列于茎顶，像一把大折扇，叶片长圆形，似蕉叶。花序腋生，花序轴每边具佛焰苞 5 ~ 6 枚，佛焰苞内具花 5 ~ 12 朵，排成蝎尾状聚伞花序，花瓣与萼片相似。蒴果。花果期几乎全年。【产地】产于非洲马达加斯加。【观赏地点】兰园。

红蕉 *Musa coccinea*

【科属】芭蕉科芭蕉属。【别名】红花蕉。【简介】假茎高 1 ~ 2 m。叶片长圆形，叶面黄绿色，叶背淡黄绿色。花序直立，苞片外面鲜红，内面粉红色，每个苞片内具花 1 列，约 6 朵，雄花花被片乳黄色，合生花被片具齿裂，离生花被片先端尖且具细齿。浆果。花期几乎全年。【产地】产于云南，散生于海拔 600 m 以下沟谷及水分条件良好的山坡上。越南也有分布。【观赏地点】兰园、药用植物园。

紫背竹芋 *Stromanthe sanguinea*

【科属】竹芋科紫背竹芋属。【别名】红背竹芋。【简介】多年生常绿草本，株高 0.3 ~ 1 m，有时可达 1.5 m。叶基生，叶柄短，叶长椭圆形至宽披针形，叶正面绿色，背面紫红色，全缘。圆锥花序，苞片及萼片红色，花白色。果为浆果状，红色。花期春季。【产地】产于巴西。【观赏地点】药用植物园。

1. 旅人蕉　2. 红蕉
3. 紫背竹芋

红 蕉

紫背竹芋

红球姜 *Zingiber zerumbet*

【科属】姜科姜属。【简介】根茎块状，内部淡黄色。叶片披针形至长圆状披针形。花序球果状，顶端钝，苞片覆瓦状排列，紧密，近圆形，初时淡绿色，后变红色，花黄色至淡黄色。蒴果椭圆形。花期 7—9 月，果期 10 月。【产地】产于广东、广西、云南等地，生于林下阴湿处。亚洲热带地区广布。【观赏地点】药用植物园。

血散薯 *Stephania dielsiana*

【科属】防己科千金藤属。【别名】一点血。【简介】草质落叶藤本，长 2 ~ 3 m。块根硕大，露于地面。叶纸质，三角状近圆形，顶端具凸尖，基部微圆至近截平，掌状脉 8 ~ 10 条。雄花萼片 6 枚，具紫色条纹，花瓣 3 片，肉质，常紫色或带橙黄，雌花序近头状，雌花花瓣 2 片。核果红色。花期夏初。【产地】产于广东、广西、贵州南部和湖南，常生于林中、林缘或溪边多石砾的地方。【观赏地点】药用植物园。

1. 红球姜　2. 血散薯

1

2

北江十大功劳 *Mahonia fordii*

【科属】小檗科十大功劳属。【别名】广东十大功劳。【简介】灌木，高 0.8 ~ 1.5 m。叶长圆形至狭长圆形，具 5 ~ 9 对排列稀疏的小叶，上面暗绿色，背面淡绿色，边缘每边具 2 ~ 9 刺锯齿，花黄色。浆果。花期 7—9 月，果期 10—12 月。【产地】产于广东和四川，生于海拔约 850 m 林下或灌丛中。【观赏地点】药用植物园。

四药门花 *Loropetalum subcordatum* (*Tetrathyrium subcordatum*)

【科属】金缕梅科檵木属（四药门花属）。【简介】常绿灌木或小乔木，高达 12 m。叶革质，卵状或椭圆形，先端短急尖，基部圆形或微心形。头状花序腋生，具花约 20 朵，花瓣 5 片，带状，白色。蒴果近球形。花期秋季至冬季。【产地】产于广东和广西。【观赏地点】药用植物园。

1. 北江十大功劳　2. 四药门花

含羞草 *Mimosa pudica*

【科属】豆科含羞草属。**【别名】**知羞草。**【简介】**披散、亚灌木状草本，高达 1 m。羽片和小叶触之即闭合而下垂，羽片通常 2 对，指状排列于总叶柄之顶端，小叶 10 ~ 20 对，线状长圆形。头状花序，花小，淡红色，花冠钟状。荚果。花期 3—10 月，果期 5—11 月。**【产地】**产于美洲热带地区。**【观赏地点】**药用植物园、水生植物园、温室群景区。

儿茶 *Acacia catechu*

【**科属**】豆科金合欢属。【**别名**】孩儿茶。【**简介**】落叶小乔木，高 6 ～ 10 m。二回羽状复叶，羽片 10 ～ 30 对，小叶 20 ～ 50 对，线形。穗状花序 1 ～ 4 个生于叶腋，花淡黄色或白色。荚果带状，棕色，有光泽。花期 4—8 月，果期 9 月至次年 1 月。【**产地**】产于云南。印度、缅甸和非洲东部也有分布。【**观赏地点**】药用植物园、彩叶植物区、度假村路。

美花狸尾豆 *Uraria picta*

【**科属**】豆科狸尾豆属。【**别名**】美花兔尾草。【**简介**】亚灌木或灌木，茎直立，较粗壮，高 1 ～ 2 m。叶为奇数羽状复叶，小叶 5 ～ 7 枚，极少为 9 枚，小叶线状长圆形或狭披针形。总状花序顶生，花萼 5 深裂，花冠蓝紫色，稍伸出于花萼之外。荚果，具荚节 3 ～ 5。花果期 4—10 月。【**产地**】产广西、四川、贵州、云南和台湾，多生于海拔 400 ～ 1500 m 草坡上。印度、越南、泰国、马来西亚、菲律宾和非洲也有分布。【**观赏地点**】药用植物园。

1. 儿茶　2. 美花狸尾豆

1

2

3

1. 蔓花生　2. 毛排钱树　3. 长叶排钱树

蔓花生 *Arachis duranensis*

【科属】豆科落花生属。【简介】多年生宿根草本，枝条呈蔓性，株高10 ~ 15 cm。叶互生，倒卵形，全缘。花腋生，蝶形，金黄色。荚果。花期春季至秋季。【产地】产于中南美洲，主产于阿根廷、玻利维亚和巴拉圭。【观赏地点】药用植物园、水生植物园、稀树草坪。

毛排钱树 *Phyllodium elegans*

【科属】豆科排钱树属。【别名】毛排钱草。【简介】灌木，高0.5 ~ 1.5 m。小叶革质，顶生小叶卵形、椭圆形至倒卵形，侧生小叶斜卵形。花通常4 ~ 9朵组成伞形花序生于叶状苞片内，叶状苞宽椭圆形，花冠白色或淡绿色。荚果通常具荚节3 ~ 4。花期7—8月，果期10—11月。【产地】产于福建、广东、海南、广西、云南等地，生于海拔40 ~ 1100 m平原、丘陵荒地或山坡草地、疏林或灌丛中。东南亚也有分布。【观赏地点】药用植物园。

同属植物

长叶排钱树 *Phyllodium longipes*

灌木，高约1 m。小叶革质，顶生小叶披针形或长圆形，先端渐狭而急尖，基部圆形或宽楔形，侧生小叶斜卵形。伞形花序具花5 ~ 15朵，藏于叶状苞片内，苞片斜卵形，花冠白色或淡黄色。荚果具荚节2 ~ 5。花期8—9月，果期10—11月。产于广东、广西和云南，生于海拔900 ~ 1000 m山地灌丛或密林中。东南亚也有分布。（观赏地点：药用植物园）

水黄皮 *Pongamia pinnata*

【**科属**】豆科水黄皮属。【**别名**】水流豆。【**简介**】乔木，高 8 ~ 15 m。羽状复叶，小叶 2 ~ 3 对，近革质，卵形，阔椭圆形至长椭圆形，先端短渐尖或圆形，基部宽楔形、圆形或近截形。花冠白色或粉红色。荚果。花期 5—6 月，果期 8—10 月。【**产地**】产于福建、广东和海南，生于溪边、塘边及海边潮汐能到达的地方。南亚、东南亚和澳大利亚也有分布。【**观赏地点**】药用植物园。

水黄皮

1

2

刺果苏木 *Caesalpinia bonduc*

【科属】豆科云实属。【别名】大托叶云实。【简介】有刺藤本。羽状复叶，羽片 6 ~ 9 对，对生，小叶 6 ~ 12 对，膜质，长圆形，先端圆钝而有小凸尖，基部斜。总状花序腋生，花瓣黄色，最上面一片具红色斑点。荚果革质，长圆形，顶端有喙，膨胀，外面具细长针刺。花期 8—10 月，果期 10 月至次年 3 月。【产地】产于广东、广西和台湾。热带地区均有分布。【观赏地点】药用植物园。

苏木 *Caesalpinia sappan*

【科属】豆科云实属。【简介】小乔木，高达 6 m。二回羽状复叶，羽片 7 ~ 13 对，对生，小叶片纸质，长圆形至长圆状菱形，先端微缺，基部歪斜。圆锥花序，花瓣黄色，最上面一片基部带粉红色。荚果木质，稍压扁。花期 5—10 月，果期 7 月至次年 3 月。【产地】产于印度、越南、马来半岛和斯里兰卡。【观赏地点】药用植物园、经济植物区。

1. 刺果苏木　2. 苏木

朱缨花 *Calliandra haematocephala*

【科属】豆科朱缨花属。**【别名】**美蕊花。**【简介】**落叶灌木或小乔木，高 1 ~ 3 m。二回羽状复叶，羽片 1 对，小叶 7 ~ 9 对，斜披针形。头状花序腋生，具花 25 ~ 40 朵，花冠管淡紫红色，雄蕊突露于花冠之外，深红色。荚果线状倒披针形。花果期冬季至次年春季。**【产地】**产于南美洲。**【观赏地点】**兰园、新石器时期遗址。

1

同属植物

苏里南朱缨花 *Calliandra surinamensis*

半常绿灌木或小乔木，分枝多。二回羽状复叶，小叶长椭圆形。头状花序多数，复排成圆锥状，雄蕊多数，下部白色，上部粉红色。荚果线形。花期由春季至秋季，果期秋季至冬季。产于巴西和苏里南岛。（观赏地点：药用植物园、水生植物园）

2

3

1. 朱缨花　2— 3. 苏里南朱缨花

1

黄花倒水莲 *Polygala fallax*

【**科属**】远志科远志属。【**别名**】黄花远志。【**简介**】灌木或小乔木，高 1 ~ 3 m。单叶互生，叶片膜质，披针形至椭圆状披针形，先端渐尖，基部楔形至钝圆，全缘。总状花序，花瓣正黄色，3 枚。蒴果阔倒心形至圆形，绿黄色。花期 5—8 月，果期 8—10 月。【**产地**】产于江西、福建、湖南、广东、广西和云南，生于海拔 360 ~ 1650 m 山谷林下水旁阴湿处。【**观赏地点**】药用植物园。

波罗蜜 *Artocarpus heterophyllus*

【**科属**】桑科波罗蜜属。【**别名**】树波罗。【**简介**】常绿乔木，高 10 ~ 20 m。叶革质，螺旋状排列，椭圆形或倒卵形，先端钝或渐尖，基部楔形，成熟之叶全缘，或在幼树和萌发枝上的叶常分裂。花雌雄同株，花序生老茎或短枝上。聚花果椭圆形至球形，或不规则形状。花果期几乎全年。【**产地**】产于印度。【**观赏地点**】药用植物园。

2

1. 黄花倒水莲
2. 波罗蜜

1

2

3

1. 花叶冷水花　2. 莲叶秋海棠　3. 青江藤

花叶冷水花 *Pilea cadierei*

【科属】荨麻科冷水花属。**【简介】**多年生草本或半灌木。茎肉质，叶多汁，同对的近等大，倒卵形，先端骤凸，基部楔形或钝圆，上面深绿色，中央具 2 条间断白斑。花雌雄异株，雄花序头状，雄花倒梨形，雌花花被片 4 片。花期 9—11 月。**【产地】**产于越南中部山区。**【观赏地点】**药用植物园。

莲叶秋海棠 *Begonia nelumbiifolia*

【科属】秋海棠科秋海棠属。**【简介】**多年生草本，高 1 ~ 1.5 m。叶大，盾状着生，圆形，边缘浅波状，叶柄长，具伏毛。聚伞花序，花多数，白色。花期春季。**【产地】**产于美洲，生于海拔 100 ~ 1700 m 常绿热带森林中。**【观赏地点】**药用植物园、热带雨林植物室。

青江藤 *Celastrus hindsii*

【科属】卫矛科南蛇藤属。**【别名】**黄果藤。**【简介】**常绿藤本。叶纸质或革质，长椭圆形、窄椭圆形至椭圆倒披针形，先端渐尖或急尖，基部楔形或圆形，边缘具疏锯齿。顶生聚伞圆锥花序，花瓣长方形，绿白色。果实近球状或稍窄。花期 3—5 月，果期 7—10 月。**【产地】**产于江西、湖北、湖南、贵州、四川、台湾、福建、广东、海南、广西、云南和西藏，生于海拔 300 ~ 2500 m 以下灌丛或山地林中。南亚、东南亚也有分布。**【观赏地点】**药用植物园、藤本园。

疏花卫矛

疏花卫矛 *Euonymus laxiflorus*

【**科属**】卫矛科卫矛属。【**简介**】灌木，高达 4 m。叶纸质或近革质，卵状椭圆形、长方椭圆形或窄椭圆形，先端钝渐尖，基部阔楔形或稍圆，全缘或具不明显锯齿。聚伞花序 5 ~ 9 花，花紫色，5 数。蒴果紫红色，倒圆锥状。花期 3—6 月，果期 7—11 月。【**产地**】产于台湾、福建、江西、湖南、香港、广东、广西、贵州和云南，生于山上、山腰及路旁密林中。越南也有分布。【**观赏地点**】药用植物园。

狭叶异翅藤 *Heteropterys glabra*

【科属】金虎尾科异翅藤属。【简介】常绿木质藤本，枝条纤细。叶对生、近对生或轮生，披针形或长椭圆状披针形，基部楔形或近圆形，全缘，幼时两面被平伏柔毛。顶生伞形花序或假总状花序，花两性，辐射对称，花瓣5片，鲜黄色。翅果。花果期全年，盛花果期8—11月。【产地】产于中南美洲。【观赏地点】药用植物园、热带雨林植物室。

1

2

海南大风子 *Hydnocarpus hainanensis*

【科属】青钟麻科（大风子科）大风子属。**【简介】**常绿乔木，高 6 ~ 9 m。叶薄革质，长圆形，先端短渐尖，具钝头，基部楔形，边缘具不规则浅波状锯齿。花 15 ~ 20 朵，呈总状花序，萼片 4 枚，椭圆形，花瓣 4 片，肾状卵形。浆果球形。花期春末至夏季，果期夏季至秋季。**【产地】**产于海南和广西，生于常绿阔叶林中。越南也有分布。**【观赏地点】**药用植物园。

同属植物

泰国大风子 *Hydnocarpus anthelminthicus*

常绿大乔木，高 7 ~ 30 m。叶薄革质，卵状披针形或卵状长圆形，先端长渐尖，基部通常圆形，稀宽楔形，偏斜，边全缘。萼片 5 枚，基部合生，卵形，花瓣 5 片，花黄绿色或红色。浆果球形。花期 9 月，果期 11 月至次年 6 月。产于印度、泰国和越南。（观赏地点：药用植物园）

1. 海南大风子　2. 泰国大风子

东京桐

石海椒

1 2

3

1. 东京桐
2. 石海椒
3. 龙脷叶

东京桐 *Deutzianthus tonkinensis*

【科属】大戟科东京桐属。【简介】乔木，高达 12 m。叶椭圆状卵形至椭圆状菱形，顶端短尖至渐尖，基部楔形、阔楔形至近圆形，全缘。雌雄异株，雄花花萼钟状，花瓣长圆形，舌状，雌花花萼、花瓣与雄花同。果稍扁球形。花期 4—6 月，果期 7—9 月。【产地】产于广西和云南，生于海拔 900 m 以下密林中。越南也有分布。【观赏地点】药用植物园。

石海椒 *Reinwardtia indica*

【科属】亚麻科石海椒属。【别名】迎春柳。【简介】小灌木，高达 1 m。叶纸质，椭圆形或倒卵状椭圆形，先端急尖或近圆形，具短尖，基部楔形，全缘或具圆齿状锯齿。花序顶生或腋生，花瓣 5 片或 4 片，黄色。蒴果球形。花期冬末至春季。【产地】产于湖北、福建、广东、广西、四川、贵州和云南，生于海拔 550 ~ 2300 m 林下、山坡灌丛、路旁和沟坡潮湿处，喜生于石灰岩土壤上。南亚、东南亚也有分布。【观赏地点】药用植物园。

龙脷叶 *Sauropus spatulifolius*

【科属】叶下珠科（大戟科）守宫木属。【别名】龙舌叶。【简介】常绿小灌木，高 10 ~ 40 cm。叶通常聚生于小枝上部，常向下弯垂，叶片近肉质，匙形、倒卵状长圆形或卵形，有时长圆形。花红色或紫红色，雌雄同枝，2 ~ 5 朵簇生于落叶的枝条中部或下部。花期 2—10 月。【产地】产于越南北部。【观赏地点】药用植物园。

1

2

3

千果榄仁 *Terminalia myriocarpa*

【**科属**】使君子科榄仁属。【**简介**】常绿乔木，高达 25 ~ 35 m。叶对生，厚纸质，叶片长椭圆形，全缘或微波状，偶具粗齿。大型圆锥花序，顶生或腋生，花极小，极多数，两性，白色。瘦果细小，极多数，有 3 翅。花期秋季，果期 10 月至次年 1 月。【**产地**】产于广西、云南和西藏。南亚、东南亚也有分布。【**观赏地点**】兰园、姜园。

毛叶桉 *Eucalyptus torelliana*

【**科属**】桃金娘科桉属。【**别名**】托里桉。【**简介**】大乔木。幼态叶对生，4 ~ 5 对，叶片卵形，盾状着生，成熟叶片薄革质，卵形，先端尖，基部圆形。圆锥花序顶生及腋生，花蕾倒卵形，花白色。蒴果球形。花期 10 月。【**产地**】产于澳大利亚东部沿海，喜生于沙质壤土。【**观赏地点**】药用植物园。

番石榴 *Psidium guajava*

【**科属**】桃金娘科番石榴属。【**简介**】乔木，高达 13 m。叶片革质，长圆形至椭圆形，先端急尖或钝，基部近于圆形。花单生或 2 ~ 3 朵排成聚伞花序，花瓣白色。浆果球形、卵圆形或梨形，果肉白色及黄色。花期春季至初夏，果期秋季。【**产地**】产于南美洲。【**观赏地点**】药用植物园、南美植物区。

1. 千果榄仁
2. 毛叶桉　3. 番石榴

假黄皮 *Clausena excavata*

【科属】芸香科黄皮属。**【别名】**过山香。**【简介】**灌木，高 1 ~ 2 m。叶具小叶 21 ~ 27 枚，幼龄植株多达 41 枚，小叶甚不对称，斜卵形，斜披针形或斜四边形，边缘波浪状。花瓣白或淡黄白色。果椭圆形。花期 4—8 月，盛果期 8—10 月。**【产地】**产于台湾、福建、广东、海南、广西和云南，生于平地至海拔 1000 m 山坡灌丛或疏林中。南亚、东南亚等地也有分布。**【观赏地点】**药用植物园、生物园。

刺果藤 *Byttneria grandifolia* (*Byttneria aspera*)

【科属】锦葵科（梧桐科）刺果藤属。**【简介】**木质大藤本。叶广卵形、心形或近圆形，顶端钝或急尖，基部心形，基生脉 5 条。花小，淡黄白色，内面略带紫红色，萼片卵形，花瓣与萼片互生。果圆球形或卵状圆球形，具短而粗的刺。花期春夏季。**【产地】**产于广东、广西和云南，生于疏林中或山谷溪旁。东南亚也有分布。**【观赏地点】**药用植物园、新石器时期遗址。

1

2

1. 假黄皮　2. 刺果藤

1

2

3

1. 雁婆麻　2. 剑叶山芝麻　3. 胖大海

雁婆麻 *Helicteres hirsuta*

【**科属**】锦葵科（梧桐科）山芝麻属。【**别名**】肖婆麻。【**简介**】灌木，高 1 ～ 3 m。叶卵形或卵状矩圆形，顶端渐尖或急尖，基部斜心形或截形，边缘具不规则锯齿。聚伞花序腋生，花瓣 5 片，红色或红紫色。成熟蒴果圆柱状，种子多数。花期 4—9 月。【**产地**】产于广东和广西，生于旷野疏林中和灌丛中。南亚、东南亚也有分布。【**观赏地点**】药用植物园。

剑叶山芝麻 *Helicteres lanceolata*

【**科属**】锦葵科（梧桐科）山芝麻属。【**别名**】大叶山芝麻。【**简介**】灌木，高 1 ~ 2 m。叶披针形或矩圆状披针形，顶端急尖或渐尖，基部钝，全缘或在近顶端具数个小锯齿。花簇生或排成长聚伞花序，花瓣 5 片，红紫色。蒴果圆筒状。花期 4—11 月。【**产地**】产于广东、广西、龙州和云南，生于山坡草地上或灌丛中。东南亚也有分布。【**观赏地点**】药用植物园。

胖大海 *Scaphium scaphigerum* (*Scaphium wallichii*)

【**科属**】锦葵科（梧桐科）胖大海属。【**简介**】落叶乔木，高可达 40 m。单叶互生，叶片革质，卵形或椭圆状披针形，全缘。圆锥花序顶生或腋生，花萼钟状，宿存，紫红色。蓇葖果。花期冬季。【**产地**】产于柬埔寨、老挝、泰国和马来西亚等地。【**观赏地点**】药用植物园。

斑果藤 *Stixis suaveolens*

【科属】木樨草科（山柑科）斑果藤属。**【别名】**罗志藤。**【简介】**木质大藤本。叶革质，形状变异甚大，多为长圆形或长圆状披针形，顶端近圆形或骤然渐尖，基部急尖至近圆形。总状花序腋生，花淡黄色，芳香。核果椭圆形。花期4—5月，果期8—10月。**【产地】**产于广东、海南和云南，生于海拔1500 m以下灌丛或疏林中。南亚、东南亚也有分布。**【观赏地点】**药用植物园。

白花丹 *Plumbago zeylanica*

【科属】白花丹科白花丹属。**【简介】**常绿半灌木，高1 ~ 3 m。叶薄，通常长卵形，先端渐尖，下部骤狭成钝或截形基部而后渐狭成柄。穗状花序通常具3 ~ 70枚花，花冠白色或微带蓝白色。蒴果长椭圆形。花期10月至次年3月，果期12月至次年4月。**【产地】**产于台湾、福建、广东、广西、贵州、云南和四川，生于阴湿或半阴处。南亚和东南亚各地也有分布。**【观赏地点】**药用植物园、热带雨林植物室。

1

2

1. 斑果藤　2. 白花丹

钩枝藤 *Ancistrocladus tectorius*

【科属】钩枝藤科钩枝藤属。**【简介】**攀缘灌木，长 4 ～ 10 m。叶常聚集于茎顶，叶片革质，长圆形、倒卵长圆形至倒披针形，先端圆或圆钝，稀急尖，基部渐窄而下延，全缘。花几朵或多数，顶生或侧生，花小，花瓣基部合生，质厚。坚果。花期 4—6 月，果期 6 月开始。**【产地】**产于海南，生于海拔 500 ～ 700 m 山坡、山谷密林中或山地森林中。中南半岛至印度也有分布。**【观赏地点】**药用植物园。

绣球 *Hydrangea macrophylla*

【科属】绣球科（虎耳草科）绣球属。**【别名】**八仙花。**【简介】**灌木，高 1 ～ 4 m。叶纸质或近革质，倒卵形或阔椭圆形，先端骤尖，具短尖头，基部钝圆或阔楔形，边缘于基部以上具粗齿。伞房状聚伞花序，花密集，多数不育，不育花萼片 4 枚，粉红色、淡蓝色或白色，孕性花极少数。蒴果。花期 6—8 月。**【产地】**产于我国中南部，野生或栽培，生于海拔 380 ～ 1700 m 山谷溪旁或山顶疏林中。日本和朝鲜也有分布。**【观赏地点】**药用植物园、高山极地植物室外。

1. 钩枝藤　2. 绣球

非洲凤仙花 *Impatiens walleriana*

【**科属**】凤仙花科凤仙花属。【**别名**】苏丹凤仙花、玻璃翠。【**简介**】多年生肉质草本，高 30 ~ 70 cm。叶互生或上部螺旋状排列，叶片宽椭圆形或卵形至长圆状椭圆形，顶端尖或渐尖，基部楔形。花大小及颜色多变化，鲜红色、深红色、粉红色、紫红色、淡紫色、蓝紫色，有时白色。蒴果纺锤形。花期 6—10 月。【**产地**】产于非洲东部。【**观赏地点**】兰园。

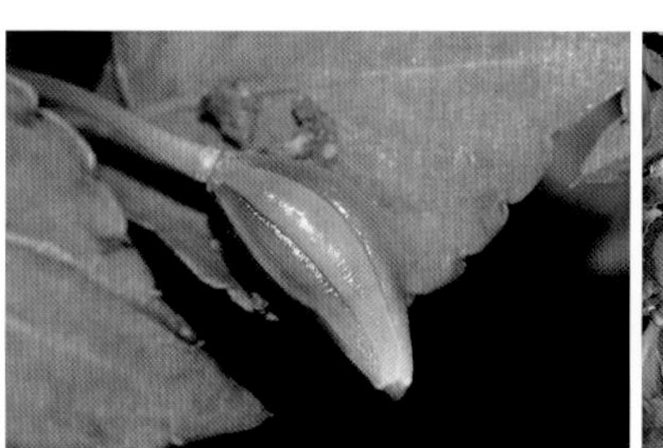

1

2

油柿 *Diospyros oleifera*

【科属】柿科柿属。**【别名】**方柿。**【简介】**落叶乔木，高达 14 m。叶纸质，长圆形、长圆状倒卵形、倒卵形，少为椭圆形，先端短渐尖，基部圆形。花雌雄异株或杂性，花冠壶形，黄色。果卵形、卵状长圆形、球形或扁球形，成熟时暗黄色。花期 4—5 月，果期 8—10 月。**【产地】**产于浙江、安徽、江西、福建、湖南、广东和广西。**【观赏地点】**药用植物园。

凹脉金花茶 *Camellia impressinervis*

【科属】山茶科山茶属。**【简介】**灌木，高 3 m。叶革质，椭圆形，先端急尖，基部阔楔形或窄而圆，侧脉与中脉在上面凹下，在下面强烈突起，边缘具细锯齿。花 1 ~ 2 朵腋生，花瓣 12 片，黄色。蒴果扁圆形。花期 1—2 月。**【产地】**产于广西，生于石灰岩山地常绿林中。**【观赏地点】**药用植物园。

水东哥 *Saurauia tristyla*

【科属】猕猴桃科水东哥属。**【简介】**灌木或小乔木，高 3 ~ 6 m，稀达 12 m。叶纸质或薄革质，倒卵状椭圆形、倒卵形、长卵形、稀阔椭圆形。花序聚伞式，花小，粉红色或白色，花瓣卵形。果球形，白色，绿色或淡黄色。花期春季至夏季，果期秋季至冬季。**【产地】**产于广西、云南、贵州和广东。印度和马来西亚也有分布。**【观赏地点】**药用植物园。

3

1. 油柿
2. 凹脉金花茶
3. 水东哥

油 柿

水东哥

1

1. 香港大沙叶
2. 鸡爪簕

香港大沙叶 *Pavetta hongkongensis*

【科属】茜草科大沙叶属。**【别名】**茜木。**【简介】**灌木或小乔木，高 1 ~ 4 m。叶对生，膜质，长圆形至椭圆状倒卵形，顶端渐尖，基部楔形。花序生于侧枝顶部，多花，花冠白色。果球形。花期 3—5 月。**【产地】**产于广东、香港、海南、广西和云南等地，生于海拔 200 ~ 1300 m 灌丛中。越南也有分布。**【观赏地点】**药用植物园。

鸡爪簕 *Oxyceros sinensis*

【科属】茜草科鸡爪簕属。**【别名】**鸡槌簕。**【简介】**具刺灌木或小乔木，有时攀缘状。叶对生，纸质，卵状椭圆形、长圆形或卵形，顶端锐短尖或短渐尖，基部楔形或稍圆形。聚伞花序，花冠白色或黄色，高脚碟状。浆果球形。花期 3 ~ 12 月，果期 5 月至次年 2 月。**【产地】**产于福建、台湾、广东、香港、广西、海南和云南，生于海拔 20 ~ 1200 m 旷野、丘陵、山地的林中、林缘或灌丛。越南和日本也有分布。**【观赏地点】**药用植物园。

2

1

2

迦太基九节 *Psychotria carthagenensis*

【**科属**】茜草科九节属。【**简介**】通常灌木，也可长成小乔木，最高可达 12 m。叶椭圆形，先端尖，基部渐狭，全缘。花小，两性，花冠管状，白色，先端 5 裂，反卷。浆果。花果期几乎全年。【**产地**】产于美洲，生于海拔 1400 m 以下干燥落叶林中。【**观赏地点**】药用植物园。

椭圆玉叶金花 *Mussaenda elliptica*

【**科属**】茜草科玉叶金花属。【**简介**】灌木，高 1 ~ 2 m。叶对生，薄纸质，椭圆形，顶端渐尖，基部圆或略渐窄。聚伞花序顶生，密花，花叶具短柄，广卵形。花冠黄色，渐向上膨大，内面上部密被黄色棒形毛。花期 5—6 月。【**产地**】我国特有，产于云南、广西、四川等地，生于海拔 660 ~ 980 m 峡谷林下及林缘。【**观赏地点**】药用植物园。

1. 迦太基九节　2. 椭圆玉叶金花

1

2

1. 球兰
2. 眼树莲

球兰 *Hoya carnosa*

【科属】夹竹桃科（萝藦科）球兰属。**【别名】**爬岩板。**【简介】**攀缘灌木，附生于树上或石上。叶对生，肉质，卵圆形至卵圆状长圆形，顶端钝，基部圆形。聚伞花序伞形状，腋生，着花约30朵，花白色，花冠辐状，副花冠星状。蓇葖线形。花期4—6月，果期7—8月。**【产地】**产于云南、广西、广东、福建、台湾等地，生于平原或山地附生于树上或石上。**【观赏地点】**兰园。

眼树莲 *Dischidia chinensis*

【科属】夹竹桃科（萝藦科）眼树莲属。**【别名】**瓜子金。**【简介】**藤本，常攀附于树上或石上，茎肉质。叶肉质，卵圆状椭圆形，顶端圆形，无短尖头，基部楔形。聚伞花序腋生，花冠黄白色，坛状，花冠喉部紧缩，副花冠裂片锚状。蓇葖披针状圆柱形。花期4—5月，果期5—6月。**【产地】**产于广东和广西，生于山地潮湿杂木林中或山谷、溪边，攀附在树上或附生石上。**【观赏地点】**兰园、稀树草坪、办公楼旁。

倒吊笔 *Wrightia pubescens*

【**科属**】夹竹桃科倒吊笔属。【**简介**】乔木，高 8 ~ 20 m。叶坚纸质，每小枝有叶片 3 ~ 6 对，长圆状披针形、卵圆形或卵状长圆形，顶端短渐尖，基部急尖至钝。聚伞花序，花冠漏斗状，白色、浅黄色或粉红色，副花冠呈流苏状。蓇葖 2 个粘生，线状披针形。花期 4—8 月，果期 8 月至次年 2 月。【**产地**】产于广东、广西、贵州和云南，散生于低海拔热带雨林中和干燥稀树林中。南亚、东南亚至澳大利亚也有分布。【**观赏地点**】药用植物园。

1

2

鸡蛋花 *Plumeria rubra* ‘Acutifolia’

【**科属**】夹竹桃科鸡蛋花属。【**别名**】缅栀子。【**简介**】落叶小乔木，高约 5 m，最高可达 8 m。叶厚纸质，长圆状倒披针形或长椭圆形，顶端短渐尖，基部狭楔形。聚伞花序顶生，花冠外面白色，花冠筒外面及裂片外面左边略带淡红色斑纹，花冠内面黄色。蓇葖双生，广歧。花期 5—10 月，极少结果。【**产地**】原种产于墨西哥。【**观赏地点**】药用植物园、园林树木区。

同属植物

钝叶鸡蛋花 *Plumeria obtusa*

树高 5 m。小枝淡绿色，肉质。叶片倒卵形，先端圆钝，基部楔形，深绿色，具光泽。聚伞花序顶生，花冠白色，基部黄色，花瓣先端圆。蓇葖双生，广歧。花期春季至秋季，极少结果。产于加勒比群岛。（观赏地点：药用植物园）

3

四叶罗芙木 *Rauvolfia tetraphylla*

【**科属**】夹竹桃科萝芙木属。【**别名**】异叶萝芙木。【**简介**】灌木，高达 1.5 m。4 叶轮生，很少 3 叶或 5 叶，大小不等，卵圆形，卵状椭圆形，或为长圆形，急尖或钝头，基部圆形或阔楔形。花序顶生或腋生，花冠坛状，白色。果实球形或近球形。花期 5 月，果期 5—8 月。【**产地**】产于南美洲。【**观赏地点**】药用植物园。

1. 鸡蛋花　2. 钝叶鸡蛋花　3. 四叶罗芙木

1. 光叶丁公藤
2. 大花木曼陀罗

1

2

光叶丁公藤 *Erycibe schmidtii*

【科属】旋花科丁公藤属。【简介】高大攀缘灌木。叶革质，卵状椭圆形或长圆状椭圆形，顶端骤然渐尖，基部宽楔形或稍钝圆。聚伞花序成圆锥状，腋生和顶生，花冠白色，芳香。浆果球形。花期4—5 月。【产地】产于云南、广西和广东，生于海拔 250 ~ 1200 m 山谷密林或疏林中。【观赏地点】药用植物园。

大花木曼陀罗 *Brugmansia suaveolens* (*Datura suaveolens*)

【科属】茄科木曼陀罗属（曼陀罗属）。【简介】常绿灌木，高 3 ~ 5 m，通常多分枝。叶丛生枝端，卵形，先端尖，基部楔形。花顶生，喇叭状，下垂或近水平，花冠白色。花期不定，温度适宜全年开花。【产地】产于南美洲。【观赏地点】药用植物园、园林树木区。

黄花夜香树

毛茎夜香树

1. 黄花夜香树
2. 毛茎夜香树
3. 夜香树

1　　2

3

黄花夜香树 *Cestrum aurantiacum*

【**科属**】茄科夜香树属。【**别名**】黄瓶子花、黄花洋素馨。【**简介**】灌木。叶卵形或椭圆形，上面深绿色，下面淡绿，顶端急尖，基部近圆形或阔楔形，全缘。总状式聚伞花序，顶生或腋生，花萼钟状，花冠筒状漏斗形，金黄色，筒在基部紧缩，裂片开展或向外反折。浆果梨状。花期几乎全年。【**产地**】产于南美洲。【**观赏地点**】药用植物园。

同属植物

毛茎夜香树 *Cestrum elegans*

又名瓶儿花、紫瓶子花。灌木，高达 3.5 m。叶卵形或椭圆形，先端尖，基部近圆形。圆锥花序，顶生或腋生。花冠红色、粉红色或紫色，喉部急缩，裂片三角形。浆果球形。花期冬季至春季。产于墨西哥。（观赏地点：药用植物园、棕榈园）

夜香树 *Cestrum nocturnum*

又名洋素馨。直立或近攀缘状灌木，高 2 ~ 3 m。叶矩圆状卵形或矩圆状披针形，全缘，顶端渐尖，基部近圆形或宽楔形。伞房式聚伞花序，腋生或顶生，花绿白色至黄绿色，晚间极香。浆果。花期几乎全年。产于南美洲。（观赏地点：药用植物园）

苦槛蓝 *Pentacoelium bontioides* (*Myoporum bontioides*)

【科属】玄参科（苦槛蓝科）苦槛蓝属（海茵芋属）。**【简介】**常绿灌木，高 1 ~ 2 m。叶互生，叶片软革质，狭椭圆形、椭圆形至倒披针状椭圆形，先端急尖或短渐尖，边缘全缘，基部渐狭。聚伞花序或单花，花冠漏斗状钟形，白色，具紫色斑点。核果。花果期不定。**【产地】**产于浙江、福建、台湾、广东、香港、广西和海南，生于海滨潮汐带以上沙地或多石地灌丛中。日本和越南也有分布。**【观赏地点】**药用植物园。

醉鱼草 *Buddleja lindleyana*

【科属】玄参科（醉鱼草科）醉鱼草属。【别名】毒鱼草。【简介】灌木，高1～3 m。叶对生，萌芽枝条上叶为互生或近轮生，叶片膜质，卵形、椭圆形至长圆状披针形，顶端渐尖，基部宽楔形至圆形。穗状聚伞花序顶生，花紫色，芳香。蒴果。花期4—10月，果期8月至次年4月。【产地】产于江苏、安徽、浙江、江西、福建、湖北、湖南、广东、广西、四川、贵州和云南等地。生于海拔200～2700 m山地路旁、河边灌丛中或林缘。【观赏地点】药用植物园。

1

鸭嘴花 *Justicia adhatoda* (*Adhatoda vasica*)

【科属】爵床科爵床属（鸭嘴花属）。【别名】野靛叶。【简介】大灌木，高1～3 m。叶纸质，矩圆状披针形至披针形，或卵形或椭圆状卵形，顶端渐尖，基部阔楔形，全缘。穗状花序，花冠白色，具紫色条纹或粉红色。蒴果。花期冬至春季。【产地】产于亚洲东南部。【观赏地点】药用植物园。

2

板蓝 *Strobilanthes cusia*

【科属】爵床科马蓝属。【别名】南板蓝。【简介】多年生草本，高0.3～1 m。叶对生，纸质，卵形、椭圆形，顶端短渐尖，基部楔形，边缘具稍粗锯齿。穗状花序，花冠漏斗状，淡紫色。蒴果。花期11月至次年1月。【产地】产于广东、海南、香港、台湾、广西、云南、贵州、四川、福建和浙江，常生于潮湿地方。南亚、东南亚也有分布。【观赏地点】药用植物园、山茶园。

3

1. 醉鱼草　2. 鸭嘴花　3. 板蓝

1

2

3

4

1. 臭牡丹　2. 重瓣臭茉莉　3. 臭茉莉　4. 光泽锥花

臭牡丹 *Clerodendrum bungei*

【**科属**】唇形科（马鞭草科）大青属。【**别名**】大红袍。【**简介**】灌木，高 1 ~ 2 m。叶片纸质，宽卵形或卵形，顶端尖或渐尖，基部宽楔形、截形或心形，边缘具粗或细锯齿。伞房状聚伞花序顶生，密集，花萼钟状，花冠淡红色、红色或紫红色。核果近球形，成熟时蓝黑色。花果期 5—11 月。【**产地**】产于我国大部分地区，生于海拔 2500 m 以下山坡、林缘、沟谷、路旁、灌丛润湿处。南亚、东南亚也有分布。【**观赏地点**】药用植物园。

同属植物

重瓣臭茉莉 *Clerodendrum chinense* (*Clerodendrum philippinum*)

灌木，高 50 ~ 120 cm。叶片宽卵形或近于心形，顶端渐尖，基部截形，宽楔形或浅心形，边缘疏生粗齿。伞房状聚伞花序紧密，顶生，花萼钟状，花冠红色、淡红色或白色，具香味，花冠管短，雄蕊常变成花瓣而使花成重瓣。花期春季至夏季。产于福建、台湾、广东、广西和云南。多栽培，变种有臭茉莉 var. simplex，花单瓣。产于云南、广西和贵州，生于海拔 650 ~ 1500 m 林中或溪边。（观赏地点：药用植物园）

光泽锥花 *Gomphostemma lucidum*

【**科属**】唇形科锥花属。【**简介**】草本或小灌木，茎高至 1.5 m。叶长圆形，倒卵状椭圆形至倒披针形，先端渐尖至钝，基部楔形或钝，边缘具粗齿或不明显细齿。聚伞花序腋生，多花，花冠白色至浅黄色。小坚果白色。花期 4—7 月或延至 10 月到次年 1 月。【**产地**】产于广东、广西和云南，生于海拔 140 ~ 1100 m 沟谷密林中。南亚、东南亚也有分布。【**观赏地点**】药用植物园。

同属植物

小齿锥花 *Gomphostemma microdon*

直立草本，茎高约1 m。叶长圆形至椭圆形，先端微偏斜，急尖或钝，基部急尖至楔形，边缘具浅齿。穗状圆锥花序，花冠浅紫至淡黄色，冠檐2唇形。小坚果扁长圆形。花果期8—12月。产云南，生于海拔640～1300 m沟谷或平地的热带雨林下。老挝也有分布。（观赏地点：药用植物园）

1

毛冬青 *Ilex pubescens*

【科属】冬青科冬青属。**【别名】**茶叶冬青。**【简介】**常绿灌木或小乔木，高3～4 m。叶生于1～2年生枝上，叶片纸质或膜质，椭圆形或长卵形，先端急尖或短渐尖，基部钝，边缘具疏而尖的细锯齿或近全缘。花序簇生，粉红色，花冠辐状。果球形，成熟后红色。花期4—5月，果期8—11月。**【产地】**产于安徽、浙江、江西、福建、台湾、湖南、广东、海南、香港、广西和贵州，生于海拔60～1 000 m山坡常绿阔叶林中或林缘、灌丛中及溪旁、路边。**【观赏地点】**药用植物园。

2

马醉草 *Hippobroma longiflora*

【科属】桔梗科马醉草属。**【别名】**同瓣草。**【简介】**多年生草本，茎直立，株高9～35 cm。叶倒披针形或椭圆形，无毛或疏生柔毛，基部渐狭，先端急尖或渐尖。花冠白色，全裂，裂片椭圆形、狭椭圆形或线形。蒴果。花期夏季。**【产地】**产于牙买加。**【观赏地点】**药用植物园。

3

1. 小齿锥花　2. 毛冬青　3. 马醉草

水生植物园及新石器时期遗址

水生植物园

植物不仅生长在陆地，在广袤的水域里，它们同样拓展着自己的生存空间，有着各种各样不同的生活方式。有的漂浮在水面，如娇羞的睡莲；有的亭亭玉立，如“出淤泥而不染，濯清涟而不妖”的荷花；有的随波逐流，却同样有着或夺目或精巧的花朵；有的终生藏在水面之下，安详而与世无争。新石器时期遗址（广州第一村）源于20世纪50年代的考古发现，早在2200—4000年前已有先民在此刀耕火种，因此被认为是孕育广州人老祖宗的“发祥地”，再现了南粤先民与周边环境的和谐共生，并体现了当时人类利用乡土植物的文化传统。

水生植物园占地面积15亩，现收集保存了约100种观赏植物，包括浮叶植物、浮水植物、沉水植物、挺水植物等，“明星植物”主要有天蓝凤眼莲、水车前、高葶雨久花、巴戈草和金银莲花等。新石器时期遗址占地近200亩，两侧山坡通过模拟自然森林群落结构配置乡土植物，展示了广州地区南亚热带季风常绿阔叶林的典型群落类型。在此区域，可见到长柱山丹、红花荷、大果油麻藤、红光树等有特色的植物。

新石器时期遗址

新石器时期遗址

日本萍蓬草 *Nuphar japonica*

【科属】睡莲科萍蓬草属。【别名】日本荷根。【简介】多年水生草本。叶近革质，椭圆形，基部弯缺占叶片 1/4 ~ 1/3，裂片开展，下面无毛或具柔毛。萼片宽卵形至圆形，花瓣条形，柱头盘 5 ~ 25 裂，不达到柱头边缘。浆果。花期 7—8 月，果期 9—10 月。【产地】产于日本和韩国。【观赏地点】水生植物园。

巨叶睡莲 *Nymphaea gigantea*

【科属】睡莲科睡莲属。【别名】澳洲巨花睡莲。【简介】多年生水生草本。叶圆形，直径可达 75 cm，绿色，基部具弯缺，边缘具齿。花大，花初期淡紫色，后变为淡蓝色，再后几乎为白色，直径可达 25 cm。浆果。花期冬季至次年早春。【产地】产于澳大利亚和新几内亚。【观赏地点】水生植物园。

1

2

1. 日本萍蓬草　2. 巨叶睡莲

1

2

1. 三白草　2. 红光树

三白草 *Saururus chinensis*

【科属】三白草科三白草属。【别名】塘边藕。【简介】湿生草本，高约 1 m。叶纸质，阔卵形至卵状披针形，顶端短尖或渐尖，基部心形或斜心形，茎顶端 2 ~ 3 片花期常为白色，呈花瓣状。花序白色，苞片近匙形。果近球形。花期 4—6 月。【产地】产于河北、山东、河南和长江流域及其以南各地，生于低湿沟边，塘边或溪旁。日本、菲律宾至越南也有分布。【观赏地点】水生植物园。

红光树 *Knema tenuinervia*

【科属】肉豆蔻科红光树属。【简介】常绿乔木，树高 25 m。叶片宽披针形或长圆状披针形，很少倒披针形，近革质，基部心形或圆形，先端渐尖或长渐尖，尖端通常钝，侧脉 24 ~ 35 对。雄花序粗壮，花被裂片 3 片或 4 片，雌花无梗或具极短的梗。果椭圆形或卵球形。花期 12 月至次年 3 月，果期 7—9 月。【产地】产于云南，生于 500 ~ 1000 m 潮湿茂密的森林或沟壑中。印度、老挝、尼泊尔和泰国也有分布。【观赏地点】新石器时期遗址旁路边。

1

龟背竹 *Monstera deliciosa*

【科属】天南星科龟背竹属。【简介】攀缘灌木。叶片大，轮廓心状卵形，厚革质，表面发亮，淡绿色，背面绿白色，边缘羽状分裂，侧脉间具 1 ~ 2 个较大的空洞。佛焰苞舟状，先端具喙，苍白带黄色。肉穗花序近圆柱形，淡黄色。浆果淡黄色。花期 8—9 月，果期于次年花期之后。【产地】产于墨西哥。【观赏地点】新石器时期遗址、热带雨林植物室、木本花卉区。

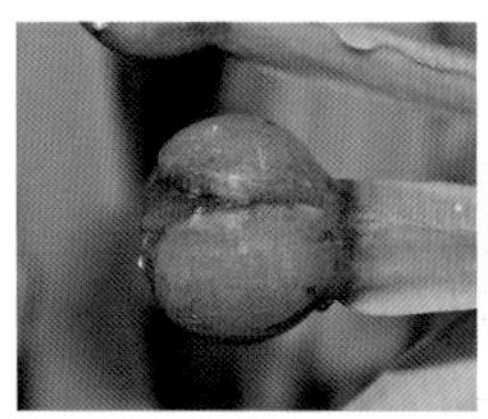 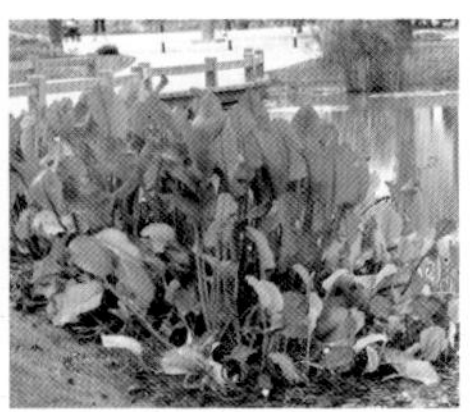

2

黄花蔺 *Limnocharis flava*

【科属】泽泻科（黄花蔺科）黄花蔺属。【简介】水生草本。叶丛生，挺出水面，叶片卵形至近圆形，先端圆形或微凹，基部钝圆或浅心形。花葶基部稍扁，伞形花序具花 2 ~ 15 朵，苞片绿色，内轮花瓣状花被片淡黄色。果圆锥形。花期 3—4 月。【产地】产于云南和广东，生于海拔达 600 ~ 700 m 沼泽地或浅水中。南亚、东南亚和美洲也有分布。【观赏地点】水生植物园。

3

1. 龟背竹　2—3. 黄花蔺

1

2

水金英 *Hydrocleys nymphoides*

【科属】泽泻科（黄花蔺科）水金英属。【别名】水罂粟。【简介】多年生浮水草本，株高 5 cm。叶簇生于茎上，叶片呈卵形至近圆形，具长柄，顶端圆钝，基部心形，全缘。伞形花序，小花具长柄，花瓣 3 片，上面黄色，下面深黄色。蒴果披针形。花期 6—9 月。【产地】产于中南美洲。【观赏地点】水生植物园、温室群景区水面。

‘红鞘’泽泻慈姑 *Sagittaria lancifolia* ‘Ruminoides’

【科属】泽泻科慈姑属。【简介】多年生草本，株高 0.5 ~ 1.5 m，具块茎。叶变化较大，披针形、狭椭圆形，沉水叶条形，叶鞘红色。总状花序，多轮，每轮 3 数，花 2 性，雄花生于上部，花被片 6 片，外轮绿色，内轮花瓣状，白色。瘦果。花果期春季至夏季。【产地】园艺种。原种产于北美洲，生于沼泽、湖泊和溪流沿岸。【观赏地点】水生植物园。

1. 水金英　2. ‘红鞘’泽泻慈姑

1

2

皇冠草 *Echinodorus grisebachii*

【科属】泽泻科肋果慈姑属。**【简介】**多年生草本，株高 40 ~ 60 cm。叶基生，长椭圆形或带状，长可达 60 cm，先端尖，基部楔形，叶柄长。花白色。花期几乎全年。**【产地】**产于中南美洲。**【观赏地点】**水生植物园。

同属植物

大叶皇冠草 *Echinodorus macrophyllus*

多年生水生草本，株高 30 ~ 70 cm。叶基生，叶卵圆形，先端钝尖，基部近心形。全缘，基出脉，叶长 20 ~ 30 cm。花葶高 0.6 ~ 1 m，常弯垂。花白色。花期几乎全年。产于巴西。（观赏地点：水生植物园）

1. 皇冠草 2. 大叶皇冠草

水车前 *Ottelia alismoides*

【科属】水鳖科水车前属。【别名】龙舌草。【简介】沉水草本。叶基生，叶片因生境不同而形态各异，多为广卵形、卵状椭圆形、近圆形或心形，全缘或具细齿。两性花，偶见单性花，佛焰苞椭圆形至卵形，花瓣白色、淡紫色或浅蓝色。种子多数，纺锤形。花期几乎全年。【产地】产于我国大部分地区，常生于湖泊、沟渠、水塘、水田以及积水洼地。广布于非洲东北部、亚洲东部及东南部至澳大利亚热带地区。【观赏地点】水生植物园。

1

路易斯安那鸢尾 *Iris × louisiana*

【科属】鸢尾科鸢尾属。【简介】多年生水生草本，株高近1 m。叶基生，相互套迭，排成2列，叶剑形，顶端渐尖。花茎自叶丛中抽出，伸出地面，花大，蓝紫色、紫色、红紫色、白色等。蒴果。花期3—5月，果期夏秋季。【产地】园艺种。【观赏地点】水生植物园、药用植物园。

2

1. 水车前　2. 路易斯安那鸢尾

天蓝凤眼莲

天蓝凤眼莲 *Eichhornia azurea*

【科属】雨久花科凤眼莲属。【简介】多年生浮水草本。节上生根，茎细长，斜伸至水面。叶柄极长，叶片宽卵形，全缘，厚革质。花序顶生，花被漏斗状，淡蓝紫色，顶端撕裂流苏状，基部深蓝紫色，裂片具1个黄色斑点。花期夏季至秋季。蒴果。【产地】产于美洲。【观赏地点】水生植物园。

梭鱼草 *Pontederia cordata*

【科属】雨久花科梭鱼草属。【别名】海寿花。【简介】多年生挺水草本，株高20 ~ 80 cm。基生叶广卵圆状心形，顶端急尖或渐尖，基部心形，全缘。由10余朵花组成总状花序，顶生，花蓝色。栽培的品种有‘白花’梭鱼草‘Alba’。蒴果。花果期7—10月。【产地】产于北美洲。【观赏地点】水生植物园、木本花卉区。

1

2 3

4

1. 天蓝凤眼莲 2.‘白花’梭鱼草 3—4. 梭鱼草

高葶雨久花 *Monochoria elata*

【科属】雨久花科雨久花属。【简介】多年生水生草本。叶基生，箭形，先端渐尖，全缘。花茎直立，高可达 2 m，总状花序，着花 20 ~ 110 朵，花被片紫蓝色，花药黄色。蒴果长圆形。花期秋季，果期次年 3 月。【产地】产于中国南部，生于稻田、沟渠及池塘中。马来西亚、缅甸和泰国也有分布。【观赏地点】水生植物园。

同属植物

雨久花 *Monochoria korsakowii*

直立水生草本。茎直立，高 30 ~ 70 cm。叶基生和茎生，基生叶宽卵状心形，顶端急尖或渐尖，基部心形，全缘。总状花序顶生，有时再聚成圆锥花序，花 10 余朵，花被片蓝色。蒴果。花期 7—8 月，果期 9—10 月。产于我国东北、华北、华中、华东和华南，生于池塘、湖沼靠岸的浅水处和稻田中。朝鲜、日本和俄罗斯也有分布。（观赏地点：水生植物园）

粉美人蕉 *Canna glauca*

【科属】美人蕉科美人蕉属。【简介】根茎延长，株高 1.5 ~ 2 m。叶片披针形，顶端急尖，基部渐狭，绿色，被白粉。总状花序疏花，花黄色，无斑点，花冠裂片线状披针形，外轮退化雄蕊 3 枚，倒卵状长圆形，唇瓣狭。蒴果。花期夏季至秋季。【产地】产于南美洲和西印度群岛。【观赏地点】水生植物园、温室群景区水面。

1. 高葶雨久花　2. 雨久花　3. 粉美人蕉

水竹芋 *Thalia dealbata*

【**科属**】竹芋科水竹芋属。【**别名**】再力花。【**简介**】多年生常绿草本，株高 1 ~ 2 m。叶灰绿色，长卵形或披针形，先端尖，基部圆形，全缘，叶柄极长，近叶基部暗红色。穗状圆锥花序，苞片紫灰色，小花多数，花紫红色。花期夏季。【**产地**】产于墨西哥和美国东南部地区。【**观赏地点**】水生植物园。

同属植物

垂花水竹芋 *Thalia geniculata*

多年生挺水，株高 1 ~ 2 m，地下具根茎。叶鞘绿色，叶片长卵圆形，先端尖，基部圆形，全缘，叶脉明显。花茎可达 3 m，直立，花序细长，弯垂，花不断开放，花梗呈之字形。花冠粉紫色，先端白色。蒴果。花期夏秋季。产于非洲热带地区。园艺种栽培的品种有‘红鞘’垂花水竹芋 ‘Ruminoides’，与原种主要区别为叶鞘红色。（观赏地点：水生植物园）

红花荷 *Rhodoleia championii*

【科属】金缕梅科红花荷属。**【别名】**红苞木。**【简介】**常绿乔木，高 12 m。叶厚革质，卵形，先端钝或略尖，基部阔楔形。头状花序，常弯垂，花瓣匙形，红色。头状果序具蒴果 5 个，蒴果卵圆形。花期 1—4 月。**【产地】**产于广东和香港，生于山地林中。**【观赏地点】**新石器时期遗址。

1

2

3

1. 垂花水竹芋　2.‘红鞘’垂花水竹芋　3. 红花荷

垂花水竹芋

1

美丽决明 *Cassia spectabilis*

【**科属**】豆科腊肠树属（决明属）。【**简介**】常绿小乔木，高约5 m。叶互生，具小叶6～15对，小叶对生，椭圆形或长圆状披针形，顶端短渐尖，基部阔楔形或稍带圆形。花组成顶生的圆锥花序或腋生的总状花序，花瓣黄色。荚果。花期秋季至次年春季。【**产地**】产于美洲热带地区。【**观赏地点**】新石器时期遗址。

2

牛蹄麻 *Bauhinia khasiana*

【**科属**】豆科羊蹄甲属。【**别名**】侯氏羊蹄甲。【**简介**】木质藤本。叶纸质至近革质，广卵形至心形，有时近圆形，先端2裂，裂片渐尖，罅口狭窄，有时两裂片内侧彼此覆叠，基部阔心形或近截形。伞房花序顶生，花瓣红色，能育雄蕊3枚，退化雄蕊3枚。荚果长圆状披针形，扁平。花期7—10月，果期9—12月。【**产地**】产于海南，生于混交密林中。印度和越南也有分布。【**观赏地点**】新石器时期遗址。

1. 美丽决明　2. 牛蹄麻

牛蹄麻

大果油麻藤 *Mucuna macrocarpa*

【**科属**】豆科油麻藤属。【**简介**】大型木质藤本。羽状复叶具3小叶，小叶纸质或革质，顶生小叶椭圆形、卵状椭圆形、卵形或稍倒卵形，先端急尖或圆，基部圆或稍微楔形，侧生小叶极偏斜。花序通常生在老茎上，花冠暗紫色，但旗瓣带绿白色。果木质，带形。花期4—5月，果期6—7月。【**产地**】产于云南、贵州、广东、海南、广西和台湾，生于海拔800～2500m山地或河边常绿或落叶林中。东南亚和日本也有分布。【**观赏地点**】新石器时期遗址、飞鹅一桥、园林树木区。

1

假鹊肾树 *Streblus indicus*

【**科属**】桑科鹊肾树属。【**简介**】无刺乔木，高可达15m。叶革质，排为2列，椭圆状披针形，幼树之叶狭椭圆状披针形，全缘。花雌雄同株或同序，雄花为腋生蝎尾形聚伞花序，花白色微红，雌花单生叶腋或生于雄花序上。核果球形。花期10—12月，其他季节偶见花。【**产地**】产于广东、海南、广西和云南，生于海拔650～1400m山地林中或阴湿地区。印度和泰国也有分布。【**观赏地点**】新石器时期遗址。

2

1. 大果油麻藤
2. 假鹊肾树

1

黄毛榕 *Ficus esquiroliana*

【科属】桑科榕属。**【简介】**小乔木或灌木，高 4 ~ 10 m。叶纸质，广卵形，两面具糙伏长毛，先端 3 裂或不分裂。榕果腋生，圆锥状椭圆形，被褐长毛。花期 5—7 月，果期 7—10 月。**【产地】**产于我国西南及华南。越南、老挝和泰国北部也有分布。**【观赏地点】**新石器时期遗址。

枫杨 *Pterocarya stenoptera*

【科属】胡桃科枫杨属。**【别名】**麻柳。**【简介】**大乔木，高达 30 m。叶多为偶数或稀奇数羽状复叶，小叶对生或近对生，长椭圆形至长椭圆状披针形，顶端常钝圆或稀急尖，基部歪斜。雄花常具 1（稀 2 或 3）枚发育的花被片，雌花几乎无梗。果序长 20 ~ 45 cm，果实长椭圆形。花期 4—5 月，果熟期 8—9 月。**【产地】**产于我国中南部各地，生于海拔 1500 m 以下沿溪涧河滩、阴湿山坡地的林中。**【观赏地点】**新石器时期遗址。

2

1. 黄毛榕　2. 枫杨

水石榕 *Elaeocarpus hainanensis*

【科属】杜英科杜英属。【别名】海南胆八树。【简介】小乔木。叶革质，狭窄倒披针形，先端尖，基部楔形，边缘密生小钝齿。总状花序具花 2 ~ 6 朵，花较大，花瓣白色，先端撕裂，裂片 30 条。核果纺锤形，两端尖。花期 6—7 月，果期秋季。【产地】产于海南、广西和云南，喜生于低湿处及山谷水边。越南和泰国也有分布。【观赏地点】水生植物园、生物园。

紫背桂 *Excoecaria cochinchinensis*

【科属】大戟科海漆属。【别名】红背桂。【简介】常绿灌木，高达 1 m。叶对生，稀兼具互生或近 3 片轮生，纸质，叶片狭椭圆形或长圆形，顶端长渐尖，基部渐狭，边缘具疏细齿。花单性，雌雄异株，聚集成腋生或稀兼具顶生的总状花序，萼片 3 枚。蒴果球形。花期几乎全年。【产地】产于广西，生于丘陵灌丛中。亚洲东南部各地也有分布。【观赏地点】新石器时期遗址。

1. 水石榕　2. 紫背桂

圆叶节节菜 *Rotala rotundifolia*

【**科属**】千屈菜科节节菜属。【**别名**】过塘蛇。【**简介**】一年生草本，根茎细长，匍匐地上，高 5 ～ 30 cm。叶对生，圆形、阔倒卵形或阔椭圆形，顶端圆形，基部钝形。花单生组成顶生稠密穗状花序，花极小，花瓣 4 片，淡紫红色。蒴果椭圆形。花果期 12 月至次年 6 月。【**产地**】产于广东、广西、福建、台湾、浙江、江西、湖南、湖北、四川、贵州和云南等地，生于水田或潮湿的地方。南亚、东南亚和日本也有分布。【**观赏地点**】水生植物园。

圆叶节节菜

1

串钱柳 *Callistemon viminalis*

【科属】桃金娘科红千层属。【别名】垂枝红千层。【简介】常绿大灌木或小乔木，株高 2 ~ 5 m。枝条柔软下垂，叶狭线形，柔软，细长如柳，嫩叶绿色，叶片内具透明腺点。穗状花序顶生，花两性，花丝红色，下垂。蒴果。花期 3—9 月。【产地】产于澳大利亚。【观赏地点】新石器时期遗址。

2

金蒲桃 *Xanthostemon chrysanthus*

【科属】桃金娘科金缨木属。【别名】黄金蒲桃、澳洲黄花树。【简介】常绿灌木或乔木，株高 5 ~ 10 m。叶革质，宽披针、披针形或倒披针形，对生、互生或簇生枝顶，叶色暗绿色，具光泽，全缘，新叶带有红色。聚伞花序密集呈球状，花色金黄色。蒴果。几乎全年有花，盛花期秋季至春季。【产地】产于澳大利亚昆西士兰州热带雨林中。【观赏地点】水生植物园、温室群景区外、澳洲植物园。

3

1—2. 串钱柳　3. 金蒲桃

1

2

3

蒲桃 *Syzygium jambos*

【科属】桃金娘科蒲桃属。【简介】乔木，高 10 m。叶片革质，披针形或长圆形，先端长渐尖，基部阔楔形。聚伞花序顶生，具花数朵，花白色。果实球形，果皮肉质，成熟时黄色，有油腺点。花期3—4 月，果实 5—6 月成熟。【产地】产于台湾、福建、广东、广西、贵州和云南等地，喜生于河边及河谷湿地。东南亚等地也有分布。【观赏地点】新石器时期遗址、中心大草坪。

同属植物

肖蒲桃 *Syzygium acuminatissimum* (*Acmena acuminatissima*)

桃金娘科蒲桃属（肖蒲桃属）。乔木，高 20 m。叶片革质，卵状披针形或狭披针形，先端尾状渐尖，基部阔楔形。聚伞花序排成圆锥花序，顶生，花 3 朵聚生，花瓣小，白色。浆果球形，成熟时黑紫色。花期 7—10 月，果熟期冬季。产于广东和广西等地，生于低海拔至中海拔林中。东南亚也有分布。（观赏地点：水生植物园、西门停车场）

钟花蒲桃 *Syzygium myrtifolium*

常绿小乔木，高达 20 m，栽培条件下通常高 3 ～ 5 m。叶椭圆形至狭椭圆形，新叶亮红色至橘红色，渐变为粉红色，成叶深绿色。圆锥花序多花，花白色。果实球形。花期4—5 月。产于东南亚。（观赏地点：新石器时期遗址、热带雨林植物室、稀树草坪）

1. 蒲桃　2. 肖蒲桃　3. 钟花蒲桃

水翁蒲桃 *Syzygium nervosum* (*Cleistocalyx operculatus*)

桃金娘科蒲桃属（水翁属）。乔木，高 15 m。叶片薄革质，长圆形至椭圆形，先端急尖或渐尖，基部阔楔形或略圆。圆锥花序，花 2 ~ 3 朵簇生。浆果阔卵圆形，成熟时紫黑色。花期 5—6 月，果期秋季。产于广东、广西和云南，喜生于水边。南亚、东南亚至大洋洲也有分布。（观赏地点：水生植物园第一村路）

垂悬铃花 *Malvaviscus penduliflorus*

【科属】锦葵科悬铃花属。**【别名】**常绿灌木，高达 2 m。叶披针形至狭卵形，边缘具钝齿，两面无毛或脉上具星状柔毛。花单生于上部叶腋，悬垂，花冠筒状，仅上部略开展，鲜红色。全年开花，很少结果。栽培的品种有‘玫红’垂悬铃花 ‘Rosea’。**【产地】**原产地不详，可能为墨西哥。**【观赏地点】**新石器时期遗址、生物园。

1. 水翁蒲桃　2. 垂悬铃花

‘玫红’垂悬铃花

海葡萄 *Coccoloba uvifera*

【科属】蓼科海葡萄属。【别名】树蓼。【产地】灌木或小乔木，高约2m，偶达6 ~ 8m。单叶互生，叶片阔心形、肾形或近圆形，先端钝或微凹，全缘，新叶红色。总状花序常，花白色，花被片5片。浆果状瘦果球形。花期5—6月，果期夏秋季。【产地】产于西印度群岛。【观赏地点】水生植物园

1

龙船花 *Ixora chinensis*

【科属】茜草科龙船花属。【别名】山丹。【简介】灌木，高0.8 ~ 2m。叶对生，有时由于节间距离极短几成4枚轮生，披针形、长圆状披针形至长圆状倒披针形。花序顶生，多花，花冠红色或红黄色。果近球形，双生，成熟时红黑色。花期5—7月，果期秋冬季。【产地】产于福建、广东、香港和广西，生于海拔200 ~ 800m山地灌丛中和疏林下。东南亚等地也有分布。【观赏地点】新石器时期遗址、木本花卉区。

2

3

1. 海葡萄　2—3. 龙船花

1

2

3

1. 长柱山丹　2. 狗牙花　3. 软枝黄蝉

长柱山丹 *Duperrea pavettifolia*

【科属】茜草科长柱山丹属。**【简介】**直立灌木至小乔木，高 1.5 ~ 6 m。叶长圆状椭圆形或长圆状披针形或倒披针形，顶端渐尖或短渐尖，基部阔楔形。花序密被锈色短粗毛，花冠白色，外面密被锈色、紧贴短粗毛。浆果扁球形。花期 4—6 月。**【产地】**产于海南、广西和云南等地，生于中海拔或低海拔杂木林内。东南亚也有分布。**【观赏地点】**新石器时期遗址第一村路路边。

狗牙花 *Tabernaemontana divaricate* 'Gouyahua' (*Ervatamia divaricate* 'Gouyahua')

【科属】夹竹桃科山辣椒属（狗牙花属）。**【别名】**白狗牙、豆腐花。**【简介】**灌木，通常高达 3 m。叶坚纸质，椭圆形或椭圆状长圆形，短渐尖，基部楔形。聚伞花序腋生，通常双生，着花 6 ~ 10 朵，花冠白色，重瓣。花期 6—11 月。**【产地】**园艺种。**【观赏地点】**新石器时期遗址。

软枝黄蝉 *Allamanda cathartica*

【科属】夹竹桃科黄蝉属。**【简介】**藤状灌木，长达 4 m。叶纸质，通常 3 ~ 4 枚轮生，有时对生或在枝的上部互生，全缘，倒卵形或倒卵状披针形，端部短尖，基部楔形。聚伞花序，花冠橙黄色，内面具红褐色脉纹。种子扁平。花期春夏季，果期冬季。**【产地】**产于巴西。**【观赏地点】**新石器时期遗址。

1. 巴戈草
2. 假马齿苋

1

2

巴戈草 *Bacopa carolineana*

【科属】车前科（玄参科）假马齿苋属。**【别名】**卡罗来纳过长沙。**【简介】**多年生湿生草本，匍匐，节上生根，株高 10 ~ 20 cm。叶略肉质，对生，无柄，叶卵圆形，先端圆，基部抱茎，茎上及叶片基部具白色棉毛。花小，单生于顶部叶腋，不明显 2 唇形。蒴果。花期夏季至秋季。**【产地】**产于美国南部。**【观赏地点】**新石器时期遗址、水生植物园。

同属植物

假马齿苋 *Bacopa monnieri*

匍匐草本，多少肉质。叶无柄，矩圆状倒披针形，顶端圆钝，极少有齿。花单生叶腋，花冠蓝色、紫色或白色，不明显 2 唇形，上唇 2 裂。蒴果长卵状。花期 5—10 月。产于台湾、福建、广东和云南，生于水边、湿地及沙滩。热带广布。（观赏地点：水生植物园、孑遗植物区水边）

大石龙尾 *Limnophila aquatica*

【科属】车前科（玄参科）石龙尾属。【别名】大宝塔。【简介】多年生草本，株高 30 ~ 50 cm。叶分为沉水叶和气生叶，沉水叶轮生，羽状开裂至毛发状多裂，气生叶轮生，长椭圆形，先端尖，基部抱茎，叶边缘具细齿。总状花序，花冠筒状，5 裂，花瓣具毛，具蓝色斑块。蒴果。花期秋季，其他季节也可少量见花。【产地】产于斯里兰卡和印度。【观赏地点】水生植物园。

八角筋 *Acanthus montanus*

【科属】爵床科老鼠簕属。【别名】山叶蓟。【简介】多年生湿生植物，株高可达 1.8 m。叶对生，羽状深裂，叶脉处近白色，裂片前端具尖刺。穗状花序顶生，花淡粉红色，2 唇形，上唇极小，下唇大，3 裂。蒴果。花期早春至夏初。【产地】产于非洲西部热带地区。【观赏地点】水生植物园、露兜园、蒲葵路旁和园。

1. 大石龙尾　2. 八角筋

1

2

异叶水蓑衣 *Hygrophila difformis*

【**科属**】爵床科水蓑衣属。【**别名**】水罗兰。【**简介**】多年生湿生草本，茎匍匐，株高 20 ~ 40 cm，茎被短绒毛，淡紫色。叶对生，卵圆形，先端尖，基部楔形，具深锯齿，叶面被短绒毛。花小，腋生，花冠蓝色，蒴果。花期冬季。【**产地**】产于印度、孟加拉国、不丹和尼泊尔。【**观赏地点**】水生植物园。

蓝花楹 *Jacaranda mimosifolia*

【**科属**】紫葳科蓝花楹属。【**简介**】落叶乔木，高达 15 m。叶对生，二回羽状复叶，羽片通常在 16 对以上，每个羽片具小叶 16 ~ 24 对，小叶椭圆状披针形至椭圆状菱形，顶端急尖，基部楔形，全缘。花蓝色。蒴果木质，扁卵圆形。花期 5—6 月。【**产地**】产于南美洲。【**观赏地点**】新石器时期遗址第一村路、生物园。

1. 异叶水蓑衣　2. 蓝花楹

1

2

1. 猫尾木 2. 少花狸藻

猫尾木 *Markhamia stipulata* var. *kerrii* (*Dolichandrone cauda-felina*)

【科属】紫葳科猫尾木属（银角树属）。【别名】毛叶猫尾木。【简介】乔木，高 10 ~ 15 m。奇数羽状复叶，小叶 7 ~ 11 枚，长椭圆形至椭圆状卵形，顶端钝或短渐尖，基部阔楔形至近圆形，偏斜，背面或有时两面被黄锈毛。顶生总状聚伞花序，具花 4 ~ 10 朵，花冠黄白色。蒴果。花期 9—12 月，果期 1—3 月。【产地】产于云南和广西，生于海拔 900 ~ 1200 m 疏林润湿地。泰国也有分布。【观赏地点】水生植物园、西门停车场。

少花狸藻 *Utricularia gibba*

【科属】狸藻科狸藻属 。【别名】丝叶狸藻。【简介】半固着水生草本。假根少数，丝状，匍匐枝丝状。叶器多数，互生于匍匐枝上，捕虫囊多数，侧生于叶器裂片上，斜卵球形，侧扁。花序直立，中部以上具 1 ~ 3 朵疏离花，花冠黄色。蒴果球形。花期 6—11 月，果期 7—12 月。【产地】产于我国中南部，生于海拔 100 ~ 135 m 浅水湖泊、池塘、稻田及沼泽地中。欧洲、热带非洲、日本、澳大利亚和东南亚也有分布。【观赏地点】水生植物园。

金银莲花 *Nymphoides indica*

【科属】睡菜科荇菜属。【别名】白花莕菜、印度荇菜。【简介】多年生水生草本。叶飘浮，近革质，宽卵圆形或近圆形，基部心形，全缘。花多数，簇生节上，5 数，花冠白色，基部黄色，分裂至近基部。蒴果椭圆形。花果期 8—10 月。【产地】广布于热带至温带地区。【观赏地点】水生植物园、科学家之家水面。

扁桃斑鸠菊 *Vernonia amygdalina*

【科属】菊科斑鸠菊属。【别名】南非叶。【简介】常绿灌木或小乔木，株高 2 ~ 5 m。叶椭圆形，先端尖，基部楔形，边缘具疏齿，绿色。头状花序排成伞房状，总苞片绿色，覆瓦状，花白色，裂片披针形，花柱伸出花冠外。瘦果。花期冬季至次年春季。【产地】产于非洲。【观赏地点】水生植物园、生物园。

1. 金银莲花　2. 扁桃斑鸠菊

苏铁园及裸子植物区

在真正开花的植物占据这个世界每一个角落之前，苏铁和其他裸子植物组成了史前的森林。它们拥有古老的血脉，见证了无数的沧海桑田，默默繁衍直到今天。在恐龙时代之前，它们的先祖已经占领了陆地，与恐龙共舞，又度过自然界各种各样的劫难，即使没有真正意义的花朵，也演绎着生命坚毅朴实的精彩。

苏铁园及裸子植物区占地约 35 亩，苏铁园是我国最早开始苏铁植物引种栽培的专类园，展示誉为“活化石”的苏铁类植物共 70 余种，如苏铁、德保苏铁、越南篦齿苏铁、仙湖苏铁等，园内也搭配有许多被子植物，如猴欢喜、半枫荷、虾子花

苏铁园

裸子植物区

裸子植物区

等。园中潺潺的流水、横斜的枯木、凶猛的鳄鱼和大型恐龙的仿真模型，把游客带进了遥远的地质历史时期“侏罗纪”。裸子植物区以收集裸子植物为主，常见的有陆均松、竹柏和长叶竹柏等。

陆均松 *Dacrydium pectinatum* (*Dacrydium pierrei*)

【**科属**】罗汉松科陆均松属。【**别名**】卧子松、泪柏。【**简介**】乔木，高达 30 m。叶 2 型，螺旋状排列，幼树、萌生枝或营养枝上之叶较长，镰状针形，老树或果枝之叶较短，钻形或鳞片状。雄球花穗状，雌球花单生枝顶，无梗。种子卵圆形，成熟时红色或褐红色。花期 3 月，果期 10—11 月。【**产地**】产于海南，生于海拔 500 ~ 1600 m 山地中。越南、柬埔寨和泰国也有分布。【**观赏地点**】裸子植物区。

长叶竹柏 *Nageia fleuryi*

(Podocarpus fleuryi)

【**科属**】罗汉松科竹柏属（罗汉松属）。【**别名**】桐木树。【**简介**】乔木。叶交叉对生，宽披针形，上部渐窄，先端渐尖，基部楔形，窄成扁平短柄。雄球花穗腋生，常3～6个簇生于总梗上，球花单生叶腋，具梗，梗上具数枚苞片。种子圆球形，熟时假种皮蓝紫色。花期3—4月，果期秋季。【**产地**】产于云南、广西和广东，常散生于常绿阔叶树林中。越南和柬埔寨也有分布。【**观赏地点**】裸子植物区、长叶竹柏路。

1

同属植物

竹柏 *Nageia nagi*

乔木，高达20 m。叶对生，革质，长卵形、卵状披针形或披针状椭圆形。雄球花穗状圆柱形，单生叶腋，常呈分枝状，雌球花单生叶腋，稀成对腋生。种子圆球形，成熟时假种皮暗紫色，具白粉。花期3—4月，种子10月成熟。产于浙江、福建、江西、湖南、广东、广西和四川，生于海拔1600 m高山地带。日本也有分布。（观赏地点：裸子植物区）

2

1. 长叶竹柏　2. 竹柏

1

2

金钱松 *Pseudolarix amabilis*

【科属】松科金钱松属。**【别名】**金松。**【简介】**乔木，高达 40 m。叶条形，镰状或直，上部稍宽，先端锐尖或尖，每边具 5 ~ 14 条气孔线，长枝之叶辐射伸展，短枝之叶簇状密生，秋后叶呈金黄色。雄球花黄色，圆柱状，雌球花紫红色，直立。球果卵圆形或倒卵圆形。花期 4 月，果期 10 月。**【产地】**产于江苏、浙江、安徽、福建、江西、湖南、湖北和四川，生于海拔 100 ~ 1500 m 针叶树、阔叶树林中。**【观赏地点】**苏铁园。

苏铁 *Cycas revoluta*

【科属】苏铁科苏铁属。**【别名】**铁树、凤尾蕉。**【简介】**树干高约 2 m，稀达 8 m 或更高。羽状叶从茎顶部生出，羽状裂片 100 对以上，条形，厚革质，坚硬。小孢子叶球纺锤形，橘黄色，大孢子叶球紧密包被，近阔球形。种子红褐色或橘红色。花期 6—7 月，果期 10 月。**【产地】**产于福建、台湾和广东。日本、菲律宾和印度尼西亚也有分布。**【观赏地点】**苏铁园。

1. 金钱松　2. 苏铁

同属植物

德保苏铁 *Cycas debaoensis*

株高可达 80 cm 或更高。4 ～ 15 枚羽叶集生茎顶，叶深绿色，二至多回羽状分裂，小羽片披针状条形。小孢子叶球柔软，纺锤状，大孢子叶球圆锥状半球形。种子卵形，外种皮黄色。花期 4—5 月。产于广西和云南，生于海拔 700 ～ 1000 m 石灰岩同地常绿矮灌丛及砂页岩常绿阔叶林下。（观赏地点：苏铁园）

越南篦齿苏铁 *Cycas elongata*

茎干圆柱形，高可达 10 m。30 ～ 60 枚叶片集生茎项，具 130 ～ 240 枚小羽片，叶亮绿色或灰绿色。小孢子叶球狭卵形，橘黄色或褐色，大孢子叶球近阔球形，被绒毛。种子扁卵形，外种皮黄色。花期 6 月。产于越南，生于林下或灌丛中。（观赏地点：苏铁园）

仙湖苏铁 *Cycas fairylakea*

茎干圆柱形，高可达 1.5 m，有时多头丛生。小羽片 132 ～ 266 枚，条形至镰状条形，薄革质至革质。小孢子叶球圆柱状长椭圆形，小孢子叶楔形。种子倒卵状球形至扁球形，黄褐色。花期 4—5 月。产于广东，生于阔叶林下。（观赏地点：苏铁园）

1

2

3

1. 德保苏铁
2. 越南篦齿苏铁
3. 仙湖苏铁

1

2

海南苏铁 *Cycas hainanensis*

又名刺柄苏铁。茎干圆柱状，高 1 ~ 3.5 m。50 ~ 80 枚羽叶集生茎顶，具 100 ~ 280 枚小羽片，亮绿色，羽状裂片近对生，条形，革质，斜上伸展。小孢子叶球纺锤形，大孢子叶球包被紧密，近球形。种子椭圆状倒卵形，外种皮黄色。花期 4—5 月。产于海南，生于海拔 1200 m 以下石灰岩土壤的雨林中。（观赏地点：苏铁园）

攀枝花苏铁 *Cycas panzhihuaensis*

茎干圆柱形，高 1 ~ 3 m。叶片 30 ~ 80 片集生于茎顶，具 140 ~ 250 枚小羽片，灰绿色至灰蓝色。小孢子叶球柱状纺锤形，大孢子叶球紧密包被，近半球形或圆锥状球形。种子近球形，外种皮红色。花期 3—5 月。产于四川和云南，生于海拔 1100 ~ 2000 m 干旱、向阳石灰岩坡地灌丛中。（观赏地点：苏铁园）

1. 海南苏铁　2. 攀枝花苏铁

1

2

华南苏铁 *Cycas rumphii*

又名刺叶苏铁。树干圆柱形，高 4 ~ 8 m，稀达 15 m。羽状叶长 1 ~ 2 m，羽状 50 ~ 80 对排成 2 列，长披针状条形或条形，革质，绿色。小孢子叶球纺锤形，黄色至褐色，大孢子叶球柱状卵形。种子扁卵形，橘黄色至褐色。花期 5—6 月，果期 10 月。产于印度尼西亚、澳大利亚北部、越南、缅甸、印度和马达加斯加等地。（观赏地点：苏铁园）

四川苏铁 *Cycas szechuanensis*

树干圆柱形，直或弯曲，高 2 ~ 5 m。羽状叶长 1 ~ 3 m，集生于树干顶部，具羽片 90 ~ 220 枚，羽片条形或披针状条形，微弯曲，厚革质。大孢子球紧密，近球形。花期 4 月。产于福建，生于阴湿的林中或灌丛中。（观赏地点：苏铁园）

3

1. 华南苏铁　2—3. 四川苏铁

长籽苏铁 *Encephalartos manikensis*

【科属】泽米铁科非洲铁属。**【简介】**茎干直立，高 1.5 m。羽叶长 1 ～ 2 m，嫩叶深绿色，密被白色绒毛。小孢子球狭圆锥状，大孢子球圆柱形。种子椭圆形，深红色。花期夏季。**【产地】**产于津巴布韦、莫桑比克等地。**【观赏地点】**苏铁园。

1

角状铁 *Ceratozamia mexicana*

【科属】泽米铁科角状铁属。**【别名】**墨西哥角果泽米。**【简介】**灌木，茎高 0.5 m。羽状叶 12 ～ 20 枚集生茎顶，具 50 ～ 150 枚羽片，浅绿色或亮绿色，革质，条状披针形。小孢子叶球卵状圆柱形，大孢子叶球灰色。种子卵状，褐色。花期 4 月。**【产地】**产于墨西哥，常生于绿林中或落叶混交林中。**【观赏地点】**苏铁园。

2

多刺双子铁 *Dioon spinulosum*

【科属】泽米铁科双子铁属。**【别名】**大型双子铁。**【简介】**茎干圆柱形，高可达 10 m。数十枚羽叶集生茎顶，具 140 ～ 240 枚羽片，羽片线状披针形，浅绿色或亮绿色。小孢子叶狭卵状至纺锤形，大孢子叶球呈不规则矩圆形。种子卵形，种皮乳白或白色。花期 7 月。**【产地】**产于墨西哥，生于石灰岩常绿林中。**【观赏地点】**苏铁园。

3

1. 长籽苏铁　2. 角状铁　3. 多刺双子铁

半枫荷

半枫荷 *Semiliquidambar cathayensis*

【科属】蕈树科（金缕梅科）金缕梅科枫香树属。【简介】常绿乔木，高约 17 m。叶簇生于枝顶，革质，异型，不分裂叶片卵状椭圆形，先端渐尖，基部阔楔形或近圆形，或为掌状 3 裂，两侧裂片卵状三角形，斜行向上，有时为单侧叉状分裂。雄花短穗状花序常数个排成总状，花被缺，雌花头状花序单生。蒴果。花期 3—4 月。【产地】产于江西、广西、贵州、广东和海南。【观赏地点】苏铁园。

孪叶羊蹄甲 *Bauhinia didyma*

【科属】豆科羊蹄甲属。【别名】二裂片羊蹄。【简介】藤本。叶膜质，分裂至近基部，裂片斜倒卵形，先端圆钝，基部截平。总状花序多花，花瓣白色，阔倒卵形，能育雄蕊 3 枚。荚果带状长圆形，扁平而薄。花期春末夏初。【产地】产于广东和广西，生于海拔 100 ~ 500 m 阔叶林中或灌丛中。【观赏地点】裸子植物区。

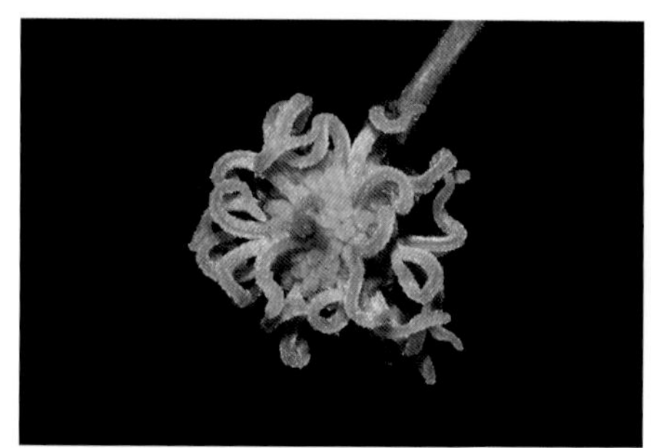

1

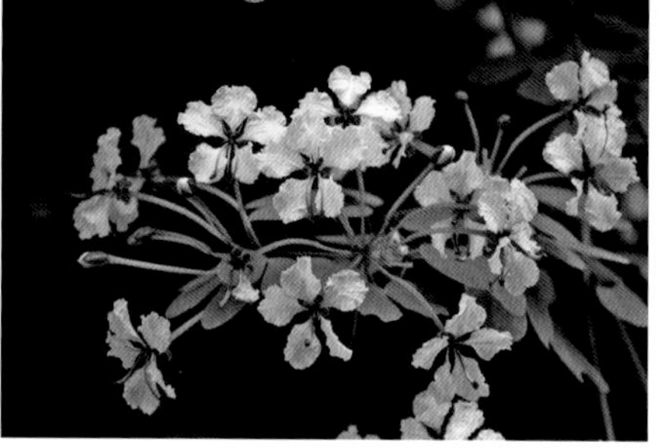

2

1. 半枫荷 2. 孪叶羊蹄甲

猴欢喜 *Sloanea sinensis*

【科属】杜英科猴欢喜属。【简介】乔木，高 20 m。叶薄革质，形状及大小多变，通常长圆形或狭窄倒卵形，先端短急尖，基部楔形。花多朵簇生于枝顶叶腋，萼片 4 枚，花瓣 4 片，白色。蒴果，果片长短不一，内果皮紫红色。花期 9—11 月，果期次年 6—7 月。【产地】产于广东、海南、广西、贵州、湖南、江西、福建、台湾和浙江，生于海拔 700 ~ 1000 m 常绿林里。越南也有分布。【观赏地点】苏铁园。

虾子花 *Woodfordia fruticosa*

【科属】千屈菜科虾子花属。【别名】吴福花。【简介】灌木，高 3 ~ 5 m。叶对生，近革质，披针形或卵状披针形，顶端渐尖，基部圆形或心形。1 ~ 15 朵花组成短聚伞状圆锥花序，萼筒花瓶状，鲜红色，花瓣小而薄，淡黄色。蒴果。花期春季。【产地】产于广东、广西和云南，常生于山坡路旁。南亚、东南亚和马达加斯加也有分布。【观赏地点】苏铁园、木本花卉区。

1

2

1. 猴欢喜　2. 虾子花

1

2

南紫薇 *Lagerstroemia subcostata*

【科属】千屈菜科紫薇属。【别名】九芎。【简介】落叶乔木或灌木，高可达 14 m。叶膜质，矩圆形，矩圆状披针形，稀卵形，顶端渐尖，基部阔楔形。花小，白色或玫瑰色，组成顶生圆锥花序。蒴果椭圆形。花期 6—8 月，果期 7—10 月。【产地】产于台湾、广东、广西、湖南、湖北、江西、福建、浙江、江苏、安徽、四川、青海等地，常生于林缘、溪边。日本也有分布。【观赏地点】苏铁园、藤本园。

洋蒲桃 *Syzygium samarangense*

【科属】桃金娘科蒲桃属。【别名】莲雾。【简介】乔木，高 12 m。叶片薄革质，椭圆形至长圆形，先端钝或稍尖，基部变狭，圆形或微心形。聚伞花序顶生或腋生，具花数朵，花白色。果实梨形或圆锥形，肉质，洋红色。花期 3—4 月，果期 5—6 月。【产地】产于马来西亚和印度。【观赏地点】苏铁园、热带雨林植物室。

1. 南紫薇　2. 洋蒲桃

1

铜盆花 *Ardisia obtusa*

【科属】报春花科（紫金牛科）紫金牛属。【别名】钝叶紫金牛。【简介】灌木，高 1 ~ 6 m。叶片坚纸质或略厚，倒披针形或倒卵形，顶端广急尖、钝或圆形，基部楔形，全缘。复伞房花序或亚伞形花序组成的圆锥花序，花瓣淡紫色或粉红色，卵形。果球形，黑色。花期 2—4 月，果期 4—7 月。【产地】产于广东和海南，生于海拔 20 ~ 40 m 或更高的山谷、山坡灌丛中或疏林下，或水旁。【观赏地点】苏铁园。

红珊瑚花 *Pachystachys spicata*

【科属】爵床科金苞花属。【简介】多年生常绿灌木，株高 1 ~ 2 m。叶宽卵形或长椭圆形，先端尖，基部楔形或近圆形，全缘。穗状花序，苞片叶状，绿色，花红色，2 唇形，上唇微裂，下唇 3 深裂。花期春季。【产地】产于加勒比海和中南美洲热带雨林中。【观赏地点】苏铁园。

2

3

1—2. 铜盆花
3. 红珊瑚花

红珊瑚花

凤梨园

提起凤梨，大家想到的多是香甜金黄的水果，但你可知道，除开那外表粗糙、充满尖刺的果实，凤梨也有妖艳到摄人心魄的种类？紫色、红色、金黄色等各种极为明丽的苞片和花朵，还有形态各异、颜色丰富的叶片，一定会刷新你对“凤梨”的认知。

凤梨园占地面积约 24 亩，以凤梨科植物为主，如水塔花属、凤梨属、彩叶凤梨属等观赏凤梨，主要分布在游廊两侧以及玻璃温室内，有地生及附生类型，收集引种 15 属 250 余种。在凤

❀ 凤梨园

❀ 凤梨园

梨园内，除了能见到各种凤梨外，还能认识大粒咖啡、中粒咖啡和小粒咖啡，还能见到被称为“米老鼠树”的桂叶黄梅。

爬树龙 *Rhaphidophora decursiva*

【科属】天南星科崖角藤属。【别名】过江龙。【简介】附生藤本。幼枝上叶片圆形，先端骤尖，全缘。成熟枝叶片轮廓卵状长圆形、卵形，表面绿色，发亮，背面淡绿色，裂片 6 ~ 15 对。花序腋生，佛焰苞肉质，二面黄色，边缘稍淡，肉穗花序，圆柱形。浆果。花期 5—8 月，果期次年夏秋季。【产地】产于福建、台湾、广东、广西、贵州、云南和西藏，生于海拔 2200 m 以下季雨林和亚热带沟谷常绿阔叶林内。南亚、东南亚也有。【观赏地点】凤梨园。

狐尾天门冬 *Asparagus densiflorus* 'Myersii'

【科属】天门冬科（百合科）天门冬属。【简介】半灌木，多少攀缘，高可达 1 m。叶状枝短，长约 1 cm，鳞片状叶基部近无刺，呈狐尾状。总状花序单生或成对，花白色，花被片矩圆状卵形。浆果熟时红色。花期夏季，果期冬季。【产地】园艺种。【观赏地点】凤梨园。

同属植物

松叶武竹 *Asparagus macowanii*

多年生常绿灌木，株高可达 2 m。叶状枝扁平，松针状，叶退化成鳞片状。花白色，花被片倒披针形或长圆形。浆果。花期 7—8 月，果期秋季。产于非洲热带地区。（观赏地点：凤梨园、蕨园）

1

2

1. 狐尾天门冬　2. 松叶武竹

1

2

1. 聚花草　2. 美丽水塔花

聚花草 *Floscopa scandens*

【科属】鸭跖草科聚花草属。【简介】草本，茎高20～70 cm。叶片椭圆形至披针形，上面有鳞片状突起。圆锥花序多个，顶生并兼具腋生，组成扫帚状复圆锥花序，花瓣蓝色或紫色，少白色，倒卵形。蒴果卵圆状。花果期7—11月。【产地】产于浙江、福建、江西、湖南、广东、海南、广西、云南、四川、西藏和台湾，生于海拔1700 m以下水边、山沟边草地及林中。亚洲热带和大洋洲热带地区广布。【观赏地点】凤梨园。

美丽水塔花 *Neoregelia spectabilis*

【科属】凤梨科彩叶凤梨属。【别名】端红凤梨。【简介】多年生常绿草本，株高30～40 cm。叶多数，基生，莲座式，剑形，顶端具小尖头，叶缘具小尖齿，叶绿色，叶尖端粉红色。头状花序短缩，花小，蓝色，苞片红色。花期夏季。【产地】产于巴西，生于热带雨林中。【观赏地点】凤梨园。

菠萝 *Ananas comosus*

【**科属**】凤梨科凤梨属。【**别名**】凤梨。【**简介**】茎短。叶多数，莲座式排列，剑形，顶端渐尖，全缘或具锐齿，腹面绿色，背面粉绿色，边缘和顶端常带褐红色。花序于叶丛中抽出，状如松球，花瓣长椭圆形，上部紫红色，下部白色。聚花果肉质。花期夏季至冬季。【**产地**】产于美洲热带地区。【**观赏地点**】凤梨园。

同属植物

'三色'红凤梨 *Ananas bracteatus* 'Striatus'

多年生草本。叶多数，莲座式，剑形，顶端渐尖，叶缘具锯齿，叶边缘黄色带红晕。头状花序顶生，由叶丛中抽出，状如松球，花小。聚花果肉质。花期夏季至冬季。园艺种，原种产于巴西。（观赏地点：凤梨园）

1

2

1. 菠萝　2. '三色'红凤梨

'三色'红凤梨

粉菠萝 *Aechmea fasciata*

【科属】凤梨科光萼荷属。【别名】美叶光萼荷。【简介】多年生常绿草本，株高 30 ~ 60 cm。叶多数，莲座式，长椭圆形，先端平，具尖头，叶缘具刺，叶绿色，上具白粉。花序从叶丛中抽生而出，苞片粉色，小花蓝紫色。聚花果。花期秋季。【产地】产于巴西。【观赏地点】凤梨园。

1

水塔花 *Billbergia pyramidalis*

【科属】凤梨科水塔花属。【简介】多年生常绿草本，陆生或附生，株高 50 ~ 60 cm。叶基生，莲座状，叶丛基部形成贮水叶筒，叶片肥厚，宽大，先端圆，叶缘具细尖齿，绿色。穗状花序，苞片及花冠鲜红色。花期 6—10 月。【产地】产于西印度群岛、委内瑞拉和巴西。【观赏地点】凤梨园。

2

同属植物

愉悦水塔花 *Billbergia amoena*

多年生草本，附生或地生，株高 30 ~ 45 cm，几无茎。叶莲座式排列，基部抱合成筒状。穗状花序直立，长于叶，苞片红色，花小，黄绿色，3 瓣，顶端蓝紫色。浆果蓝色。花期冬季。产于美洲。（观赏地点：凤梨园）

3

1. 粉菠萝　2. 水塔花　3. 愉悦水塔花

桂叶黄梅 *Ochna thomasiana*

【科属】金莲木科金莲木属。【简介】常绿灌木，高 2 m 或更高。叶革质，椭圆形，叶缘具尖刺，先端尖，基部心形，多少抱茎，花腋生或顶部簇生，花瓣 5 片，倒卵形，黄色，萼片红色，反折，宿存。核果黑色。花期不定，全年间歇性开花。【产地】产于非洲。【观赏地点】凤梨园。

1

2

小粒咖啡 *Coffea arabica*

【**科属**】茜草科咖啡属。【**别名**】小果咖啡。【**简介**】小乔木或大灌木，高 5 ~ 8 m。叶薄革质，卵状披针形或披针形，顶端长渐尖，基部楔形或微钝。聚伞花序数个簇生于叶腋内，每个花序具花 2 ~ 5 朵，花芳香，花冠白色。浆果红色。花期 3—4 月，果期秋冬季。【**产地**】产于埃塞俄比亚和阿拉伯半岛。【**观赏地点**】凤梨园。

同属植物

中粒咖啡 *Coffea canephora*

又名中果咖啡。小乔木或灌木，高 4 ~ 8 m。叶厚纸质，椭圆形，卵状长圆形或披针形，顶端急尖，基部楔形。聚伞花序 1 ~ 3 个，簇生于叶腋内，每个聚伞花序具花 3 ~ 6 朵，花冠白色，罕具浅红色。浆果红色。花期 4—6 月，果期秋冬季。产于非洲。（观赏地点：凤梨园、生物园）

1. 小粒咖啡　2. 中粒咖啡

1

2

大粒咖啡 *Coffea liberica*

又名大果咖啡。小乔木或大灌木，高 6 ~ 15 m。叶薄革质，椭圆形、倒卵状椭圆形或披针形，顶端阔，急尖，基部阔楔尖。聚伞花序短小，2 至数个簇生于叶腋或在老枝的叶痕上，花白色。浆果鲜红色。花期 1—5 月，果期夏季至冬季。产于非洲西海岸的利比里亚低海拔森林内。（观赏地点：凤梨园、奇异植物室）

楠藤 *Mussaenda erosa*

【**科属**】茜草科玉叶金花属。【**别名**】厚叶白纸扇。【**简介**】攀缘灌木，高 3 m。叶对生，纸质，长圆形、卵形至长圆状椭圆形，顶端短尖至长渐尖，基部楔形。伞房状多歧聚伞花序顶生，花疏生，花叶阔椭圆形，花冠橙黄色，花冠管外面有柔毛。浆果。花期冬末至次年春季，果期 9—12 月。【**产地**】产于广东、香港、广西、云南、四川、贵州、福建、海南和台湾，常攀缘于疏林乔木树冠上。中南半岛和琉球群岛也有分布。【**观赏地点**】凤梨园、园林树木区。

1. 大粒咖啡　2. 楠藤

清明花 *Beaumontia grandiflora*

【科属】夹竹桃科清明花属。【别名】炮弹果。【简介】高大藤本。叶长圆状倒卵形，顶端短渐尖，幼时略被柔毛，老渐无毛。聚伞花序顶生，着花 3 ~ 5 朵，花萼裂片红色，花漏斗状，花冠 5 裂，裂片卵圆形，白色。蓇葖形状多变，内果皮亮黄色。花期春季至夏季，果期秋季至冬季。【产地】云南野生，生于山地林中。印度也有分布。【观赏地点】凤梨园、新石器时期遗址。

1

炮仗花 *Pyrostegia venusta*

【科属】紫葳科炮仗藤属。【别名】黄鳝藤。【简介】藤本，具3叉丝状卷须。叶对生，小叶2～3枚，卵形，顶端渐尖，基部近圆形，全缘。圆锥花序，花萼钟状，花冠筒状，橙红色，裂片5枚，长椭圆形。果瓣革质，舟状。花期冬季至早春。【产地】产于巴西。【观赏地点】凤梨园、棕榈园、裸子植物区、藤本园。

齿叶水蜡烛 *Dysophylla sampsonii*

【科属】唇形科水蜡烛属。【别名】森氏水珍珠菜。【简介】一年生草本。茎直立或基部匍匐生根，高15～50 cm。叶倒卵状长圆形至倒披针形，先端钝或急尖，基部渐狭，边缘自1/3处以上具明显小锯齿，基部近全缘。穗状花序，花冠紫红色，冠檐4裂。小坚果。花期9—10月，果期10—11月。【产地】产于湖南、江西、广东、广西和贵州，生于沼泽中或水边。【观赏地点】凤梨园。

2

1. 炮仗花　2. 齿叶水蜡烛

齿叶水蜡烛

木兰园

木兰园

“朝搴阰之木兰兮，夕揽洲之宿莽”“祷木兰以矫蕙兮，凿申椒以为粮”——在屈原笔下，采集木兰是极为风雅之事，值得写进《离骚》《九章》之中。木兰自古便受人喜爱，又以其香气著称于世。中国是木兰科植物的多样性中心之一，辛夷、玉兰、含笑、木莲等诸多木兰科植物，早早就受到人们的关注，诗人也留下“辛夷花房忽全开，将衰正盛须频来”“枝悬缟带垂金弹，瓣落苍苔坠玉杯”等诗句。

木兰园建于1980年，占地约225亩，自20世纪50年代开始收集引种，现保育木兰科植物200余种，按玉兰属、木莲属和含笑属三大类群进行配置，是全球木兰科植物保存数量最丰富、科研成果最多并最富国际声誉的专类园之一。在木兰园中，深得植物爱好者喜爱的物种主要有：杂种鹅掌楸、盖裂木、紫花含笑、天女花等木兰科植物，此外，还有许多或奇特或罕见的非木兰科植物，如野含笑、蜡瓣山姜、狭叶红光树等。

齿叶睡莲 *Nymphaea lotus*

【科属】睡莲科睡莲属。【简介】多年水生草本。叶纸质，卵状圆形，基部具深弯缺，裂片圆钝。花瓣 12 ~ 14 片，白色，矩圆形，先端圆钝，雄蕊花药先端不延长，外轮花瓣状，内轮不孕。种子球形。花期 6—10 月，果期 9—11 月。【产地】产于印度、缅甸、泰国、菲律宾、匈牙利和非洲北部。【观赏地点】木兰园。

狭叶红光树 *Knema cinerea* var. *glauca*

【科属】肉豆蔻科红光树属。【简介】小乔木，高 6 ~ 20 m。叶纸质或坚纸质，长方状披针形或线状披针形，先端渐尖，长渐尖或锐尖，基部楔形或近圆形。雄花 4 ~ 8 枚，假伞形排列，密被锈色绒毛；雌花序具瘤状总梗，着花 2 ~ 3 枚。果椭圆形。花期秋季至次年春季，果期夏季。【产地】产于云南，生于海拔 500 ~ 1200 m 山坡次生阔叶林或沟谷杂木林中。印度、安达曼群岛、孟加拉国、缅甸和泰国也有分布。【观赏地点】木兰园。

1

2

1. 齿叶睡莲　2. 狭叶红光树

荷花玉兰 *Magnolia grandiflora*

【**科属**】木兰科北美木兰属（木兰属）。【**别名**】广玉兰。【**简介**】常绿乔木，在原产地高达 30 m。叶厚革质，椭圆形，长圆状椭圆形或倒卵状椭圆形，先端钝或短钝尖，基部楔形。花白色，具芳香，花被片 9 ~ 12 片，厚肉质。聚合果圆柱状长圆形或卵圆形。花期 5—6 月，果期 9—10 月。【**产地**】产于北美洲。【**观赏地点**】木兰园、高山极地室外。

同属植物

黄花木兰 *Magnolia liliifera*

常绿灌木，株高可达 4 m。叶椭圆形，先端尖，基部圆形，全缘。花单生，花梗粗壮，下弯，花大，花被片 9 片，外轮黄绿色，中轮及内轮黄色，肉质，芳香。花期春季，果期秋季。产于马来西亚。（观赏地点：木兰园）

1

2

1. 荷花玉兰　2. 黄花木兰

1

2

杂种鹅掌楸 *Liriodendron × sinoamericanum*

【科属】木兰科鹅掌楸属。【别名】杂种马褂木。【简介】落叶乔木，株高可达 30 m 或更高。叶形变异较大，叶形似马褂，先端略凹，近基部具 1 对或 2 对侧裂片。花单生，黄白色。花期春季。【产地】本种为鹅掌楸和美国鹅掌楸的杂交种。【观赏地点】木兰园。

盖裂木 *Talauma hodgsonii*

【科属】木兰科盖裂木属。【简介】乔木，高达 15 m。叶革质，倒卵状长圆形，先端钝或渐尖，基部渐狭楔形。佛焰苞状苞片紫色，花被片 9 片，厚肉质，外轮 3 片卵形，背面草绿色，中轮与内轮乳白色，内轮较小。聚合果卵圆形。花期 4—5 月，果期 8 月。【产地】产于西藏，生于海拔 850 ~ 1500 m 林间。不丹、印度、缅甸、尼泊尔、泰国也有分布。【观赏地点】木兰园。

1. 杂种鹅掌楸　2. 盖裂木

1

含笑 *Michelia figo*

【**科属**】木兰科含笑属。【**别名**】含笑花。【**简介**】常绿灌木，高 2 ~ 3 m。叶革质，狭椭圆形或倒卵状椭圆形，先端钝短尖，基部楔形或阔楔形。花直立，淡黄色而边缘有时红色或紫色，具浓香，花被片 6 片，肉质。蓇葖果。花期 3—5 月，果期 7—8 月。【**产地**】产于华南南部各地，生于阴坡杂木林中、溪谷沿岸。【**观赏地点**】木兰园、兰园。

同属植物

观光木 *Michelia odora* (*Tsoongiodendron odorum*)

木兰科含笑属（观光木属）。常绿乔木，高达 25 m。叶片厚膜质，倒卵状椭圆形，顶端急尖或钝，基部楔形。花芳香，花被片象牙黄色，具红色小斑点，外轮最大。聚合果长椭圆体形，种子在每心皮内 4 ~ 6 枚。花期 3 月，果期 10—12 月。产于江西、福建、广东、海南、广西和云南，生于海拔 500 ~ 1000 m 岩山地常绿阔叶林中。（观赏地点：木兰园）

2

1. 含笑　2. 观光木

1

2

1. 紫花含笑　2. 石碌含笑

紫花含笑 *Michelia crassipes*

小乔木或灌木，高 2 ~ 5 m。叶革质，狭长圆形、倒卵形或狭倒卵形，很少狭椭圆形，先端长尾状渐尖或急尖，基部楔形或阔楔形。花极芳香，紫红色或深紫色，花被片 6 片，长椭圆形。蓇葖果。花期 4—5 月，果期 8—9 月。产于广东、湖南和广西，生于海拔 300 ~ 1000 m 山谷密林中。（观赏地点）木兰园。

石碌含笑 *Michelia shiluensis*

乔木，高达 18 m。叶革质，稍坚硬，倒卵状长圆形，先端圆钝，具短尖，基部楔形或宽楔形。花白色，花被片 9 片，3 轮，倒卵形。聚合果。花期 3—5 月，果期 6—8 月。产于海南，生于海拔 200 ~ 1500 m 山沟、山坡、路旁、水边。（观赏地点：木兰园）

1

2

3

1. 野含笑 2. 焕镛木 3. 海南木莲

野含笑 *Michelia skinneriana*

乔木，高可达 15 m。叶革质，狭倒卵状椭圆形、倒披针形或狭椭圆形，先端长尾状渐尖，基部楔形。花梗细长，花淡黄色，芳香，花被片 6 片，倒卵形。聚合果。花期 4—6 月，果期 8—9 月。产于浙江、江西、福建、湖南、广东和广西，生于海拔 1200 m 以下山谷、山坡、溪边密林中。（观赏地点：木兰园）

焕镛木 *Woonyoungia septentrionalis*

【**科属**】木兰科焕镛木属。【**简介**】常绿乔木，树高 18 m。叶片椭圆形、长圆形至倒卵状长圆形，革质，基部宽楔形，先端钝，稍微缺。花单性异株，花被片白色，芳香，外轮大，内轮较小。花期 5—6 月。【**产地**】产于云南、贵州和广西，生于海拔 300 ~ 600 m 石灰岩山地林中。【**观赏地点**】木兰园。

海南木莲 *Manglietia fordiana* var. *hainanensis* (*Manglietia hainanensis*)

【**科属**】木兰科木莲属。【**简介**】乔木，高达 20 m。叶薄革质，倒卵形，狭倒卵形、狭椭圆状倒卵形，很少为狭椭圆形，边缘波状，先端急尖或渐尖，基部楔形。花被片 9 片，每轮 3 片，外轮外面绿色，内 2 轮钝，白色。聚合果。花期 4—5 月，果期 9—10 月。【**产地**】产于海南，生于海拔 300 ~ 1200 m 溪边、密林中。【**观赏地点**】木兰园。

焕镛木

海南木莲

1

2

同属植物

红色木莲 *Manglietia insignis* (*Manglietia maguanica*)

又名红花木莲、马关木莲。常绿乔木，高达 30 m。叶革质，倒披针形，长圆形或长圆状椭圆形，先端渐尖或尾状渐尖，基部渐窄。花芳香，花被片 9 ~ 12 片，外轮 3 片褐色，腹面染红色或紫红色，中内轮 6 ~ 9 片，乳白色染粉红色。聚合果。花期 5—6 月，果期 8—9 月。产于湖南、广西、四川、贵州、云南和西藏，生于海拔 900 ~ 1200 m 林间。尼泊尔、印度东部和缅甸也有分布。（观赏地点：木兰园）

亮叶木莲 *Manglietia lucida*

常绿乔木，树高可达 18 m。叶片倒卵形，革质，基部楔形，先端渐尖。单生枝顶，花被片 9 ~ 11 片，上部紫红色，基部白色。聚合果近球形或卵球形。花期 4—5 月，果期 9 月。产于云南，生于海拔 500 ~ 700 m 次生常绿阔叶林中。（观赏地点：木兰园）

1. 红色木莲　2. 亮叶木莲

天女花 *Oyama sieboldii* (*Magnolia sieboldii*)

【**科属**】木兰科天女花属（木兰属）。【**别名**】天女木兰。【**简介**】落叶小乔木，高可达 10 m。叶膜质，倒卵形或宽倒卵形，先端骤狭急尖或短渐尖，基部阔楔形、钝圆、平截或近心形。花与叶同时开放，白色，芳香，杯状，盛开时碟状。聚合果。花期春季。【**产地**】产于辽宁、安徽、浙江、江西、福建和广西，生于海拔 1600 ～ 2000 m 山地。朝鲜和日本也有分布。【**观赏地点**】木兰园。

天女花

二乔木兰 *Yulania × soulangeana* (*Magnolia soulangeana*)

【科属】木兰科玉兰属（木兰属）。**【别名】**二乔玉兰。**【简介】**小乔木，高 6 ~ 10 m。叶纸质，倒卵形，先端短急尖，基部渐狭成楔形。花蕾卵圆形，花先叶开放，浅红色至深红色，花被片 6 ~ 9 片，外轮 3 片花被片常较短，约为内轮长 2/3。聚合果。花期 1—3 月，果期 9—10 月。**【产地】**本种是玉兰与紫玉兰的杂交种。**【观赏地点】**木兰园。

同属植物

玉兰 *Yulania denudata* (*Magnolia denudata*)

又名白玉兰。落叶乔木，高达 25 m。叶纸质，倒卵形、宽倒卵形或倒卵状椭圆形。花芳香，花被片 9 片，白色，基部常带粉红色。蓇葖果。花期 1—3 月，果期 8—9 月。产于江西、浙江、湖南和贵州，生于海拔 500 ~ 1000 m 林中。（观赏地点：木兰园）

1 2

1. 二乔木兰 2. 玉兰

1

2

香港木兰 *Lirianthe championii* (*Magnolia championii*)

【科属】木兰科长喙木兰属（木兰属）。**【别名】**香港玉兰。**【简介】**常绿灌木或小乔木。叶革质，椭圆形，狭长圆状椭圆形或狭倒卵状椭圆形，先端渐尖或尾状渐尖，基部稍下延，楔形或狭楔形。花极芳香，花被片 9 片，外轮 3 片淡绿色，内两轮白色。蓇葖果。花期 5—6 月，果期 9—10 月。**【产地】**产于广东和香港，生于低海拔山地常绿阔叶林中。**【观赏地点】**木兰园。

同属植物

夜合 *Lirianthe coco* (*Magnolia coco*)

常绿灌木或小乔木，高 2 ~ 4 m。叶革质，椭圆形，狭椭圆形或倒卵状椭圆形，先端长渐尖，基部楔形。花被片 9 片，肉质，倒卵形，外面的 3 片带绿色，内两轮纯白色。蓇葖果。花期夏季，果期秋季。产于浙江、福建、台湾、广东、广西和云南，生于海拔 600 ~ 900 m 湿润肥沃土壤林下。越南也有分布。（观赏地点：木兰园、园林树木区）

1. 香港木兰　2. 夜合

大叶木兰 *Lirianthe henryi* (*Manglietia dandyi*)

又名大叶玉兰、思茅玉兰。常绿乔木，高可达 20 m。叶革质，倒卵状长圆形，先端圆钝或急尖，基部阔楔形。花被片 9 片，外轮 3 片绿色，中内两轮乳白色，厚肉质。聚合果卵状椭圆体形。花期 5 月，果期 8—9 月。产于云南，生于海拔 540 ~ 1500 m 密林中。（观赏地点：木兰园）

木论木兰 *Lirianthe mulunica* (*Magnolia mulunica*)

常绿小乔木，高达 5 m。叶厚革质，狭椭圆形，顶端长渐尖至尾尖，基部楔形。花顶生，芳香，花被片 9 片，外轮绿色，中轮及内轮 3 片白色，厚肉质。花期 4—6 月，果期 9—10 月。产于广西和贵州。（观赏地点：木兰园）

1

2

1. 大叶木兰　2. 木论木兰

1

囊瓣木 *Miliusa horsfieldii* (*Saccopetalum prolificum*)

【科属】番荔枝科野独活属（囊瓣木属）。【别名】黄皮藤椿。【简介】乔木，高 25 m。叶常绿，纸质，椭圆形至长圆形，顶端急尖或渐尖，基部圆形而稍偏斜。花初为绿色，后转为暗红色，单朵腋生，萼片两面及花瓣两面均密被柔毛，萼片阔三角形，外轮花瓣披针形，内轮花瓣卵状披针形。果 15 ~ 30 个，卵状或近圆球。花期 3—4 月，果期 7—8 月。【产地】产于广东和海南，生于山谷密林中。【观赏地点】木兰园。

2

非洲公主闭鞘姜 *Costus fissiligulatus*

【科属】闭鞘姜科宝塔姜属（闭鞘姜属）。【简介】多年生常绿草本，高可达 3 m。叶螺旋状排列，叶深绿色，着生于主茎上，长椭圆形，先端渐尖，全缘。穗状花序，苞片覆瓦状排列，绿色，花萼绿色，花冠裂片 3 裂，花粉红色，唇瓣基部黄色。蒴果。花期春季至夏季。【产地】产于非洲。【观赏地点】木兰园。

1. 囊瓣木　2. 非洲公主闭鞘姜

蜡瓣山姜 *Alpinia oxymitra*

【科属】姜科山姜属。**【简介】**多年生草本，具根状茎，高可达 2 m。叶片披针形，绿色，全缘，先端尖。花序顶生，总状花序着花数十朵，苞片白色，花蜡质，唇瓣暗黄色。蒴果。花期 3—5 月。**【产地】**产于印度支那至马来半岛，生于潮湿的森林中。**【观赏地点】**木兰园。

1

大博落木 *Bocconia arborea*

【科属】罂粟科羽脉博落回属。**【简介】**常绿灌木或小乔木，株高可达 6 m。叶大，长可达 45 cm，先端深裂，基部渐狭，裂片披针形，叶面绿色，背面灰白色。圆锥花序，花芽圆柱形，萼片 2 枚，花瓣无。蒴果，种子黑色。花期秋冬季，果期冬春季。**【产地】**产于墨西哥、中南美洲和西印度群岛。**【观赏地点】**木兰园。

2

3

1. 蜡瓣山姜　2—3. 大博落木

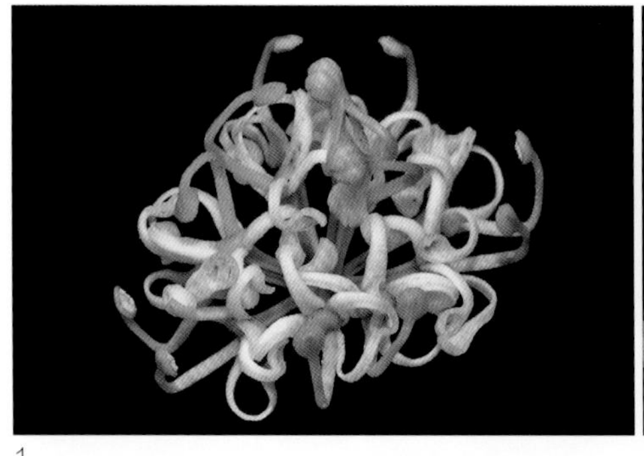

1

2

柳叶火轮树 *Stenocarpus salignus*

【科属】山龙眼科火轮树属。【简介】常绿灌木或小乔木，最高可达 30 m。单叶互生，卵形、披针形或椭圆形，微波状，基出三出脉。伞形花序，雄蕊白色，雌蕊绿色。荚果。花期全年。【产地】产于澳大利亚。【观赏地点】木兰园洗手间旁。

瑞木 *Corylopsis multiflora*

【科属】金缕梅科蜡瓣花属。【简介】落叶或半常绿灌木，有时为小乔木。叶薄革质，倒卵形，倒卵状椭圆形，或卵圆形，先端尖锐或渐尖，基部心形。总状花序，花瓣倒披针形，雄蕊突出花冠外。蒴果硬木质，果皮厚。花期 2—3 月。【产地】产于福建、台湾、广东、广西、贵州、湖南、湖北、云南等地。【观赏地点】木兰园、西门青山路、生物园。

1. 柳叶火轮树　2. 瑞木

石斑木 *Rhaphiolepis indica*

【科属】蔷薇科石斑木属。【别名】车轮梅、春花。【简介】常绿灌木，稀小乔木，高可达 4 m。叶片集生于枝顶，卵形、长圆形，稀倒卵形或长圆披针形，先端圆钝，急尖、渐尖或长尾尖，基部渐狭连于叶柄，边缘具细钝锯齿。顶生圆锥花序或总状花序，花白色或淡红色。果实球形。花期 4 月，果期 7—8 月。【产地】产于安徽、浙江、江西、湖南、贵州、云南、福建、广东、广西和台湾，生于海拔 150 ~ 1600 m 山坡、路边或溪边灌林中。日本和东南亚也有分布。【观赏地点】木兰园、生物园、西门停车场。

石斑木

山茶园及杜鹃园

山茶花品种极多，历史悠久，是很早就得到栽培的美丽植物。它虽然没有梅花凌霜傲雪的名气和风骨，却同样开放在冬春时节。短则一月、长则两三个月的花期当中，枝头的茶花总是旧花未谢、新花又开，陆陆续续次第开放。常绿的习性、艳丽的花朵，在南方，或是颇为凛冽或是稍具寒意的冬天，山茶花就是最能消解凄凉气氛的冬日仙子。杜鹃既是花名，又是鸟名。传说古蜀国的国君杜宇修道后化为杜鹃鸟，每到春天就发出“布谷”的啼叫声，啼至滴血，落在地上就成了鲜红的杜鹃花。自古杜鹃啼血就是极尽哀怨之思念的代名词，“杨花落尽子规啼”“望帝春心托杜鹃”，分别是李白与李商隐的诗句，脍炙人口，写尽思念之意。

山茶园

山茶园建于1996年，占地面积约60亩，收集300多种，分为山茶花区、金花茶区和茶梅区，每年秋末至次年早春是山茶园最绚丽的季节。山茶园还配置有虾衣花、紫花风铃木、八宝树、大叶藤黄、乌桕、轮叶蒲桃等乔灌木，沿着林间小路赏花，回归自然之感油然而生。杜鹃园建于1996年，占地约55.5亩，以杜鹃花属植物为主要景观，同时搭配有梭果玉蕊、海南暗罗、秤星树等，形成乔、灌、草三个层次的复合景观。

杜鹃园

杜鹃园

海南暗罗 *Polyalthia laui*

【科属】番荔枝科暗罗属。【简介】乔木，高达 25 m。叶近革质至革质，长圆形或长圆状椭圆形，顶端渐尖，基部阔、急尖或圆形。花淡黄色，数朵丛生于老枝上，萼片阔卵形，花瓣长圆状卵形或卵状披针形，外轮花瓣稍短于内轮花瓣。果卵状椭圆形。花期 4—7 月，果期 10 月至次年 1 月。【产地】产于海南，生于低海拔至中海拔的山地常绿阔叶林中。【观赏地点】杜鹃园。

‘三色’紫背竹芋 *Stromanthe sanguine* ‘Triostar’

【科属】竹芋科紫背竹芋属。【别名】艳锦竹芋。【简介】多年生常绿草本，株高 30 ~ 100 cm，有时可达 150 cm。叶长椭圆形至宽披针形，叶正面绿色，叶面散生具银灰色、浅灰、乳白、淡黄及黄色斑块或斑纹，叶背紫红色。圆锥花序，苞片及萼片红色，花白色。果为浆果，红色。花期春季。【产地】园艺种。【观赏地点】杜鹃园、山茶园。

1

2

1. 海南暗罗
2. ‘三色’紫背竹芋

海南暗罗

‘三色’紫背竹芋

1

2

1. 乌桕
2. 刺叶白千层

乌桕 *Triadica sebifera* (*Sapium sebiferum*)

【科属】大戟科乌桕属（美洲桕属）。【简介】乔木，高可达15 m。叶互生，纸质，叶片菱形、菱状卵形或稀有菱状倒卵形，全缘。花单性，雌雄同株，聚集成顶生总状花序，雄花花梗纤细，每一苞片内具10 ~ 15朵花，雌花花梗粗壮，每一苞片内仅1朵雌花。蒴果。花期4—8月，果期秋季。【产地】产于黄河以南各地，北达陕西、甘肃，生于旷野、塘边或疏林中。日本、越南和印度也有分布。【观赏地点】山茶园、苏铁园。

刺叶白千层 *Melaleuca styphelioides*

【科属】桃金娘科白千层属。【别名】美丽白千层。【简介】灌木或乔木，株高可达20 m，嫩枝被柔毛。叶交替生长于枝上，卵形，先端锐尖，基部渐狭，全缘，绿色，嫩叶被柔毛。穗状花序，花白色。果卵球形。花期初夏。【产地】产于澳大利亚，生于河岸潮湿地带。【观赏地点】杜鹃园、生物园。

轮叶蒲桃 *Syzygium grijsii*

【科属】桃金娘科蒲桃属。【简介】灌木，高不及 1.5 m。叶片革质，细小，常 3 叶轮生，狭长圆形或狭披针形，先端钝或略尖，基部楔形。聚伞花序顶生，花白色，花瓣 4 片。果实球形。花期 5—6 月，果期秋季。【产地】产于安徽、福建、广东、广西、贵州、湖北、湖南、江西和浙江，生于 100 ～ 900 m 灌丛。【观赏地点】山茶园。

梭果玉蕊 *Barringtonia fusicarpa*

【科属】玉蕊科玉蕊属。【简介】常绿大乔木，高 15 ～ 30 m。叶丛生小枝近顶部，坚纸质，倒卵状椭圆形、椭圆形至狭椭圆形。穗状花序顶生或在老枝上侧生，下垂，花瓣 4 片，白色或带粉红色，花丝粉红色。果实梭形。花期几乎全年。【产地】产于云南，生于海拔 120 ～ 760 m 密林中的潮湿地方。【观赏地点】杜鹃园山茶路边。

大果核果茶 *Pyrenaria spectabilis* (*Tutcheria championi*)

【科属】山茶科核果茶属（石笔木属）。【别名】石笔木。【简介】乔木，高 5 ～ 15 m。叶片长圆形，革质，具光泽，先端渐尖，基部楔形，边缘具锯齿。花腋生或近顶生，萼片 9 ～ 11 枚，花瓣 5 片或 6 片，白色或淡黄色。蒴果球状或扁球形。花期 4—6 月，果期 8 月。【产地】产于福建、广东、广西、湖南和江西，生于海拔 300 ～ 1500 m 常绿阔叶林中。越南也有分布。【观赏地点】山茶园。

1 2

3

1. 轮叶蒲桃 2. 梭果玉蕊 3. 大果核果茶

木荷 *Schima superba*

【科属】山茶科木荷属。【别名】荷树、荷木。【简介】大乔木，高 25 m。叶革质或薄革质，椭圆形，先端尖锐，有时略钝，基部楔形，边缘具钝齿。花生于枝顶叶腋，常多朵排成总状花序，白色。蒴果。花期 5—8 月，果期秋冬季。【产地】产于安徽、福建、广东、广西、贵州、海南、湖北、湖南、江西、台湾和浙江，生于海拔 100 ~ 1600 m 林中。日本也有分布。【观赏地点】山茶园。

山茶 *Camellia japonica*

【科属】山茶科山茶属。【别名】茶花。【简介】灌木或小乔木，高 9 m。叶革质，椭圆形，先端略尖，或急短尖而具钝尖头，基部阔楔形，边缘具细锯齿。花瓣 6 ~ 7 片，外侧 2 片近圆形，几离生，内侧 5 片基部连生，倒卵圆形。蒴果圆球形。花期 1—4 月。【产地】四川、台湾、山东和江西等地有野生种，现多为栽培品种，大多为重瓣。【观赏地点】山茶园。

1. 木荷　2. 山茶

同属植物

越南抱茎茶 *Camellia amplexicaulis*

常绿小乔木，高达 3 m。叶互生，狭长，浓绿色，长椭圆形，先端尖，叶缘具锯齿，基部心形，叶柄极短，抱茎。花苞片紫红色，花蕾球形、红色，花钟状，下垂或侧斜展，花瓣紫红色。蒴果。花期 10 月至次年 4 月。产于越南。（观赏地点：山茶园、新石器时代遗址）

红皮糙果茶 *Camellia crapnelliana*

小乔木，高 5 ~ 7 m。叶硬革质，倒卵状椭圆形至椭圆形，先端短尖，尖头钝，基部楔形，边缘具细钝齿。花顶生，单花，花冠白色，花瓣 6 ~ 8 片。蒴果球形。花期冬季，果期秋季。产于香港、广西、福建、江西和浙江。（观赏地点：山茶园、新石器时期遗址）

1. 越南抱茎茶　2. 红皮糙果茶

1

2

油茶 *Camellia oleifera*

灌木或中乔木。叶革质，椭圆形，长圆形或倒卵形，先端尖而有钝头，有时渐尖或钝，基部楔形。花顶生，花瓣白色，5 ~ 7片，倒卵形。蒴果球形或卵圆形。花期冬春季，果期夏季。产于我国中南部，生于海拔200 ~ 1 800 m林中或灌丛中。老挝、缅甸和越南也有分布。（观赏地点：山茶园、新石器时期遗址、分类区）

金花茶 *Camellia petelotii* (*Camellia nitidissima*)

灌木，高2 ~ 3 m。叶革质，长圆形或披针形，或倒披针形，先端尾状渐尖，基部楔形，边缘具细锯齿。花黄色，腋生，花瓣8 ~ 12片，近圆形。蒴果扁三角球形。花期11—12月。产于广西，生于山地常林中。越南也有分布。（观赏地点：山茶园、凤梨园、新石器时期遗址）

1. 油茶　2. 金花茶

1

2

1. 茶梅　2. 南山茶

茶梅 *Camellia sasanqua*

小乔木，嫩枝有毛。叶革质，椭圆形，先端短尖，基部楔形，有时略圆，边缘具细锯齿。花大小不一，花瓣 6 ~ 7 片，阔倒卵形，近离生，红色。蒴果球形。花期冬季。产于日本。（观赏地点：山茶园）

南山茶 *Camellia semiserrata*

又名广宁红花油茶。小乔木，高 8 ~ 12 m。叶革质，椭圆形或长圆形，先端急尖，基部阔楔形，边缘上半部或 1/3 具疏而锐利的锯齿。花顶生，红色，花瓣 6 ~ 7 片，阔倒卵圆形。蒴果。花期 2—3 月，果期夏秋季。产于广东和广西，生于海拔 200 ~ 350 m 山地林中。（观赏地点：山茶园）

锦绣杜鹃 *Rhododendron* × *pulchrum* (*Rhododendron pulchrum*)

【**科属**】杜鹃花科杜鹃花属。【**别名**】毛鹃。【**简介**】半常绿灌木，高 1.5 ~ 2.5 m。叶薄革质，椭圆状长圆形至椭圆状披针形或长圆状倒披针形，先端钝尖，基部楔形，边缘反卷，全缘。伞形花序顶生，具花 1 ~ 5 朵，花冠玫瑰紫色，阔漏斗形。蒴果长圆状卵球形。花期 4—5 月，果期 9—10 月。【**产地**】产于江苏、浙江、江西、福建、湖北、湖南、广东和广西。【**观赏地点**】杜鹃园、新石器时期遗址、西门停车场。

虾衣花 *Justicia brandegeeana* (*Calliaspidia guttata*)

【**科属**】爵床科爵床属（麒麟吐珠属）。【**别名**】麒麟吐珠。【**简介**】多分枝草本，高 20 ~ 50 cm。叶卵形，顶端短渐尖，基部渐狭而成细柄，全缘。穗状花序紧密，稍弯垂，苞片砖红色，萼白色，长约为冠管 1/4，花冠白色，在喉凸上具红色斑点。花期几乎全年。【**产地**】产于墨西哥。【**观赏地点**】山茶园。

1

2

1. 锦绣杜鹃　2. 虾衣花

紫花风铃木

秤星树

1　　2

紫花风铃木 *Handroanthus impetiginosus*

【科属】紫葳科风铃木属。**【简介】**落叶大乔木，高达 25 m。掌状复叶，小叶常 5 枚，长椭圆形至卵形，先端尖锐，基部钝。顶生短总状花序具花 10 ~ 20 朵，花冠漏斗状，紫红色带橘黄色晕，喉部常黄色。蒴果。盛花期春季。**【产地】**产于中南美洲。**【观赏地点】**山茶园、生物园。

秤星树 *Ilex asprella*

【科属】冬青科冬青属。**【别名】**梅叶冬青。**【简介】**落叶灌木，高达 3 m。叶膜质，在长枝上互生，在缩短枝上 1 ~ 4 枚簇生枝顶，卵形或卵状椭圆形，先端尾状渐尖，基部钝至近圆形，边缘具锯齿。花 4 或 5 基数，花冠白色，辐状。果球形，熟时变黑色。花期 3 月，果期 4—10 月。**【产地】**产于浙江、江西、福建、台湾、湖南、广东、广西和香港等地，生于海拔 400 ~ 1000 m 山地疏林中或路旁灌丛中。菲律宾也有分布。**【观赏地点】**杜鹃园、能源植物园。

1. 紫花风铃木　2. 秤星树

木本花卉区、经济植物区及稀树草坪

在看不到繁花满树的时节，木本花卉区及经济植物区仿佛与其他的森林并没有什么不同。这里的树木扎根已久，繁茂的身姿不像外来的旅客，却像是故人或者老朋友，平凡得让你甚至察觉不到它们的特别。而如果你来对了时节，就有机会见到繁花满树的美景。它们有的来自国内偏僻的山野，有的远渡重洋，只有善于观察、细心、有缘的人们，才会在合适的时候亲临这里姹紫嫣红的风景。稀树草坪可能是游人最为熟悉的地点之一，它位于温室景区的正门前方，平整的草地上零星点缀着不同种类的树木，树形优美，枝繁叶茂，等到开花时更是各具风采，争奇斗艳。

木本花卉区

木本花卉区占地约52亩，现种植有300余种树种，除国产的白花油麻藤、大果油麻藤、山茶及蝴蝶树外，还引种有非洲芙蓉、大鹤望兰、吊瓜树、淡红风铃木等国外观赏树种，各国奇花异卉，争奇斗艳，是休憩的绝佳去处。经济植物区占地约80亩，始建于1959年，主要种植有银钩花、众香、木油桐、长叶马府油、栗豆树、蓝树、马拉巴栗、白千层、红木等，具有显著经济价值的植物有200余种。稀树草坪主要为游客提供休憩的场所，种植有海杧果、五桠果、茶梨、叉叶木、树头菜、棱萼紫薇、喜树等观赏树种。

经济植物区

稀树草坪

柱状南洋杉 *Araucaria columnaris*

【科属】南洋杉科南洋杉属。【简介】乔木，高可达 60 m，小枝索状。叶 2 型：幼叶针状，具小齿，先端弯曲；成年叶鳞片状，小，三角形，渐尖，先端弯曲。球果圆锥形。【产地】产于新喀里多尼亚。【观赏地点】稀树草坪、孑遗植物区。

银钩花 *Mitrephora tomentosa* (*Mitrephora thorelii*)

【科属】番荔枝科银钩花属。**【简介】**乔木，高达 25 m。叶近革质，卵形或长圆状椭圆形，顶端短渐尖，基部圆形，具光泽，叶背被锈色长柔毛。花淡黄色，单生或数朵组成总状花序，外轮花瓣卵形，内轮花瓣菱形。果卵状或近圆球状。花期秋冬季，果期夏季。**【产地】**产于海南和云南，生于山地密林中。越南、老挝、柬埔寨、泰国等地也有分布。**【观赏地点】**经济植物区。

1

海芋 *Alocasia odora*

【科属】天南星科海芋属。【别名】滴水观音。【简介】大型草本，茎粗壮，株高 2 ~ 5 m，直径可达 30 cm。叶盾状着生，阔卵形。顶端急尖，基部广心状箭形，总花梗圆柱状，通常成对由叶鞘中抽出，佛焰苞管下部粉绿色，上部黄绿色，肉穗花序比佛焰苞短。浆果卵形，红色。花期夏秋季。【产地】产于我国南部，生于山野阴湿处。越南也有分布。【观赏地点】经济植物区、新石器时期遗址、药用植物园。

1. 海芋

梨头尖 *Typhonium blumei* (*Typhonium divaricatum*)

【科属】天南星科犁头尖属。**【别名】**野慈菇。**【简介】**块茎近球形、头状或椭圆形。幼株叶 1 ~ 2 片，叶片深心形、卵状心形至戟形，多年生植株具叶 4 ~ 8 枚，戟状三角形。佛焰苞管部绿色，卵形，檐部绿紫色，卷成长角状，盛花时展开，后仰。肉穗花序。花期 5—7 月。**【产地】**产于浙江、江西、福建、湖南、广东、广西、四川和云南，生于海拔 1200 m 以下田头、草坡、石隙中。日本和东南亚均有分布。**【观赏地点】**稀树草坪、药用植物园、高山极地植物室。

红花文殊兰 *Crinum* × *amabile*

【科属】石蒜科文殊兰属。**【简介】**多年生常绿草本，株高 0.6 ~ 1 m，具鳞茎。叶片大，宽带形或箭形，先端尖，基部抱茎，全缘，绿色。花葶自鳞茎中抽出，顶生伞形花序，每花序具小花 20 余朵，小花花瓣 6 片，背面紫色，上面浅粉色，中间具较深紫色条纹。蒴果。花期几乎全年。**【产地】**产于亚洲热带地区。**【观赏地点】**木本花卉区。

1. 梨头尖
2. 红花文殊兰

1

2

1

2

巴西铁 *Dracaena fragrans*

【科属】天门冬科（百合科）龙血树属。【别名】香龙血树。【简介】常绿小乔木，株高可达 4 m。叶宽线形，先端尖，绿色，聚生茎干上部。穗状花序，黄绿色。花期夏季。【产地】产于非洲南部。【观赏地点】木本花卉区、热带雨林室。

三药槟榔 *Areca triandra*

【科属】棕榈科槟榔属。【简介】茎丛生，高 3 ~ 4 m 或更高。叶羽状全裂，约 17 对羽片，下部和中部羽片披针形，镰刀状渐尖，上部及顶端羽片较短而稍钝，具齿裂。佛焰苞 1 个，雌雄同株，花序多分枝。果实卵状纺锤形，深红色。花期 1—4 月，果期 4—8 月。【产地】产于印度、中南半岛、马来半岛等亚洲热带地区。【观赏地点】木本花卉区、棕榈园。

1. 巴西铁　2. 三药槟榔

王棕 *Roystonea regia*

【科属】棕榈科王棕属。**【别名】**大王椰子。**【简介】**茎直立，乔木状，高 10 ~ 20 m。叶羽状全裂，弓形并常下垂，叶轴每侧羽片多达 250 片，羽片呈 4 列排列。花序长达 1.5 m，多分枝，花小，雌雄同株。果实近球形至倒卵形，暗红色至淡紫色。花期 3—4 月，果期 10 月。**【产地】**产于美洲热带地区。**【观赏地点】**木本花卉区、棕榈园、大王椰路、藤本园。

大鹤望兰 *Strelitzia nicolai*

【科属】鹤望兰科（芭蕉科）鹤望兰属。**【简介】**茎干高达 8 m，木质。叶片长圆形，基部圆形，不等侧。花序腋生，花序上通常具 2 个大型佛焰苞，佛焰苞绿色而染红棕色，舟状，顶端渐尖，内具花 4 ~ 9 朵。萼片披针形，白色，箭头状花瓣天蓝色，中央花瓣极小。花期全年。**【产地】**产于非洲南部。**【观赏地点】**木本花卉区、热带雨林植物室。

1

2

1. 王棕　2. 大鹤望兰

王 棕

1

2

五桠果 *Dillenia indica*

【科属】五桠果科五桠果属。【别名】第伦桃。【简介】常绿乔木，高 25 m。叶薄革质，矩圆形或倒卵状矩圆形，先端近于圆形，基部广楔形，不等侧，边缘具明显锯齿。花单生于枝顶叶腋内，花瓣白色，倒卵形。果实圆球形。花期夏秋季，果期秋冬季。【产地】产于云南，喜生于山谷溪旁水湿地带。南亚、东南亚也有分布。【观赏地点】稀树草坪、生物园。

刺桐 *Erythrina variegata*

【科属】豆科刺桐属。【简介】大乔木，高可达 20 m。羽状复叶具 3 小叶，常密集枝端，小叶膜质，宽卵形或菱状卵形，先端渐尖而钝，基部宽楔形或截形。总状花序顶生，花冠红色。荚果黑色，肥厚。花期 2—3 月，果期 8 月。【产地】产于印度至大洋洲海岸林中。【观赏地点】木本花卉区、西门停车场。

1. 五桠果　2. 刺桐

腊肠树 *Cassia fistula*

【**科属**】豆科腊肠树属（决明属）。【**别名**】阿勃勒。【**简介**】落叶小乔木或中等乔木，高可达15 m。羽状复叶，小叶对生，薄革质，阔卵形、卵形或长圆形，顶端短渐尖而钝，基部楔形，边全缘。总状花序，花与叶同时开放，花瓣黄色。荚果圆柱形。花期6—8 月，果期10 月。【**产地**】产于印度、缅甸和斯里兰卡。【**观赏地点**】木本花卉区。

栗豆树 *Castanospermum australe*

【**科属**】豆科栗豆树属。【**别名**】绿元宝。【**简介**】常绿乔木，高8 ~ 20 m，原产地可达40 m。一回奇数羽状复叶，小叶呈长椭圆形，先端尖，基部圆，近对生，全缘，革质。圆锥花序，萼片黄绿色，花橙黄色。荚果，种子极大，如鸡蛋大小。花期春夏季。【**产地**】产于澳大利亚。【**观赏地点**】经济植物区。

1

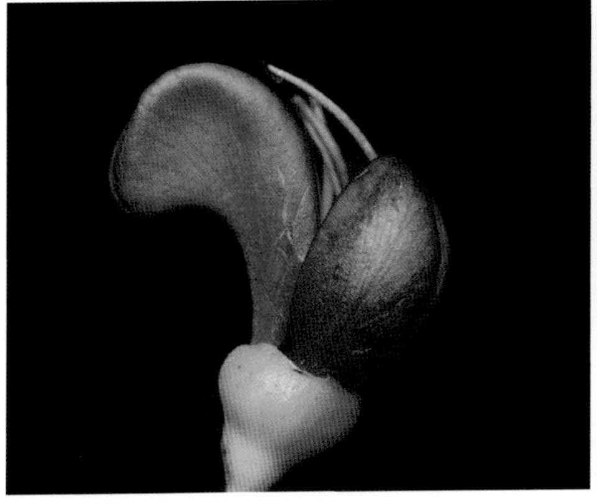

2

1. 腊肠树　2. 栗豆树

沙梨 *Pyrus pyrifolia*

【科属】蔷薇科梨属。**【简介】**乔木，高达 7 ～ 15 m。叶片卵状椭圆形或卵形，先端长尖，基部圆形或近心形，稀宽楔形，边缘具刺芒锯齿，全缘。伞形总状花序，具花 6 ～ 9 朵，花瓣卵形，白色。果实近球形，浅褐色，有浅色斑点。花期 4 月，果期 8 月。**【产地】**产于安徽、江苏、浙江、江西、湖北、湖南、贵州、四川、云南、广东、广西和福建。**【观赏地点】**木本花卉区。

1

2

1. 高山榕
2. 毛果杜英

高山榕 *Ficus altissima*

【科属】桑科榕属。【别名】大青树。【简介】大乔木，高 25 ~ 30 m。叶厚革质，广卵形至广卵状椭圆形，先端钝，急尖，基部宽楔形，全缘。榕果成对腋生，椭圆状卵圆形，成熟时红色或带黄色。雄花散生榕果内壁，花被片 4 片，雌花无柄，花被片与瘿花同数。花期 3—4 月，果期 5—7 月。【产地】产于海南、广西、云南和四川，生于海拔 100 ~ 2000 m 山地或平原。南亚、东南亚广布。【观赏地点】稀树草坪、中心大草坪。

毛果杜英 *Elaeocarpus rugosus* (*Elaeocarpus apiculatus*)

【科属】杜英科杜英属。【别名】尖叶杜英。【简介】乔木，高达 30 m。叶聚生于枝顶，革质，倒卵状披针形，先端钝，基部窄而钝。总状花序具花 5 ~ 14 朵，花瓣倒披针形，先端 7 ~ 8 裂。核果椭圆形。花期 8—9 月，果期冬季。【产地】产于云南、广东和海南，生于低海拔山谷。中南半岛和马来西亚也有分布。【观赏地点】稀树草坪、苏铁园。

同属植物

锡兰杜英 *Elaeocarpus serratus*

又名锡兰橄榄。常绿乔木，高达 15 m。叶互生，椭圆形，表面浓绿、光滑，革质，边缘具锯齿。总状花序腋生或顶生，花淡黄绿色，花瓣先端丝状分裂。核果卵形。花期夏季，果期冬季。产于亚洲热带地区。（观赏地点：经济植物区、生物园）

散沫花 *Lawsonia inermis*

【**科属**】千屈菜科散沫花属。【**别名**】指甲花。【**简介**】无毛大灌木，高可达 6 m。叶交互对生，薄革质，椭圆形或椭圆状披针形，顶端短尖，基部楔形或渐狭成叶柄。花极香，白色或玫瑰红色至朱红色，花瓣 4 片，边缘内卷，具齿。蒴果扁球形。花期 6—10 月，果期 12 月。【**产地**】原产地可能是东非和东南亚。【**观赏地点**】温室门口外。

1

2

1. 锡兰杜英　2. 散沫花

1

棱萼紫薇 *Lagerstroemia floribunda*

【**科属**】千屈菜科紫薇属。【**别名**】多花紫薇、南洋紫薇。【**简介**】乔木，高约 12 m。叶椭圆状矩圆形或矩圆形，顶端渐尖或钝形，基部近圆形或急尖。大型圆锥花序顶生，花萼钟形，花瓣近圆形，边缘波状。蒴果椭圆形。花期秋季，果期冬季。【**产地**】产于缅甸、泰国和马来西亚。【**观赏地点**】稀树草坪。

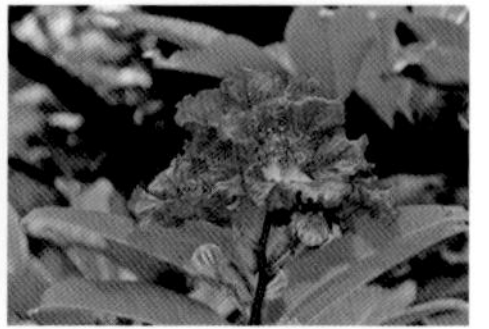

2

同属植物

大花紫薇 *Lagerstroemia speciosa*

又名大叶紫薇、百日红。大乔木，高可达 25 m。叶革质，矩圆状椭圆形或卵状椭圆形，稀披针形，甚大，顶端钝形或短尖，基部阔楔形至圆形。花淡红色或紫色，顶生圆锥花序，花瓣 6 片。蒴果球形至倒卵状矩圆形。花期 5—7 月，果期 10—11 月。产于斯里兰卡、印度、马来西亚、越南和菲律宾。（观赏地点：木本花卉区）

1. 棱萼紫薇
2. 大花紫薇

1

2

白千层 *Melaleuca cajuputi* subsp. *cumingiana* (*Melaleuca leucadendron*)

【**科属**】桃金娘科白千层属。【**简介**】常绿乔木，高达 18 m。树皮厚而松软，灰白色，多层纸状剥落。叶革质，互生，狭长椭圆形或狭矩圆形，具油腺点，香气浓郁。穗状花序假顶生，花白色，花瓣 5 片，花丝白色。果近球形。花期秋冬季。【**产地**】产于澳大利亚。【**观赏地点**】经济植物区。

众香 *Pimenta racemosa* var. *racemosa*

【**科属**】桃金娘科多香果属。【**简介**】常绿乔木，高 4 ~ 12 m。叶对生，叶片大而光亮，厚革质，椭圆形至长椭圆形，顶端钝圆，全缘。圆锥状聚伞花序生于枝顶，花白色，花瓣 5 片。果实卵形。花期 5—6 月。【**产地**】产于西印度群岛、波多黎各和委内瑞拉。【**观赏地点**】经济植物区。

1. 白千层　2. 众香

1

加椰芒 *Spondias dulcis*

【科属】漆树科槟榔青属。【别名】南洋橄榄。【简介】落叶乔木，高10～12 m，最高可达20 m。叶互生，奇数羽状复叶，小叶对生，9～25个，椭圆形或倒卵状长圆形，边缘具细锯齿。圆锥花序，小花白色。核果椭圆形或椭圆状卵形，成熟时金黄色。花期春季，果期秋冬季。【产地】产于太平洋诸群岛。【观赏地点】木本花卉区。

滨木患 *Arytera littoralis*

【科属】无患子科滨木患属。【简介】常绿小乔木或灌木，高3～10 m，很少达13 m。复叶，小叶2对或3对，很少4对，近对生，薄革质，长圆状披针形至披针状卵形，顶端骤尖，钝头，基部阔楔形至近圆钝。花序常紧密多花，花芳香，花瓣5片。蒴果红色或橙黄色。花期夏初，果期秋季。【产地】产于云南、广西、广东和海南，生于低海拔地区的林中或灌丛中。广布于亚洲东南部，向南至新几内亚岛。【观赏地点】木本花卉区。

2

1. 加椰芒
2. 滨木患

加椰芒

滨木患

山楝 *Aphanamixis polystachya*

【科属】楝科山楝属。【简介】乔木，高 20 ~ 30 m。叶为奇数羽状复叶，小叶对生，先端渐尖，基部楔形或宽楔形，边全缘。花序腋上生，雄花组成穗状花序复排列成广展的圆锥花序，雌花组成穗状花序，花球形，花瓣 3 片。蒴果，熟后橙黄色。花期 5—9 月，果期 10 月至次年 4 月。【产地】产于广东、广西和云南，生于低海拔地区的杂木林中。印度、中南半岛、马来半岛和印度尼西亚等地也有分布。【观赏地点】经济植物区、杜鹃园、姜园。

瓜栗 *Pachira aquatica* (*Pachira macrocarpa*)

【**科属**】锦葵科（木棉科）瓜栗属。【**别名**】水瓜栗。【**简介**】乔木，高可达 18 m。小叶 5 ~ 11 枚，长圆形至倒卵状长圆形，渐尖，基部楔形，全缘。花单生枝顶叶腋，花梗粗壮，被黄色星状茸毛，萼杯状，近革质，花瓣淡黄绿色，花丝下部黄色，向上变红色。蒴果近梨形，黄褐色。花期 5—11 月，果先后成熟。【**产地**】产于中南美洲。【**观赏地点**】经济植物区。

同属植物

光瓜栗 *Pachira glabra*

又名马拉巴栗。常绿小乔木，株高 4 ~ 5 m。小叶 5 ~ 7 枚，长圆形至倒卵状长圆形，渐尖，基部楔形，全缘。花单生枝顶叶腋，花瓣淡黄绿色，狭披针形至线形，雄蕊管分裂为多数雄蕊束，每束再分裂为 7 ~ 10 枚细长花丝，花丝白色。蒴果近梨形。花期 5—11 月，果先后成熟。产于中美洲墨西哥至哥斯达黎加。（观赏地点：木本植物区、能源路）

1

2

1. 瓜栗　2. 光瓜栗

美丽异木棉 *Ceiba speciosa*

【科属】锦葵科（木棉科）吉贝属。【别名】美人树。【简介】落叶乔木，高10 ~ 15 m，树干下部膨大，幼树树皮浓绿色，密生圆锥状皮刺。掌状复叶，小叶5 ~ 9枚，椭圆形。花单生，花冠淡紫红色，中心有白、粉红、黄色等。蒴果椭圆形。花期秋冬季，果期春季。【产地】产于南美洲。【观赏地点】木本花卉区、新石器时期遗址。

翻白叶 *Pterospermum heterophyllum*

【科属】锦葵科（梧桐科）翅子树属。【别名】异叶翅子木。【简介】乔木，高达20 m。叶2形，生于幼树或萌蘖枝上的叶盾形，掌状3 ~ 5裂，生于成长的树上的叶，矩圆形至卵状矩圆形，顶端钝、急尖或渐尖。花单生或2 ~ 4朵组成腋生的聚伞花序，花瓣5片。蒴果。花期夏季，果期秋季。【产地】产于广东、福建和广西。【观赏地点】木本花卉区。

1

2

1. 美丽异木棉　2. 翻白叶

蝴蝶树 *Heritiera parvifolia*

【科属】锦葵科（梧桐科）银叶树属。**【简介】**常绿乔木，高达30m。叶椭圆状披针形，顶端渐尖，基部短尖或近圆形。圆锥花序腋生，花小，白色，萼长5～6裂。果具长翅，翅鱼尾状，顶端钝，果皮革质，种子椭圆形。花期5—6月。**【产地】**产于海南，生于山地热带雨林中。**【观赏地点】**木本花卉区。

红 木

1

2

红木 *Bixa orellana*

【**科属**】红木科红木属。【**别名**】胭脂木。【**简介**】常绿灌木或小乔木，高 2 ~ 10 m。叶心状卵形或三角状卵形，先端渐尖，基部圆形或几截形，有时略呈心形，边缘全缘。圆锥花序顶生，花较大，萼片 5 枚，花瓣 5 片，倒卵形，粉红色。蒴果。花期夏季至秋季，果期秋季至冬季。【**产地**】产于美洲热带地区。【**观赏地点**】木本花卉区、经济植物区。

树头菜 *Crateva unilocularis*

【**科属**】山柑科鱼木属。【**简介**】乔木，高 5 ~ 15 m 或更高。小叶薄革质，侧生小叶基部不对称，顶端渐尖或急尖，中脉带红色，侧脉 5 ~ 10 对，网状脉明显。总状或伞房状花序，具花 10 ~ 40 朵，花瓣白色或黄色。果球形。花期 3—7 月，果期 7—8 月。【**产地**】产于广东、广西和云南等地，常生于平地或 1500 m 以下湿润地区。南亚、东南亚也有分布。【**观赏地点**】稀树草坪。

1. 红木　2. 树头菜

1

2

喜树 *Camptotheca acuminata*

【科属】蓝果树科喜树属。【简介】落叶乔木，高达 20 m。叶互生，纸质，矩圆状卵形或矩圆状椭圆形，顶端短锐尖，基部近圆形或阔楔形，全缘。头状花序近球形，通常上部雌花序，下部雄花序，花杂性，同株，花瓣 5 片，淡绿色。翅果矩圆形。花期 5—7 月，果期 9 月。【产地】产于江苏、浙江、福建、江西、湖北、湖南、四川、贵州、广东、广西和云南等地，生于海拔 1000 m 以下林边或溪边。【观赏地点】稀树草坪小卖部旁。

八角枫 *Alangium chinense*

【科属】山茱萸科（八角枫科）八角枫属。【简介】落叶乔木或灌木，高 3 ~ 5 m，稀达 15 m。叶纸质，近圆形或椭圆形、卵形，顶端短锐尖或钝尖，基部阔楔形、截形、稀近于心脏形，不分裂或 3 ~ 9 裂。聚伞花序，花瓣 6 ~ 8 片，初为白色，后变黄色。核果。花期 5—7 月和 9—10 月，果期 7—11 月。【产地】产于河南、陕西、甘肃、江苏、浙江、安徽、福建、台湾、江西、湖北、湖南、四川、贵州、云南、广东、广西和西藏，生于海拔 1800 m 以下山地或疏林中。东南亚和非洲东部各国也有分布。【观赏地点】经济植物区。

1. 喜树　2. 八角枫

茶梨 *Anneslea fragrans* (*Anneslea fragrans* var. *hainanensis*)

【科属】五列木科（山茶科）茶梨属。【别名】海南红楣。【简介】乔木，高约 15 m，有时灌木状或小乔木。叶革质，通常聚生在嫩枝近顶端，呈假轮生状，叶形变异很大，通常椭圆形或长圆状椭圆形至狭椭圆形。萼片 5 片，淡红色，花瓣 5 片，基部连合。果实浆果状。花期 1—3 月，果期 8—9 月。【产地】产于福建、江西、湖南、广东、广西、贵州、海南和云南等地，多生于海拔 300 ～ 2500 m 山坡林中或林缘沟谷地以及山坡溪沟边阴湿地。东南亚也有分布。【观赏地点】稀树草坪。

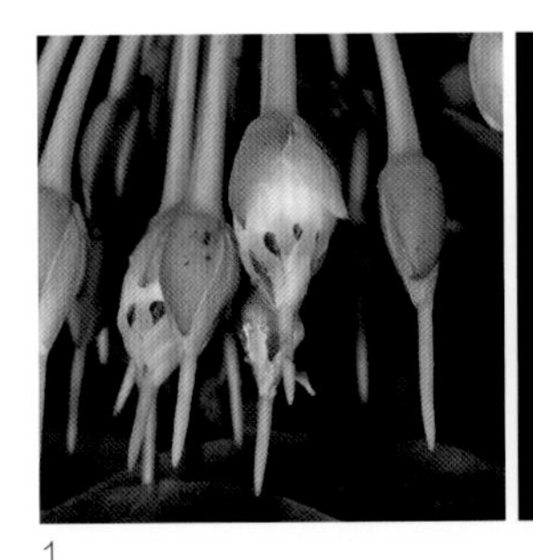

1

2

长叶马府油 *Madhuca longifolia*

【科属】山榄科紫荆木属。**【别名】**长叶紫荆木。**【简介】**乔木，高可达 16 m 或更高。单叶互生，通常聚生于枝顶，叶革质或近革质，先端小，基部楔形，全缘。花簇生于叶腋，顶生，下垂，花梗极长，花萼裂片 4 枚，2 轮。花冠裂片 8 枚，白色。花期 5—6 月。**【产地】**产于印度、斯里兰卡、尼泊尔和缅甸，生于热带和亚热带森林边缘。**【观赏地点】**经济植物区。

酸苔菜 *Ardisia solanacea*

【科属】报春花科（紫金牛科）紫金牛属。**【简介】**灌木或乔木，高 6 m 以上。叶片坚纸质，椭圆状披针形或倒披针形，顶端急尖、钝或近圆形，基部急尖或狭窄下延。复总状花序或总状花序，腋生，花瓣粉红色。果扁球形。花期 2—3 月，果期 8—11 月。**【产地】**产于云南和广西，生于海拔 400 ~ 1550 m 林中或林缘灌木丛中。从斯里兰卡至新加坡也有分布。**【观赏地点】**木本花卉区。

1. 长叶马府油　2. 酸苔菜

栀子 *Gardenia jasminoides*

【科属】茜草科栀子属。【别名】水横枝、黄栀。【简介】灌木，高 0.3 ~ 3 m。叶对生，革质，稀为纸质，少为 3 枚轮生，叶形多样，通常为长圆状披针形、倒卵状长圆形、倒卵形或椭圆形。花芳香，通常单朵生于枝顶，花冠白色或乳黄色，高脚碟状。果黄色或橙红色。花期 3—7 月，果期 5 月至次年 2 月。常见栽培的变种有白蟾 var. *fortuneana*。【产地】产于我国大部分地区，生于海拔 10 ~ 1500 m 丘陵、山谷、山坡、溪边灌丛或林中。日本、朝鲜、东南亚及太平洋岛屿和美洲也有分布。【观赏地点】木本花卉区、生物园。

蓝树 *Wrightia laevis*

【科属】夹竹桃科倒吊笔属。【简介】乔木，高 8 ~ 20 m。叶膜质，长圆状披针形或狭椭圆形至椭圆形，稀卵圆形，顶端渐尖至尾状渐尖，基部楔形。花白色或淡黄色，多朵组成顶生聚伞花序，花冠漏斗状，副花冠呈流苏状。蓇葖 2 个离生。花期 4—8 月，果期 7 月至次年 3 月。【产地】产于广东、广西、贵州和云南等地，生于路旁和山地疏林中或山谷向阳处。东南亚至澳大利亚也有分布。【观赏地点】经济植物区、兰园。

1. 栀子　2. 白蟾　3. 蓝树

1

2

海杧果 *Cerbera manghas*

【科属】夹竹桃科海杧果属。【别名】海芒果。【简介】乔木，高 4 ~ 8 m。叶厚纸质，倒卵状长圆形或倒卵状披针形，稀长圆形，顶端钝或短渐尖，基部楔形。花冠裂片白色，芳香，倒卵状镰刀形。核果双生或单个。花期 3—10 月，果期 7 月至次年 4 月。【产地】产于广东、广西、海南和台湾，生于海边或近海边湿润的地方。亚洲和澳大利亚热带地区也有分布。【观赏地点】稀树草坪、西门停车场。

大花鸳鸯茉莉 *Brunfelsia pauciflora*

【科属】茄科鸳鸯茉莉属。【简介】常绿或半常绿灌木，高达 2 m。单叶互生，长披针形，上面深绿色，下面苍白色，全缘，叶缘略波皱。花大，单生或 2 ~ 3 朵簇生于枝顶，高脚碟状，初开时蓝色，后转为白色，喉部白色，芳香。花果期几乎全年。【产地】产于巴西。【观赏地点】木本花卉区、生物园、药用植物园。

3

1. 海杧果　2—3. 大花鸳鸯茉莉

1

2

桂花 *Osmanthus fragrans*

【科属】木樨科木樨属。【别名】木犀。【简介】常绿乔木或灌木，高 3 ～ 5 m，最高可达 18 m。叶片革质，椭圆形、长椭圆形或椭圆状披针形，先端渐尖，基部渐狭呈楔形或宽楔形，全缘或通常上半部具细锯齿。聚伞花序，芳香，黄白色、淡黄色、黄色或橘红色。果椭圆形。花期 9—10 月上旬，部分品种全年开花，果期次年 3 月。【产地】产于我国西南部。【观赏地点】稀树草坪、能源植物园、杜鹃园、新石器时期遗址。

吊瓜树 *Kigelia africana*

【科属】紫葳科吊灯树属。【别名】腊肠树、羽叶吊瓜树。【简介】乔木，高 13 ～ 20 m。奇数羽状复叶交互对生或轮生，小叶 7 ～ 9 枚，长圆形或倒卵形，顶端急尖，基部楔形，全缘。圆锥花序，花稀疏，6 ～ 10 朵，花冠橘黄色或褐红色，上唇 2 片较小，下唇 3 片较大。果下垂，圆柱形。花果期几乎全年。【产地】产于非洲热带地区。【观赏地点】木本花卉区。

1. 桂花　2. 吊瓜树

叉叶木 *Crescentia alata*

【**科属**】紫葳科葫芦树属。【**别名**】十字架树。【**简介**】灌木或小乔木，高 3 ~ 6 m。叶簇生于小枝上，小叶 3 枚，长倒披针形至倒匙形，叶柄具阔翅。花 1 ~ 2 朵生于小枝或老茎上，花萼淡紫色，花冠褐色，具紫褐色脉纹，近钟状。果近球形。花期春季至夏季，果期秋季。【**产地**】产于墨西哥至哥斯达黎加。【**观赏地点**】稀树草坪、热带雨林植物室、藤本园、园林树木区。

火烧花 *Mayodendron igneum*

【**科属**】紫葳科火烧花属。【**别名**】缅木。【**简介**】常绿乔木，高可达 15 m。大型奇数二回羽状复叶，小叶卵形至卵状披针形，顶端长渐尖，基部阔楔形，偏斜，全缘。花序具花 5 ~ 13 朵，花萼佛焰苞状，花冠橙黄色至金黄色，筒状。蒴果长线形，下垂。花期 2—5 月，果期 5—9 月。【**产地**】产于台湾、广东、广西和云南，生于海拔 150 ~ 1900 m 干热河谷、低山丛林。越南、老挝、缅甸和印度等地也有分布。【**观赏地点**】经济植物区、园林树木区。

1

2

1. 叉叶木　2. 火烧花

1

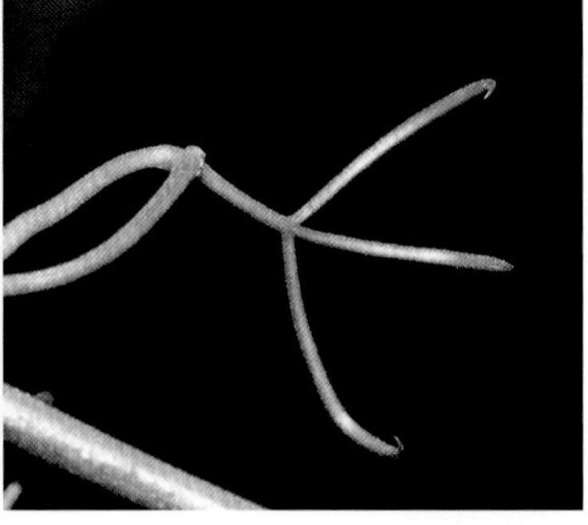

2

1. 淡红风铃木
2. 猫爪藤

淡红风铃木 *Tabebuia rosea*

【科属】紫葳科栎铃木属。【别名】紫绣球。【简介】落叶乔木，株高可达 30 m。掌状复叶，小叶 5 枚，卵形，先端尖，基部近圆形。花簇生于枝顶，先花后叶，花冠合瓣，漏斗状，2 唇形，5 裂，裂片近等大，粉红色。蒴果。花期冬季至次年春季。【产地】产于南美洲。【观赏地点】木本花卉区、西门停车场。

猫爪藤 *Dolichandra unguis-cati* (*Macfadyena unguis-cati*)

【科属】紫葳科猫爪藤属。【简介】常绿攀缘藤本。卷须与叶对生，顶端分裂成 3 枚钩状卷须。叶对生，小叶 2 枚，稀 1 枚，长圆形，顶端渐尖，基部钝。花单生或组成圆锥花序，花冠钟状至漏斗状，黄色，檐部裂片 5 枚。蒴果长线形。花期 4 月，果期 6 月。【产地】产于西印度群岛及墨西哥、巴西和阿根廷。【观赏地点】经济植物区、兰园、药用植物园。

赪桐 *Clerodendrum japonicum*

【科属】唇形科（马鞭草科）大青属。【别名】百日红、状元红。【简介】灌木，高 1 ~ 4 m。叶片圆心形，顶端尖或渐尖，基部心形，边缘具疏短尖齿。二歧聚伞花序组成顶生大而开展的圆锥花序，花萼红色，花冠红色，稀白色，雄蕊长约达花冠管 3 倍。花果期 5—11 月。【产地】产于江苏、浙江、江西、湖南、福建、台湾、广东、广西、四川、贵州和云南。生于平原、山谷、溪边或疏林中或栽培于庭园。东南亚和日本也有分布。【观赏地点】木本花卉区、西门路边。

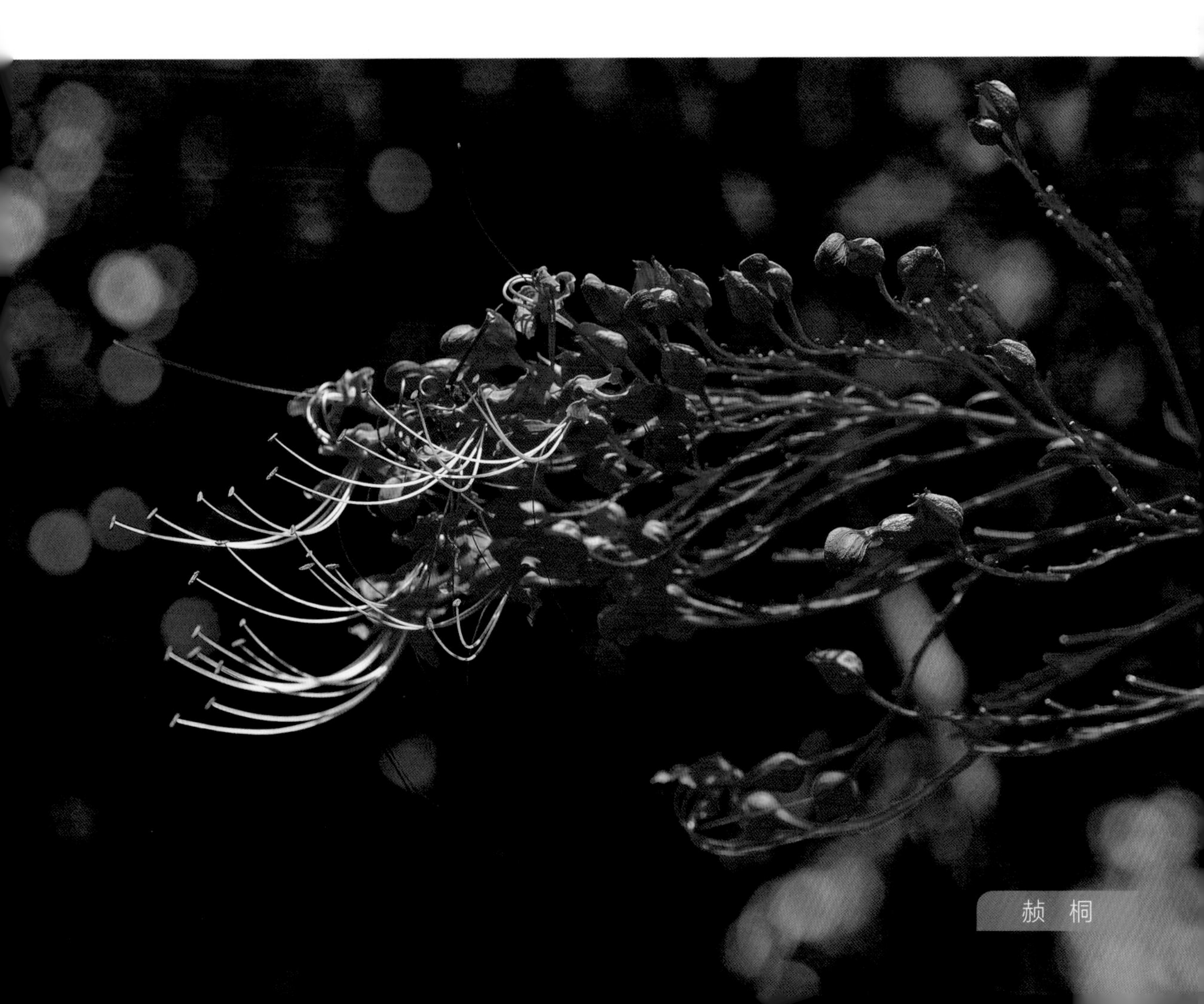

赪 桐

棕榈园及孑遗植物区

棕榈仿佛是热带风情的代名词，它们往往高大挺拔，有着极为硕大的叶片，虽然是一棵棵的大树，却跟温带有着坚实木材的树木大相径庭。各种棕榈的叶柄常常会在树干上留下些许痕迹，相比动辄成百上千年的苍劲虬结，棕榈高大、挺立、年轻的个性像是来自热带的青年，招呼着你去享受阳光、沙滩。孑遗植物起源于久远的新生代，当你进入孑遗植物区，森林、阳光、草地，仿佛穿越回到繁茂的远古森林之中。

棕榈园始建于 1956 年，占地约 45 亩，是三面环水的半岛，岛内葵风拂面，椰林玉立，展示国内外棕榈植物 300 多种，置

棕榈园

身其中，仿佛身处一个热带风情的国度。棕榈园除棕榈科植物外，爵床科的红花山牵牛也是广受植物爱好者青睐的一种藤本植物。孑遗植物区建于 1959 年，占地 15 亩。目前，地球上已知的孑遗植物大约有 80 多种，现在园区收集有 20 多种。孑遗植物区所栽培的水松与落羽杉等落叶树种，与水面相得益彰，形成著名的羊城新八景之一——“龙洞琪林”景观，每年秋冬时节，此处因其具有色彩斑斓的唯美景观，而成为南国知名秋景观赏点。

孑遗植物区

棕榈园

1

2

落羽杉 *Taxodium distichum*

【**科属**】柏科（杉科）落羽杉属。【**别名**】落羽松。【**简介**】落叶乔木，高达 50 m。干基通常膨大，常具屈膝状的呼吸根。叶条形，扁平，基部扭转在小枝上排成 2 列，羽状，先端尖，每边具 4 ～ 8 条气孔线。雄球花卵圆形，雌球花单生于去年枝条。球果球形或卵圆形。花期 3—4 月，果期 10 月。【**产地**】原产于北美洲东南部，可生于排水不良的沼泽地上。【**观赏地点**】孑遗植物区。

水松 *Glyptostrobus pensilis*

【**科属**】柏科（杉科）水松属。【**简介**】乔木，高 8 ～ 10 m，稀高达 25 m。生于湿生环境者，树干基部膨大成柱槽状，且有伸出土面或水面的吸收根。叶多型：鳞形叶较厚或背腹隆起，条形叶两侧扁平，条状钻形叶两侧扁。球果倒卵圆形，种子椭圆形，稍扁，褐色。花期 1—2 月，果期秋后。【**产地**】本种为我国特有种，广东、福建、江西、四川、广西和云南均有分布。【**观赏地点**】孑遗植物区。

1. 落羽杉　2. 水松

水 松

霸王棕 *Bismarckia nobilis*

【科属】棕榈科霸王棕属。【别名】霸王榈。【简介】干通直，株高可达60～70 m。叶丛生，掌状深裂，银绿色，裂片达100枚或更多，叶缘深裂，先端钝，2裂。穗状花序，下垂，雌雄异株。核果。【产地】产于马达加斯加。【观赏地点】棕榈园。

砂糖椰子 *Arenga pinnata*

【科属】棕榈科桄榔属。【别名】糖棕。【简介】常绿乔木，高达20 m。叶片一回羽状分裂，常竖直生长，羽片多达150对，条形，在叶轴上排成不同平面，叶面深绿色，背面银白色。雌雄同株，腋生花序下垂。果实球形至卵球形。【产地】产于印度至东南亚。【观赏地点】棕榈园。

1

2

1. 霸王棕　2. 砂糖椰子

1

同属植物

鱼骨葵 *Arenga tremula*

常绿丛生灌木，高 3 ~ 5 m。叶片大型，羽状全裂，羽片多数，倒披针形，背面灰白色，边缘及顶端具啮蚀状锯齿。花橙色，芳香。果近球形，熟时红色至紫红色。花期 4—6 月，果期 6 月至次年 3 月。原产于菲律宾。（观赏地点：棕榈园、科学家之家）

桄榔 *Arenga westerhoutii*

又名南椰。乔木状，高 5 ~ 10 m。叶簇生于茎顶，羽状全裂，羽片呈 2 列排列，线形或线状披针形。花序腋生，从上往下抽生，最下部的花序果实成熟时，植株死亡。花萼、花瓣各 3 片。果实近球形，种子黑色。花期 6 月，果期开花后 2 ~ 3 年。产于海南、广西、云南西部至东南部。中南半岛和东南亚一带也有分布。（观赏地点：棕榈园）

2

1. 鱼骨葵　2. 桄榔

1

2

1. 狐尾椰　2. 假槟榔

狐尾椰 *Wodyetia bifurcata*

【科属】棕榈科狐尾椰属。【别名】狐尾棕。【简介】常绿乔木，高达 15 m。叶片长达 3 m，复羽状分裂为 11 ~ 17 小羽片，小羽片先端啮蚀状，辐射状排列使叶片呈狐尾状。雌雄同株，花黄绿色。果实卵形，红色。花期秋冬季，果次年成熟。【产地】产于澳大利亚昆士兰州。【观赏地点】棕榈园。

假槟榔 *Archontophoenix alexandrae*

【科属】棕榈科假槟榔属。【别名】亚历山大椰子。【简介】乔木状，高达 10 ~ 25 m，圆柱状，基部略膨大。叶羽状全裂，生于茎顶，羽片呈 2 列排列，线状披针形。花序呈圆锥花序式，下垂，花雌雄同株，白色。果实卵球形，红色。花期 4 月，果期 4—7 月。【产地】产于澳大利亚东部。【观赏地点】棕榈园、木本花卉区。

三角椰子 *Dypsis decaryi* (*Neodypsis decaryi*)

【**科属**】棕榈科金果椰属（三角椰属）

【**简介**】常绿乔木，高 3 ~ 10 m。叶一回羽状，浅灰蓝色，整齐地排成 3 列，叶鞘外侧中央具 1 条显著突出的脊，由叶鞘包裹的植株基部呈三角状，小叶排列整齐。花序生叶间，花绿黄色。果卵圆形。花期 5—9 月，果期秋冬季。【**产地**】产于马达加斯加雨林地区。【**观赏地点**】棕榈园。

同属植物

红领椰子 *Dypsis leptocheilos* (*Neodypsis leptocheilos*)

茎单生，株高可达 10 m。叶鞘具红色鳞秕状绒毛，叶羽状，羽片 2 列排列，绿色。雌雄同株，果球形。产于马达加斯加。（观赏地点：棕榈园）

1. 三角椰子　2. 红领椰子

象鼻棕

象鼻棕 *Raphia vinifera*

【科属】棕榈科酒椰属。【别名】酒椰。【简介】茎直立，中等乔木状，高 5 ~ 10 m。叶为羽状全裂，羽片线形，上面绿色，背面灰白色。多个花序从顶部叶腋中同时抽出，粗壮，下垂，雄花着生于上部，雌花着生于基部。果实被覆瓦状排列鳞片。花期 3—5 月，果期为第三年的 3—12 月。【产地】产于非洲热带地区。【观赏地点】棕榈园。

1

董棕 *Caryota obtusa* (*Caryota urens*)

【科属】棕榈科鱼尾葵属。【简介】乔木状，高 5 ~ 25 m。叶弓状下弯，羽片宽楔形或狭的斜楔形，幼叶近革质，老叶厚革质。花序具多数、密集的穗状分枝花序，花序梗圆柱形，粗壮，萼片近圆形。果实球形至扁球形。花期 6—10 月，果期 5—10 月。【产地】产于广西和云南等地，生于海拔 370 ~ 2450 m 石灰岩山地区或沟谷林中。印度、斯里兰卡、缅甸至中南半岛也有分布。【观赏地点】棕榈园。

2

同属植物

单穗鱼尾葵 *Caryota monostachya*

茎丛生，矮小，高 2 ~ 4 m。叶长 2.5 ~ 3.5 m，羽片楔形或斜楔形，基部两侧不对称，幼叶薄而脆，老叶近革质。佛焰苞管状，花序长 40 ~ 80 cm，常不分枝，花瓣长圆形，紫红色。果实球形，成熟时紫红色。花期 3—5 月，偶见秋季开花，果期 7—10 月。产于广东、广西、贵州和云南等地，生于海拔 130 ~ 1600 m 山坡或沟谷林中。越南和老挝也有分布。（观赏地点：棕榈园、木兰园路边）

3

1. 象鼻棕　2. 董棕　3. 单穗鱼尾葵

1

2

薜荔 *Ficus pumila*

【科属】桑科榕属。【别名】凉粉子、鬼馒头。【简介】攀缘或匍匐灌木。叶 2 型，不结果枝叶卵状心形，薄革质，基部稍不对称，先端渐尖；结果枝上的叶革质，卵状椭圆形，先端急尖至钝形，基部圆形至浅心形。榕果单生叶腋，瘿花果梨形，雌花果近球形。瘦果近球形。花果期 5—8 月。【产地】产于福建、江西、浙江、安徽、江苏、台湾、湖南、广东、广西、贵州、云南、四川和陕西。日本和越南也有分布。【观赏地点】孑遗植物区、都市景观园、热带雨林室。

一品红 *Euphorbia pulcherrima*

【科属】大戟科大戟属。【别名】猩猩木。【简介】灌木，茎直立，高 1 ~ 4 m。叶互生，卵状椭圆形、长椭圆形或披针形，先端渐尖或急尖，基部楔形或渐狭。苞叶 5 ~ 7 枚，狭椭圆形，朱红色。花序数个聚伞排列于枝顶，总苞坛状，淡绿色，腺体黄色，常压扁，呈 2 唇状，雄花多数，雌花 1 枚。蒴果。花果期 10 月至次年 4 月。【产地】原产于中美洲。【观赏地点】棕榈园、正门门口。

1. 薜荔　2. 一品红

红花山牵牛 *Thunbergia coccinea*

【**科属**】爵床科山牵牛属。【**简介**】攀缘灌木。叶片宽卵形、卵形至披针形，先端渐尖，基部圆或心形，边缘波状或疏离的大齿。总状花序顶生或腋生，下垂，花冠红色，冠檐裂片近圆形。蒴果。花期秋冬季，果期春季。【**产地**】产于云南和西藏，生于海拔850 ~ 960 m 山地林中。印度和中南半岛北部也有分布。【**观赏地点**】孑遗植物区、藤本植物园。

红花山牵牛

蕨园

蕨园

人们往往只流连于花朵的艳丽夺目、芬芳宜人以及树木的郁郁葱葱、高大挺拔，却忽视了那虽不开花亦不矗立的植被，它们也拥有着自己独一无二的神奇故事。避开这北回归线以南灼热难耐的阳光，在树荫或是阴棚之下，各种蕨类和阴生植物借助这一方阴凉，展现出静谧安详的生命之美。

蕨园占地约 10 亩，是我国最早建立的蕨类暨阴生植物专类园，主要展示了共 36 科 350 多种蕨类植物，包括笔筒树、黑桫椤、金毛狗、福建观音座莲、松叶蕨、珠芽狗脊等一批珍稀观赏蕨类。蕨园除蕨类植物外，也搭配有许多种子植物，如风车子、土坛树、蛋黄果、山桂花、扁担藤等。这些植物结合流水亭廊，营造出阴湿生境，形成沟谷雨林特色景观。

蕨园

蕨园

梯叶铁线蕨 *Adiantum trapeziforme*

【科属】凤尾蕨科（铁线蕨科）铁线蕨属。【简介】大型陆生草本。叶长可达 1 m，叶柄纤细，黑色，具光泽。羽状复叶，四边形梯状，在叶轴上互生，有光泽，边缘具锯齿。孢子囊群着生在羽片顶部裂片边缘，无盖，由反折叶缘覆盖，半月形。【产地】产于中南美洲热带雨林中。【观赏地点】蕨园。

福建观音座莲 *Angiopteris fokiensis*

【科属】合囊蕨科（观音座莲科）观音座莲属。【别名】马蹄蕨、牛蹄劳。【简介】植株高 1.5 m 以上。叶片宽广，宽卵形，羽片 5 ~ 7 对，互生，奇数羽状，小羽片 35 ~ 40 对，对生或互生，叶缘全部具规则浅三角形锯齿。孢子囊群棕色，长圆形。【产地】产于福建、湖北、贵州、广东、广西和香港，生于林下溪沟边。【观赏地点】蕨园。

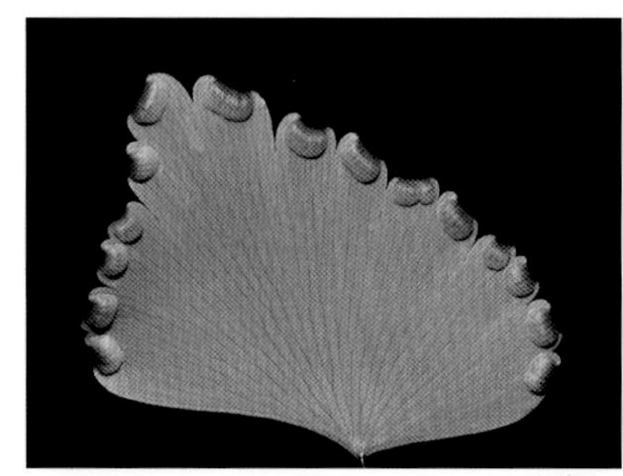

1

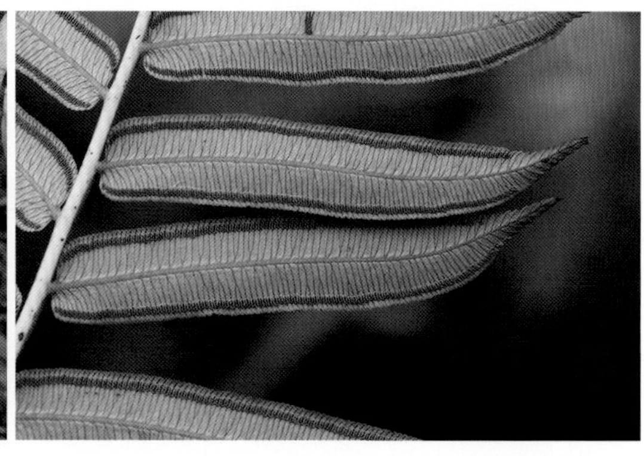
2

1. 梯叶铁线蕨
2. 福建观音座莲

梯叶铁线蕨

福建观音座莲

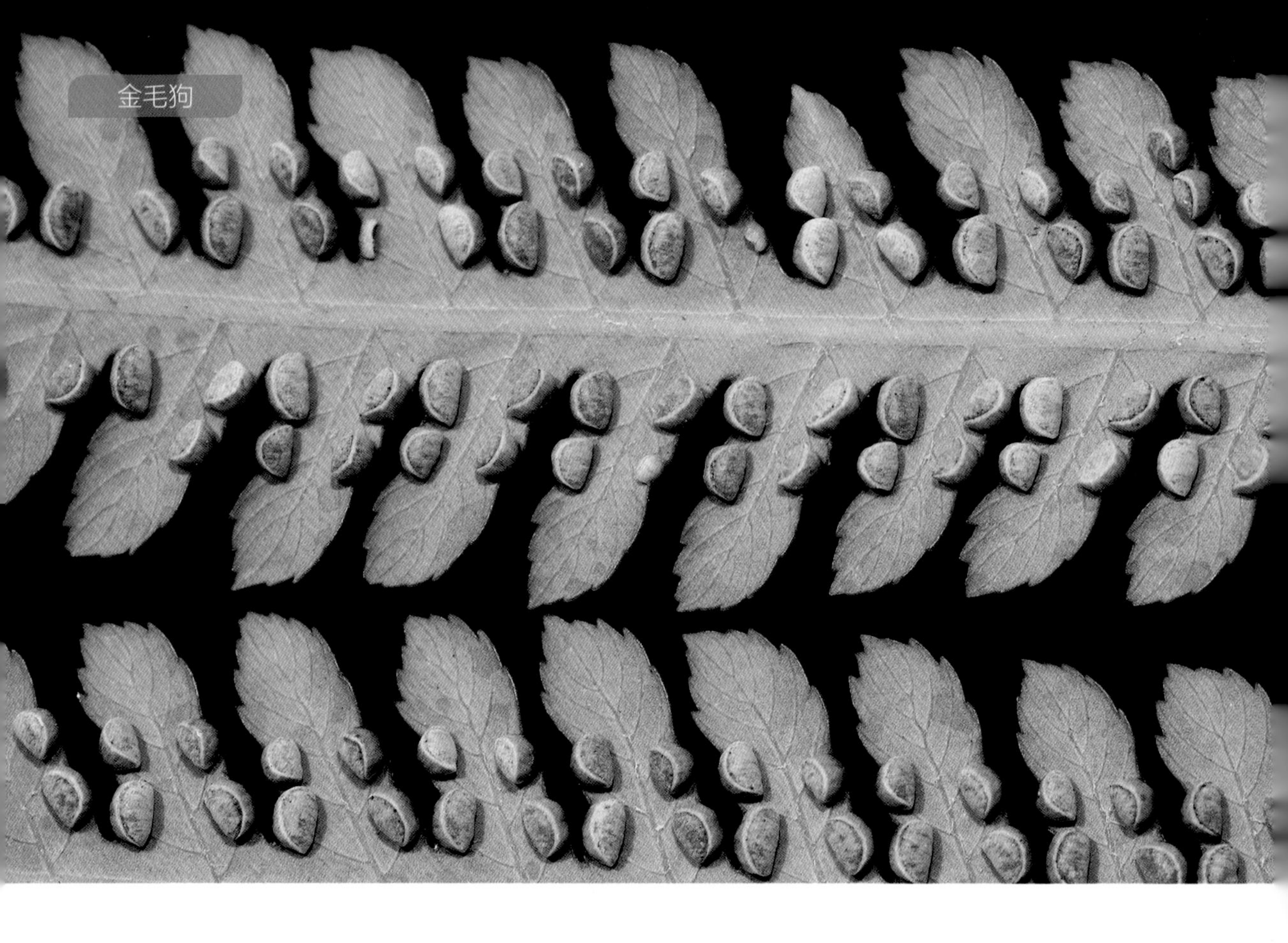

金毛狗 *Cibotium barometz*

【科属】金毛狗科（蚌壳蕨科）金毛狗属。【别名】黄毛狗。【简介】根状茎卧生，顶端生出一丛大叶，叶片大，长达1.8 m，广卵状三角形，三回羽状分裂。叶革质或厚纸质，具光泽，下面灰白或灰蓝色。孢子群每一末回能育裂片1～5对，生于下部的小脉顶端。孢子三角状，透明。【产地】产于云南、贵州、四川、广东、广西、福建、台湾、海南、浙江、江西和湖南，生于山麓沟边及林下阴处酸性土上。东南亚等地也有分布。【观赏地点】蕨园。

长叶实蕨 *Bolbitis heteroclita*

【**科属**】三叉蕨科（实蕨科）实蕨属。【**别名**】尾叶实蕨。【**简介**】根状茎粗而横走。叶2型，不育叶变化大，或为披针形的单叶，或为三出，或为一回羽状，顶生羽片先端常有一延长能生根的鞭状长尾。能育叶与不育叶同形而较小，孢子囊群初沿网脉分布。叶顶端常生不定芽，碰到地面后长出新的植株，这样不断前行，故称“走蕨”。【**产地**】产于台湾、福建、海南、广西、四川、贵州和云南，生于海拔50～1500 m密林下树干基部或岩石上。日本和东南亚也有分布。【**观赏地点**】蕨园。

崖姜 *Pseudodrynaria coronans*

【**科属**】水龙骨科（槲蕨科）崖姜蕨属。【**简介**】多年生草本。叶长圆状倒披针形，具宽缺刻或浅裂边缘，基部以上叶片羽状深裂，再向上几乎深裂到叶轴，裂片多数。孢子囊群位于小脉交叉处，叶片下半部通常不育，4～6个生于侧脉之间，略偏近下脉，每一网眼内具1个孢子囊群。【**产地**】产于福建、台湾、广东、广西、海南、贵州和云南，附生于海拔100～1900 m雨林或季雨林中生树干上或石上。南亚、东南亚也有分布。【**观赏地点**】蕨园、兰园。

1

2

1. 长叶实蕨 2. 崖姜

松叶蕨 *Psilotum nudum*

【科属】松叶蕨科松叶蕨属。【简介】小型蕨类，附生树干上或岩缝中。地上茎直立，下部不分枝，上部多回二叉分枝。叶小型，散生，2 型，不育叶鳞片状三角形，草质，孢子叶二叉形。孢子囊单生在孢子叶叶腋，球形，2 瓣纵裂，黄褐色。孢子肾形。【产地】产于我国西南至东南。广布于热带和亚热带。【观赏地点】蕨园。

笔筒树 *Sphaeropteris lepifera*

【科属】桫椤科白桫椤属。【别名】多鳞白桫椤。【简介】茎干高可达 6 m 或更高。最长羽片达 80 cm，最大小羽片长 10 ~ 15 cm，先端尾渐尖，无柄，基部少数裂片分离，其余几乎裂至小羽轴。孢子囊群近主脉着生，无囊群盖。【产地】产于台湾，成片生于海拔可达 1500 m 以下林缘、路边或山坡向阳地段。菲律宾和日本也有分布。【观赏地点】蕨园、新石器时期遗址、热带雨林植物室。

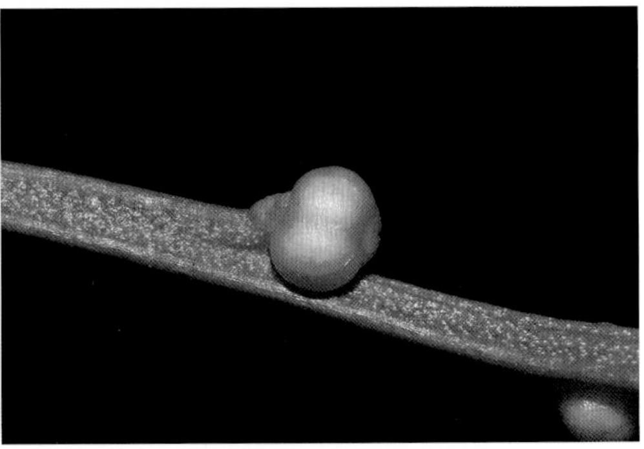

1

2

1. 松叶蕨　2. 笔筒树

1. 黑桫椤
2. 珠芽狗脊

1

2

黑桫椤 *Alsophila podophylla*

【**科属**】桫椤科桫椤属。【**别名**】结脉黑桫椤、鬼桫椤。【**简介**】植株高 1 ~ 3 m，顶部生出几片大叶。叶片大，长 2 ~ 3 m，一回、二回深裂以至二回羽状，小羽片约 20 对，互生，近平展，边缘近全缘或具疏锯齿，或波状圆齿。孢子囊群圆形，着生于小脉背面近基部处，无囊群盖。【**产地**】产于台湾、福建、广东、香港、海南、广西、云南和贵州，生于海拔 95 ~ 1100 m 山坡林中、溪边灌丛。日本、越南、老挝、泰国和柬埔寨也有分布。【**观赏地点**】蕨园、热带雨林植物室。

珠芽狗脊 *Woodwardia prolifera*

【**科属**】乌毛蕨科狗脊属。【**别名**】胎生狗脊。【**简介**】植株高 70 ~ 230 cm。叶近生，叶片长卵形或椭圆形，二回深羽裂达羽轴两侧狭翅，羽片 5 ~ 13 对，对生或上部互生，羽片上面通常产生小珠芽。孢子囊群粗短，形似新月形，囊群盖同形，隆起，开向主脉。【**产地**】广布于广西、广东、湖南、江西、安徽、浙江、福建和台湾，生于海拔 100 ~ 1100 m 丘陵或坡地的疏林下阴湿地方或溪边。日本也有分布。【**观赏地点**】蕨园。

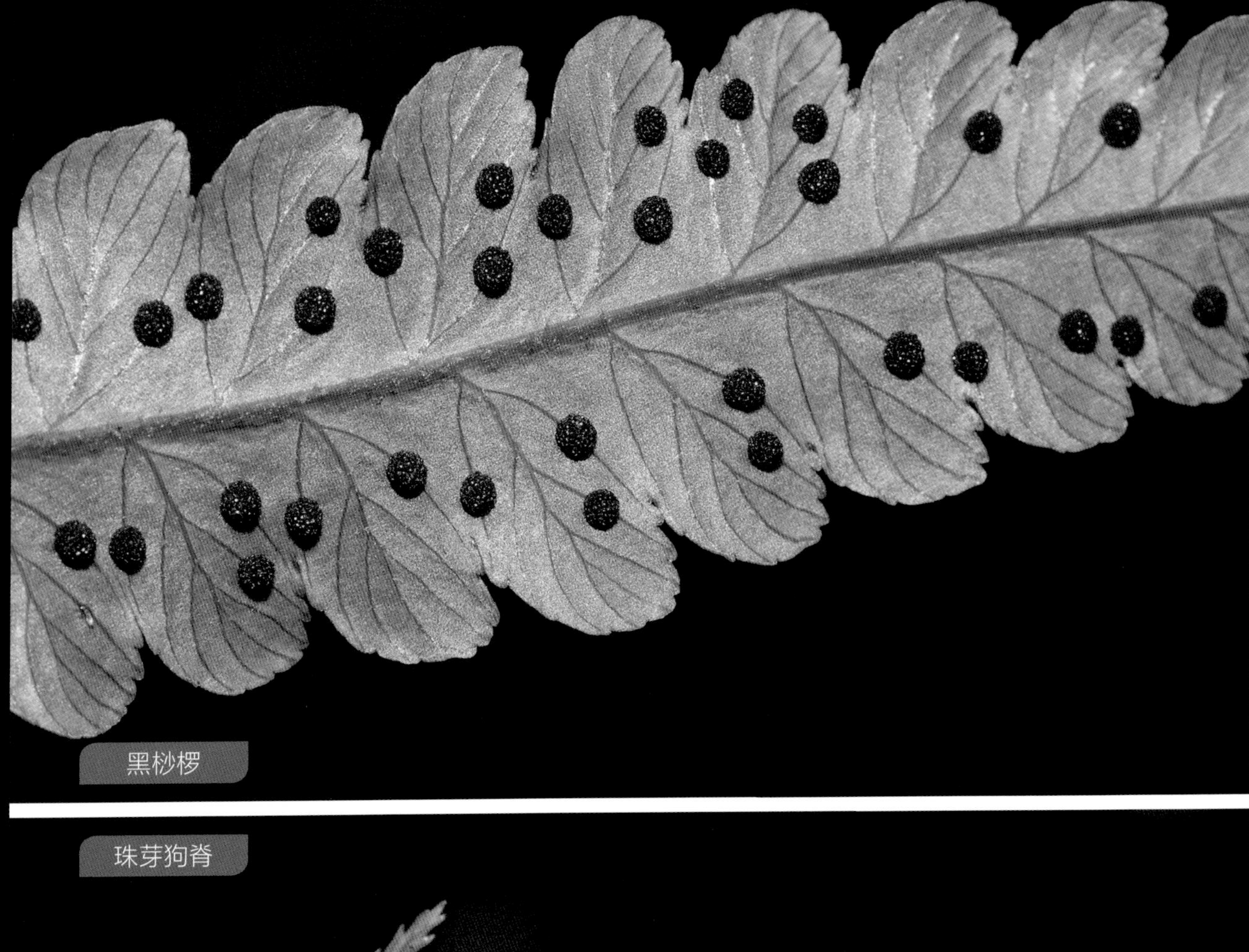
黑桫椤

珠芽狗脊

1

白兰 *Michelia alba*

【科属】木兰科含笑属。【别名】白兰花。【简介】常绿乔木，高达 17 m。叶薄革质，长椭圆形或披针状椭圆形，先端长渐尖或尾状渐尖，基部楔形。花白色，极香，花被片 10 片，披针形。蓇葖果。花期 4—9 月，夏季盛开，通常不结果。【产地】产于印度尼西亚爪哇。【观赏地点】蕨园、青山路、生物园。

扁担藤 *Tetrastigma planicaule*

【科属】葡萄科崖爬藤属。【简介】木质大藤本，茎扁压。叶为掌状 5 小叶，小叶长圆披针形、披针形、卵披针形，顶端渐尖或急尖，基部楔形，边缘每侧具 5 ~ 9 个锯齿。花序腋生，花瓣 4 片，卵状三角形。果实近球形。花期 4—6 月，果期 8—12 月。【产地】产于福建、广东、广西、贵州、云南和西藏（东南部），生于海拔 100 ~ 2100 m 山谷林中或山坡岩石缝中。老挝、越南、印度和斯里兰卡也有分布。【观赏地点】蕨园。

1. 白兰
2. 扁担藤

2

1

锈荚藤 *Bauhinia erythropoda*

【科属】豆科羊蹄甲属。【简介】木质藤本。叶纸质，心形或近圆形，先端通常深裂达中部或中部以下，裂片顶端急尖，有时渐尖，基部深心形。总状花序伞房式，密被锈红色茸毛，花芳香，花瓣白色，能育雄蕊3片。荚果。花期3—4月，果期6—7月。【产地】产于海南、广西和云南，生于山地疏林中或沟谷旁岩石上。菲律宾也有分布。【观赏地点】蕨园。

白花油麻藤 *Mucuna birdwoodiana*

【科属】豆科油麻藤属。【别名】禾雀花。【简介】常绿、大型木质藤本。羽状复叶具3小叶，小叶近革质，顶生小叶椭圆形、卵形或略呈倒卵形、通常较长而狭，先端具渐尖头，基部圆形或稍楔形，侧生小叶偏斜。总状花序具花20～30朵，花冠白色或带绿白色。果木质，带形。花期4—6月，果期6—11月。【产地】产于江西、福建、广东、广西、贵州和四川等地，生于海拔800～2500 m山地阳处、路旁、溪边，常攀缘在乔、灌木上。【观赏地点】蕨园、药用植物园、新石器时期遗址、园林树木区。

2

1. 锈荚藤　2. 白花油麻藤

山桂花 *Bennettiodendron leprosipes*

【**科属**】杨柳科（大风子科）山桂花属。【**简介**】常绿小乔木，高 8 ~ 15 m。叶近革质，倒卵状长圆形或长圆状椭圆形，先端短渐尖，基部渐狭，边缘具粗齿和带不整齐腺齿。圆锥花序顶生，花浅灰色或黄绿色，具芳香。浆果。花期 2—6 月，果期 4—11 月。【**产地**】产于海南、广东、广西和云南等地，生于海拔 200 ~ 1450 m 山坡和山谷混交林或灌丛中。东南亚也有分布。【**观赏地点**】蕨园、分类区。

音符花 *Clerodendrum incisum*

【**科属**】唇形科（马鞭草科）大青属。【**简介**】灌木，株高 60 ~ 100 cm。叶对生，具柄，卵形、倒卵形或椭圆形，叶片全缘或上部具粗齿。花序腋生，小花白色，花冠管长筒状，花冠白色，没开时状似音符，晚间至第二天早上开放。花期夏秋季，温度适宜可全年开放。【**产地**】产于非洲。【**观赏地点**】蕨园。

1

2

1. 山桂花　2. 音符花

风车子 *Combretum alfredii*

【科属】使君子科风车子属。【别名】华风车子。【简介】多枝直立或攀缘状灌木，高约 5 m。叶对生或近对生，叶片长椭圆形至阔披针形，稀为椭圆状倒卵形或卵形，先端渐尖，基部楔尖。穗状花序，花瓣黄白色。果椭圆形，翅纸质，成熟时红色或紫红色。花期 5—8 月，果期 9 月开始。【产地】产于江西、湖南、广东和广西，生于海拔 200 ～ 800 m 河边、谷地。【观赏地点】蕨园。

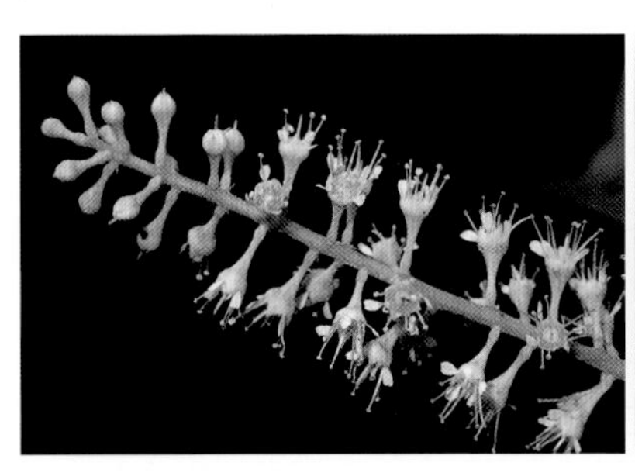

1. 诃子
2. 土坛树

诃子 *Terminalia chebula*

【科属】使君子科榄仁属。【简介】乔木，高可达 30 m。叶互生或近对生，叶片卵形或椭圆形至长椭圆形，先端短尖，基部钝圆或楔形，偏斜，边全缘或微波状。穗状花序腋生或顶生，有时又组成圆锥花序，花多数，两性，花萼淡绿而带黄色。核果。花期 5 月，果期 7—9 月。【产地】产于云南，生于海拔 800 ~ 1840 m 疏林中。东南亚也有分布。【观赏地点】蕨园外、贵宾手植树区。

土坛树 *Alangium salviifolium*

【科属】山茱萸科（八角枫科）八角枫属。【简介】落叶乔木或灌木，常直立，高约 8 m，稀攀缘状。叶厚纸质或近革质，倒卵状椭圆形或倒卵状矩圆形，顶端急尖而稍钝，基部阔楔形或近圆形，全缘。聚伞花序，花白色至黄色，浓香。核果。花期 2—4 月，果期 4—7 月。【产地】产于广东和广西，生于海拔 1200 m 以下疏林中。东南亚和非洲也有分布。【观赏地点】蕨园。

1

蛋黄果 *Pouteria campechiana* (*Lucuma nervosa*)

【科属】山榄科桃榄属（蛋黄果属）。**【简介】**小乔木，高约 6 m。叶坚纸质，狭椭圆形，先端渐尖，基部楔形。花 1 ~ 2 朵生于叶腋，花萼裂片通常 5 枚，稀 6 ~ 7 枚，卵形或阔卵形，花冠较萼长，冠管圆筒形，花冠裂片（4）6 枚。果倒卵形，蛋黄色，可食。花期春季，果期秋季。**【产地】**产于美洲热带地区。**【观赏地点】**蕨园。

毛柿 *Diospyros strigosa*

【科属】柿科柿属。**【简介】**灌木或小乔木，高达 8 m。叶革质或厚革质，长圆形、长椭圆形、长圆状披针形，先端急尖或渐尖，基部稍呈心形，很少圆形。花腋生，单生，花冠高脚碟状，白色。果卵形。花期 6—8 月，果期冬季。**【产地】**产于广东和海南，生于疏林或密林或灌丛中。**【观赏地点】**蕨园。

2

1. 蛋黄果　2. 毛柿

蛋黄果
毛 柿

园林树木区及中心大草坪

❀ 中心大草坪

“十年树木，百年树人”，要营造风景优美的植物园，绝非一朝一夕的功夫。自1929年创建至今，华南植物园已经历了近百年的风雨，早已让这里的树木郁郁葱葱，那些国内外名人亲手种植的树木，也在多年的生长之后，在这里扎根定居，展现出各自的神态与风姿。

园林树木区于1959年规划为观赏植物区，1994年规划为园林树木区，包括小竹园，占地面积约100亩，种植有蛋黄果、大花五桠果、鸡髯豆、伯力木、翅苹婆、大黄栀子、长柄银叶树等热带地区树种，展现了独特的热带植物风采。中心大草坪占地11亩，为开展科普活动，游客休憩、游玩场所。中心大草坪周边有众多名人亲手栽植的植物，如朱德元帅手植的青梅、泰国诗琳通公主于2003年10月5日友好访问该园时赠送并亲手栽植的诗琳通含笑等。

诗琳通木兰 *Magnolia sirindhorniae* (*Michelia sirindhorniae*)

【**科属**】木兰科北美木兰属（木兰属）（含笑属）。【**别名**】诗琳通含笑。【**简介**】常绿小乔木，株高 3 ～ 7 m。叶互生，长椭圆形，先端渐尖，基部楔形或近圆形，全缘，绿色。花中等大，花梗粗壮，两性，花被片长而窄，奶油黄至象牙白色，具芳香。花期 5 月。【**产地**】产于东南亚。【**观赏地点**】中心大草坪、木兰园。

枫香 *Liquidambar formosana*

【**科属**】蕈树科（金缕梅科）金缕梅科枫香树属。【**简介**】落叶乔木，高达 30 m。叶薄革质，阔卵形，掌状 3 裂，中央裂片较长，先端尾状渐尖，基部心形。雄花短穗状花序常多个排成总状，雌花头状花序具花 24 ～ 43 朵。蒴果。花期冬季至次年春季。【**产地**】产于我国秦岭及淮河以南各地，生于村落附近及低山的次生林。越南、老挝和朝鲜也有分布。【**观赏地点**】中心大草坪、藤本园。

1

2

1. 诗琳通木兰　2. 枫香

龙牙花 *Erythrina corallodendron*

【科属】豆科刺桐属。【别名】珊瑚刺桐。【简介】灌木或小乔木，高3 ~ 5 m。羽状复叶具3小叶，小叶菱状卵形，先端渐尖而钝或尾状，基部宽楔形。总状花序腋生，花深红色，花萼钟状，旗瓣长椭圆形，翼瓣短。荚果。花期6—11月。【产地】产于南美洲。【观赏地点】园林树木区。

格木 *Erythrophleum fordii*

【科属】豆科格木属。【简介】乔木，通常高约10 m，有时可达30 m。叶互生，二回羽状复叶，羽片通常3对，对生或近对生，每羽片具小叶8 ~ 12片，小叶互生，卵形或卵状椭圆形。圆锥花序，花瓣5片，淡黄绿色。荚果。花期5—6月，果期8—10月。【产地】产于广西、广东、福建、台湾和浙江等地，生于山地密林或疏林中。越南也有分布。【观赏地点】中心大草坪办公楼旁。

1

2

1. 龙牙花　2. 格木

鸡髯豆

鸡髯豆 *Cojoba arborea*

【科属】豆科鸡髯豆属。【别名】红酸豆、含羞树。【简介】常绿乔木，高 15 ~ 18 m。羽状复叶，羽片 8 ~ 16 对，每个羽片具小叶 20 ~ 40 对，小叶椭圆形，全缘。花序头状，萼筒绿色，花丝白色。成熟果实弯曲。花期夏季至秋季，果期秋季至冬季。【产地】产于美洲。【观赏地点】园林树木区。

粉花山扁豆 *Cassia javanica*

【科属】豆科腊肠树属（决明属）。【别名】爪哇决明。【简介】落叶树木，通常高 10 m，有时达 30 m。羽状复叶，小叶 5 ~ 12 对，小叶长圆状椭圆形，近革质，顶端圆钝，微凹，边全缘。伞房状总状花序腋生，花瓣深黄色，长卵形。荚果圆筒形。花期 5—6 月。【产地】产于广西和云南。东南亚也有分布。【观赏地点】园林树木区。

1. 鸡髯豆　2. 粉花山扁豆

粉花山扁豆

中国无忧花 *Saraca dives*

【科属】豆科无忧花属。**【简介】**乔木，高 5 ~ 20 m。有小叶 5 ~ 6 对，嫩叶略带紫红色，下垂，小叶近革质，长椭圆形、卵状披针形或长倒卵形，基部 1 对常较小，先端渐尖、急尖或钝，基部楔形。花序腋生，苞片下部 1 片最大，往上逐渐变小，小苞片与苞片同形，但远较苞片为小。花黄色，后部分变红色，萼管裂片 4 枚，有时 5 ~ 6 枚，雄蕊 8 ~ 10 枚，其中 1 ~ 2 枚常退化呈钻状。荚果。花期 4—5 月，果期 7—10 月。**【产地】**产于云南、广西，生于海拔 200 ~ 1000 m 密林或疏林中，常见于河流或溪谷两旁。越南和老挝也有分布。**【观赏地点】**中心大草坪贵宾手植树区。

1

2

环榕 *Ficus annulata*

【科属】桑科榕属。**【简介】**乔木，幼枝附生，半攀缘性。叶薄革质，长椭圆形至椭圆状披针形，全缘，先端短渐尖，基部楔形。榕果成对腋生，卵圆形至长圆形，成熟时橙红色，总梗近顶部具环纹，雄花散生于榕果内壁，瘿花多数。瘦果。花期 5 月。**【产地】**产于云南，生于海拔 500 ~ 1300 m 山地林中。东南亚也有分布。**【观赏地点】**园林树木区。

同属植物

笔管榕 *Ficus subpisocarpa* (*Ficus superba* var. *japonica*)

落叶乔木。叶互生或簇生，近纸质，椭圆形至长圆形，先端短渐尖，基部圆形。榕果扁球形，成熟时紫黑色，雄花、瘿花、雌花生于同一榕果内，雄花少，雌花花被片 3 片，瘿花多数。花期 4—6 月。产于台湾、福建、浙江、海南和云南，常见于海拔 140 ~ 1400 m 平原或村庄。东南亚和日本也有分布。（观赏地点：园林树木区）

1. 环榕　2. 笔管榕

1

伯力木 *Brexia madagascariensis*

【科属】卫矛科（虎耳草科）胡桃桐属。**【别名】**胡桃桐。**【简介】**常绿灌木或乔木，高3 ~ 7m。单叶互生，叶片革质，光亮，幼枝上常为狭矩圆形、线状矩圆形，老枝上呈宽倒卵形，变化较大，全缘或具锯齿。腋生聚伞花序，花黄绿色，花瓣5片。果实卵形。花期冬季至次年春季。**【产地】**产于非洲，生于海边常绿灌丛或红树林边。**【观赏地点】**园林树木区。

杧果 *Mangifera indica*

【科属】漆树科杧果属。**【别名】**芒果。**【简介】**常绿大乔木，高10 ~ 20m。叶薄革质，常集生枝顶，叶形和大小变化较大，通常长圆形或长圆状披针形，先端渐尖、长渐尖或急尖，基部楔形或近圆形。圆锥花序，花小，杂性，黄色或淡黄色。核果大，成熟时黄色。花期2—4月，果期秋季。**【产地】**产于云南、广西、广东、福建和台湾，生于海拔200 ~ 1350m山坡、河谷或旷野的林中。东南亚等地也有分布。**【观赏地点】**中心大草坪、杧果路。

2

1. 伯力木　2. 杧果

翅苹婆 *Pterygota alata*

【**科属**】锦葵科（梧桐科）翅苹婆属。【**别名**】海南苹婆。【**简介**】大乔木，高达 30 m。叶大，心形或广卵形，顶端急尖或钝，基部截形、心形或近圆形。圆锥花序生于叶腋，花稀疏，红色，萼钟状，5 深裂。蓇葖果木质，扁球形。花期 3—4 月，果期 12 月。【**产地**】产于海南，生于山坡的疏林中。越南、印度和菲律宾也有分布。【**观赏地点**】园林树木区。

苹婆 *Sterculia monosperma* (*Sterculia nobilis*)

【科属】锦葵科（梧桐科）苹婆属。【别名】凤眼果、七姐果。【简介】乔木。叶薄革质，矩圆形或椭圆形，顶端急尖或钝，基部浑圆或钝。圆锥花序顶生或腋生，萼初时乳白色，后转为淡红色，钟状，5裂，先端渐尖且向内曲，在顶端互相黏合，雄花较多，雌花较少。蓇葖果鲜红色。花期4—5月，果期秋季。【产地】产于广东、广西、福建、云南和台湾。【观赏地点】园林树木区、游乐中心。

青梅 *Vatica mangachapoi*

【科属】龙脑香科青梅属。【别名】青皮。【简介】乔木，高约20m。叶革质，全缘，长圆形至长圆状披针形，先端渐尖或短尖，基部圆形或楔形。圆锥花序顶生或腋生，花萼裂片5枚，镊合状排列，花瓣白色，有时淡黄色或淡红色，芳香。果实球形，大的花萼裂片中2枚较长。花期5—6月，果期8—9月。【产地】产于海南，生于海拔700m以下丘陵、坡地林中。东南亚也有分布。【观赏地点】中心大草坪、新石器时期遗址。

1

2

1. 苹婆 2. 青梅

1

2

树商陆 *Phytolacca dioica*

【科属】商陆科商陆属。**【简介】**常绿乔木，高 10 ~ 15 m。叶长椭圆形，先端渐尖，基部楔形，两侧不等侧或近相等，全缘波状，绿色。穗状花序，花被片 5 片，绿色。浆果。花期 3—5 月。**【产地】**产于南美洲。**【观赏地点】**园林树木区。

人心果 *Manilkara zapota*

【科属】山榄科铁线子属。**【简介】**乔木，高 15 ~ 20 m。叶互生，密聚于枝顶，革质，长圆形或卵状椭圆形，先端急尖或钝，基部楔形，全缘或稀微波状。花 1 ~ 2 朵生于枝顶叶腋，花萼 2 轮，花冠白色，裂片卵形。浆果。花果期 4—9 月。**【产地】**产于美洲热带地区。**【观赏地点】**园林树木区。

1. 树商陆　2. 人心果

香榄 *Mimusops elengi*

【科属】山榄科香榄属。**【别名】**牛乳树。**【简介】**常绿小乔木，株高可达 15 m。叶互生，近革质，叶椭圆形，先端尖，基部楔形，波状，绿色。花萼 6 枚，2 轮排列，花瓣 6 片，白色，基部带绿色。浆果，熟时黄色。花期夏季，果期秋冬季。**【产地】**产于印度和马来半岛等地。**【观赏地点】**园林树木区、飞鹅岭路、西门门口。

1

2

1. 矮紫金牛　2. 大黄栀子

矮紫金牛 *Ardisia humilis*

【科属】报春花科（紫金牛科）紫金牛属。【简介】灌木，高 1 ～ 2 m，有时达 3 ～ 5 m。叶片革质，倒卵形或椭圆状倒卵形，稀倒披针形，顶端广急尖至钝，基部楔形，微下延。圆锥花序，花瓣粉红色或红紫色。果球形，暗红色至紫黑色。花期 3—4 月，果期 11—12 月。【产地】产于广东，生于海拔 40 ～ 1100 m 山间、坡地疏、密林下。【观赏地点】园林树木区。

大黄栀子 *Gardenia sootepensis*

【科属】茜草科栀子属。【别名】云南黄栀子。【简介】乔木，高 7 ～ 10 m。叶纸质或革质，倒卵形、倒卵状椭圆形、广椭圆形或长圆形，顶端短渐尖，尖头钝或稍钝，基部钝，楔形或稍短尖。花大，芳香，花冠黄色或白色，高脚碟状。果绿色，常具 5 ～ 6 条纵棱。花期 4—8 月，果期 6 月至次年 4 月。【产地】产于云南，生于海拔 700 ～ 600 m 山坡、村边或溪边林中。泰国和老挝也有分布。【观赏地点】园林树木区。

矮紫金牛

1

糖胶树 *Alstonia scholaris*

【科属】夹竹桃科鸡骨常山属。【别名】灯架树、面条树。【简介】乔木，高达 20 m。叶 3 ~ 8 片轮生，倒卵状长圆形、倒披针形或匙形，稀椭圆形或长圆形，顶端圆形，钝或微凹，稀急尖或渐尖，基部楔形。花白色，花冠高脚碟状。蓇葖 2 枚，细长，线形。花期 6—11 月，果期 10 月至次年 4 月。【产地】产于广西和云南，生于海拔 650 m 以下低丘陵山地疏林中、路旁或水沟边。东南亚和澳大利亚也有分布。【观赏地点】中心大草坪办公楼旁、药用植物园。

木蝴蝶 *Oroxylum indicum*

【科属】紫葳科木蝴蝶属。【别名】千张纸。【简介】直立小乔木，高 6 ~ 10 m。大型奇数 2 ~ 4 回羽状复叶，小叶三角状卵形，顶端短渐尖，基部近圆形或心形，偏斜。总状聚伞花序，花大、紫红色，花冠肉质。蒴果，种子具翅，薄如纸。花期夏季，果期秋季。【产地】产于福建、台湾、广东、广西、四川、贵州和云南，生于海拔 500 ~ 900 m 热带及亚热带低丘河谷密林中。东南亚也有分布。【观赏地点】园林树木区。

2

1. 糖胶树　2. 木蝴蝶

1

2

3

冬红 *Holmskioldia sanguinea*

【**科属**】唇形科（马鞭草科）冬红属。【**简介**】常绿灌木，高 3 ~ 7 m。叶对生，膜质，卵形或宽卵形，基部圆形或近平截，叶缘具锯齿。聚伞花序常再组成圆锥状，花萼朱红色或橙红色，由基部向上扩张成一阔倒圆锥形的碟，花冠朱红色。主花期冬末至次年春初，其他季节也可见花。【**产地**】产于喜马拉雅山区。【**观赏地点**】园林树木区、药用植物园。

铁冬青 *Ilex rotunda*

【**科属**】冬青科冬青属。【**别名**】救必应。【**简介**】常绿灌木或乔木，高可达 20 m。叶片薄革质或纸质，卵形、倒卵形或椭圆形，先端短渐尖，基部楔形或钝，全缘。聚伞花序或伞形状花序，雄花白色，4 基数；雌花白色，5 基数或 7 基数。果成熟时红色。花期 4 月，果期 8—12 月。【**产地**】产于我国中南部，生于海拔 400 ~ 1100 m 山坡常绿阔叶林中和林缘。朝鲜、日本和越南也有分布。【**观赏地点**】中心大草坪办公楼旁、生物园、度假村路。

珊瑚树 *Viburnum odoratissimum*

【**科属**】五福花科（忍冬科）荚蒾属。【**别名**】早禾树。【**简介**】常绿灌木或小乔木，高达 10 ~ 15 m。叶革质，椭圆形至矩圆形或矩圆状倒卵形至倒卵形，有时近圆形，顶端短尖至渐尖而钝头，基部宽楔形，稀圆形。圆锥花序，花芳香，花冠白色，后变黄白色，有时微红。核果卵形。花期 4—5 月，果期 7—9 月。【**产地**】产于福建、湖南、广东、海南和广西，生于海拔 200 ~ 1300 m 山谷溪涧旁、疏林中地灌丛中。印度、缅甸、泰国和越南也有分布。【**观赏地点**】园林树木区、檀香路。

1. 冬红　2. 铁冬青　3. 珊瑚树

冬 红

其他园区

其他园区收录的植物包括彩叶植物区、露兜园、樟科植物区、紫金牛科植物区、停车场、正门、城市景观区、檀香园及一些园路栽培的观赏植物。既有草本，也有乔灌木及部分藤本植物，是园区观赏植物不可或缺的组成部分。

樟树路

彩叶植物区

暗罗 *Polyalthia suberosa*

【科属】番荔枝科暗罗属。**【别名】**老人皮。**【简介】**小乔木，高达 5 m。叶纸质，椭圆状长圆形，或倒披针状长圆形，顶端略钝或短渐尖，基部略钝而稍偏斜。花淡黄色，1 ~ 2 朵与叶对生，萼片卵状三角形，外轮花瓣与萼片同形，但较长，内轮花瓣长于外轮花瓣 1 ~ 2 倍。果近圆球状。花果期几乎全年。**【产地】**产于广东和广西，生于低海拔山地疏林中。南亚、东南亚也有分布。**【观赏地点】**濒危园路、新石器时期遗址旁林中。

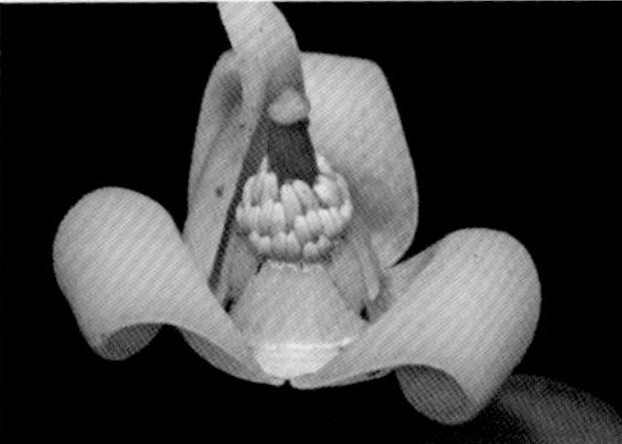

1

2

3

1. 藤春　2. 鹰爪花　3. 钳唇兰

藤春 *Alphonsea monogyna*

【科属】番荔枝科藤春属。【别名】阿芳。【简介】乔木，高达12 m。叶近革质或纸质，椭圆形至长圆形，顶端急尖或渐尖，基部阔楔形或稍钝。花黄色，1 ~ 2朵生于总花梗上，基部具卵形小苞片1 ~ 2个。萼片阔卵形，外轮花瓣长圆状卵形至卵形，内轮花瓣稍小。果近圆球状或椭圆状。花期1—9月，果期9月至次年春季。【产地】产于广西、广东和云南，生于中海拔以下山地密林中或疏林中。【观赏地点】壳斗科植物区、新石器时期遗址旁林中。

鹰爪花 *Artabotrys hexapetalus*

【科属】番荔枝科鹰爪花属。【别名】鹰爪。【简介】攀缘灌木，高达4 m。叶纸质，长圆形或阔披针形，顶端渐尖或急尖，基部楔形。花1 ~ 2朵，淡绿色或淡黄色，芳香，萼片绿色。果卵圆状。花期5—8月，果期5—12月。【产地】产于浙江、台湾、福建、江西、广东、广西、云南等地。南亚、东南亚也有分布。【观赏地点】分类区、藤本园。

钳唇兰 *Erythrodes blumei*

【科属】小唇兰。【别名】兰科钳唇兰属。【简介】株高18 ~ 60 cm。叶片卵形、椭圆形或卵状披针形，有时稍歪斜，先端急尖，基部宽楔形或钝圆。总状花序顶生，具多数密生花，花小，红褐色或褐绿色。蒴果。花期3—5月，果期4—6月。【产地】产于台湾、广东、广西和云南，生于海拔400 ~ 1500 m山坡或沟谷常绿阔叶林下阴处。南亚、东南亚等地也有分布。【观赏地点】南美植物区路边。

1

‘女王’蓝巴西鸢尾 *Neomarica caerulea* ‘Regina’

【**科属**】鸢尾科巴西鸢尾属。【**简介**】多年生草本，高约 30 cm。叶基生，剑形，基部鞘状，互相套迭。花两性，数朵簇生于花茎上，花被裂片 6 片，两轮排列，外轮较大，浅蓝色，上具深蓝色斑点，内轮较小，紫色，具白色或黄褐色斑纹。花期夏季。【**产地**】园艺种，原种产于巴西。【**观赏地点**】露兜园。

射干 *Belamcanda chinensis*

【**科属**】鸢尾科射干属。【**别名**】野萱花。【**简介**】多年生草本。叶互生，嵌迭状排列，剑形，基部鞘状抱茎，顶端渐尖。花序顶生，叉状分枝，每分枝顶端聚生具数朵花，花橙红色，散生紫褐色斑点。蒴果，种子黑紫色。花期 6—8 月，果期 7—9 月。【**产地**】产于我国大部分地区，生于林缘或山坡草地。朝鲜、日本、印度、越南和俄罗斯也有分布。【**观赏地点**】西门路边。

2

1.‘女王’蓝巴西鸢尾　2. 射干

1

2

1. 葱兰　2. 小韭兰

葱兰 *Zephyranthes candida*

【**科属**】石蒜科葱莲属。【**别名**】葱莲。【**简介**】多年生草本，鳞茎卵形。叶狭线形，肥厚，亮绿色。花茎中空，花单生于花茎顶端，下具褐红色佛焰苞状总苞，总苞片顶端 2 裂，花白色，外面常带淡红色，几无花被管，花被片 6 片。蒴果。花期秋季。【**产地**】产于南美洲。【**观赏地点**】西门路边。

同属植物

小韭兰 *Zephyranthes rosea*

多年生常绿草本，株高 15 ~ 30 cm，地下鳞茎卵形。叶基生，扁线形，绿色。花茎从叶丛中抽出，单生于花茎顶端，花喇叭状，桃红色。蒴果近球形。花期夏季至秋季。产于古巴。（观赏地点：西门路边）

小韭兰

1

2

巨花蜘蛛抱蛋 *Aspidistra grandiflora*

【科属】天门冬科（百合科）蜘蛛抱蛋属。【简介】多年生常绿草本。叶单生，长卵形，先端渐尖，边全缘，上具黄色斑点。花梗从根状茎上生出，较短，花靠近地面，花被坛状，肉质，白色带紫色斑点，顶端 11 ~ 12 裂，裂片极长，披针形，开放前裂片粘连，紫褐色带白色。浆果。花期 4—5 月。【产地】产于越南。【观赏地点】正门口小卖部旁。

蒲葵 *Livistona chinensis*

【科属】棕榈科蒲葵属。【简介】乔木状，高 5 ~ 20 m。叶阔肾状扇形，直径达 1 m，掌状深裂至中部，裂片线状披针形，顶部长渐尖。花序呈圆锥状，粗壮，花小，两性。果实椭圆形。花果期 4 月。【产地】产于我国南部。中南半岛也有分布。【观赏地点】蒲葵路、棕榈园。

1. 巨花蜘蛛抱蛋　2. 蒲葵

短穗鱼尾葵 *Caryota mitis*

【科属】棕榈科鱼尾葵属。【别名】酒椰子。【简介】丛生，小乔木状，高 5 ~ 8 m。叶下部羽片小于上部羽片，羽片呈楔形或斜楔形，外缘笔直，内缘 1/2 以上弧曲成不规则齿缺。花序短，雄花花瓣狭长圆形，雌花花瓣卵状三角形。果球形，成熟时紫红色。花期 4—6 月，果期 8—11 月。【产地】产于海南和广西等地，生于山谷林中。东南亚也有分布。【观赏地点】正门门口、棕榈园、新石器时期遗址。

梨竹 *Melocanna arundina*

【科属】禾本科梨竹属。【简介】茎木质化，竿劲直，高 8 ~ 20 m，节间圆筒形，幼时薄被白粉并混生柔毛。叶披针形至矩状披针形，先端尖，基部近圆形。花枝下垂。浆果，梨形。花期 3 月，果期夏季。【产地】产于印度、孟加拉国、缅甸和巴基斯坦等地。【观赏地点】竹园。

1. 短穗鱼尾葵 2. 梨竹

梨 竹

小花五桠果 *Dillenia pentagyna*

【科属】五桠果科五桠果属。**【简介】**落叶乔木，高 15 m 或更高。叶薄革质，长椭圆形或倒卵状长椭圆形，先端略尖或钝，基部变窄常下延成翅。花小，数朵簇生于老枝短侧枝上，花瓣黄色。果实近球形，不开裂。花期 4—5 月。**【产地】**产于广东和云南，生于低海拔的次生灌丛中。南亚、东南亚常见。**【观赏地点】**分类区。

大花五桠果 *Dillenia turbinata*

【科属】五桠果科五桠果属。**【别名】**大花第伦桃。**【简介】**常绿乔木，高达 30 m。叶革质，倒卵形或长倒卵形，先端圆形或钝，有时稍尖，基部楔形，不等侧。总状花序生枝顶，具花 3 ~ 5 朵，花大，具香气，花瓣薄，黄色，有时黄白色或浅红色。果实近圆球形。花期 4—5 月。**【产地】**产于海南、广西和云南，常见于常绿林里。越南也有分布。**【观赏地点】**科普信息中心路边、园林树木区。

红花檵木 *Loropetalum chinense* var. *rubrum*

【科属】金缕梅科檵木属。**【别名】**红花继木。**【简介】**灌木，有时为小乔木。叶革质，卵形，先端尖锐，基部钝，不等侧，紫红色，全缘。花 3 ~ 8 朵簇生，具短花梗，紫红色，比新叶先开放，或与嫩叶同时开放。蒴果卵圆形。花期 2—4 月。**【产地】**产于湖南。**【观赏地点】**西门停车场、山茶园路边。

1. 大花五桠果　2. 红花檵木

1

2

3

1—2. 阳春鼠刺　3. 茎花崖爬藤

阳春鼠刺 *Itea yangchunensis*

【科属】鼠刺科（虎耳草科）鼠刺属。【简介】灌木，叶厚革质，长圆形或长圆状椭圆形，先端圆形或钝，基部宽楔形，边缘除近基部外具密细锯齿，多少背卷。总状花序腋生，常短于叶，花 2 ~ 3 个簇生，稀单生。蒴果。花期春季，果期 11 月。【产地】特产于广东阳春，生于溪边。【观赏地点】濒危园路路边。

茎花崖爬藤 *Tetrastigma cauliflorum*

【科属】葡萄科崖爬藤属。【简介】木质大藤本，茎扁压。叶为掌状 5 小叶，小叶长椭圆形、椭圆披针形或倒卵长椭圆形，顶端短尾尖，基部阔楔形或近圆形，边缘每侧具 5 ~ 9 个锯齿。花序着生在老茎上，花瓣 4 片，花药黄色。果实椭圆形或卵球形。花期 4 月，果期 6—12 月。【产地】产于广东、广西、海南和云南，生于海拔 100 ~ 1000 m 山谷林中。越南和老挝也有分布。【观赏地点】濒危园路。

1

鸡冠刺桐 *Erythrina crista-galli*

【科属】豆科刺桐属。【简介】落叶灌木或小乔木。羽状复叶具 3 小叶，小叶长卵形或披针状长椭圆形，先端钝，基部近圆形。花与叶同出，总状花序顶生，花深红色，花萼钟状，先端二浅裂。荚果。花期春季，果期夏季。【产地】产于巴西。【观赏地点】西门停车场、生物园、南美植物区。

凤凰木 *Delonix regia*

【科属】豆科凤凰木属。【别名】红花楹。【简介】高大落叶乔木，高达 20 m。二回偶数羽状复叶，羽片对生，15 ~ 20 对，小叶 25 对，长圆形，先端钝，基部偏斜，边全缘。伞房状总状花序，花鲜红至橙红色，花瓣 5 片，红色，具黄色、白色花斑。荚果带形，扁平。花期 6—7 月，果期 8—10 月。【产地】产于马达加斯加。【观赏地点】藤本园旁凤凰大道。

2

1. 鸡冠刺桐　2. 凤凰木

鸡冠刺桐

凤凰木

干花豆 *Fordia cauliflora*

【科属】豆科干花豆属。【简介】灌木，高达 2 m。羽状复叶，小叶达 12 对，长圆形至卵状长圆形，先端长渐尖，基部钝圆，全缘。总状花序，花萼钟状，花冠粉红色至紫红色，旗瓣圆形。荚果棍棒状。花期 5—9 月，果期 6—11 月。【产地】产于广东和广西，生于山地灌木林中。【观赏地点】飞鹅一桥。

海南红豆 *Ormosia pinnata*

【科属】豆科红豆属。【简介】常绿乔木或灌木，高 3 ~ 18 m，稀达 25 m。奇数羽状复叶，小叶 3 ~ 4 对，薄革质，披针形，先端钝或渐尖。圆锥花序顶生，花冠粉红色而带黄白色。荚果，种子橙红色。花期 7—8 月，果期秋冬季。【产地】产于广东、海南和广西，生于中海拔及低海拔的山谷、山坡、路旁森林中。越南和泰国也有分布。【观赏地点】科普信息中心旁路边。

1. 干花豆　2. 海南红豆

1

2

3

1—2. 狸尾豆　3. 南洋楹

狸尾豆 *Uraria lagopodioides*

【科属】豆科狸尾豆属。**【别名】**大叶兔尾草。**【简介】**平卧或开展草本，通常高可达 60 cm。叶多为 3 小叶，稀兼具单小叶，先端尾尖，小叶纸质，顶生小叶近圆形或椭圆形至卵形，先端圆形或微凹，具细尖，基部圆形或心形，侧生小叶较小。总状花序顶生，花冠淡紫色。荚果。花果期 8—10 月。**【产地】**产于福建、江西、湖南、广东、海南、广西、贵州、云南和台湾，生于海拔 1000 m 以下旷野坡地灌丛中。南亚、东南亚至澳大利亚也有分布。**【观赏地点】**彩叶植物区。

南洋楹 *Falcataria moluccana* (*Albizia falcataria*)

【科属】豆科南洋楹属（合欢属）。**【简介】**常绿大乔木，树干通直，高可达 45 m。羽片 6 ~ 20 对，上部通常对生，下部有时互生，小叶 6 ~ 26 对，先端急尖，基部圆钝或近截形。穗状花序，花初白色，后变黄。荚果带形。花期 4—7 月。**【产地】**原产于马来西亚、马六甲和印度尼西亚马鲁古群岛。**【观赏地点】**西门停车场。

泰国无忧花 *Saraca thaipingensis*

【科属】豆科无忧花属。**【别名】**马叶树。**【简介】**常绿乔木，高约 8 m。羽状复叶，4 ~ 8 对，小叶披针形或狭椭圆形，先端渐尖，基部渐狭成楔形，全缘。伞房花序，生于老茎上，花片及花萼均为黄色，花萼中心红色，雄蕊 4 枚，花蕊不明显伸出花冠。荚果。花期 2—3 月，果期夏秋季。**【产地】**产于印度尼西亚、马来西亚、缅甸和泰国，生于潮湿的森林中。**【观赏地点】**飞鹅岭路近飞鹅二桥路边。

思茅崖豆藤 *Millettia leptobotrya*

【科属】豆科崖豆藤属。**【别名】**窄序崖豆藤。**【简介】**乔木，高 18 ~ 25 m。羽状复叶，小叶 3 ~ 4 对，纸质，长圆状披针形，先端尾尖，基部截形或钝，侧脉近叶缘弧曲。总状圆锥花序腋生，花冠白色，各瓣近等长。荚果线状长圆形。花期 4 月。**【产地】**产于云南，生于海拔 300 ~ 1000 m 山坡疏林或常绿阔叶林中。**【观赏地点】**新石器时期遗址旁林中。

1

2

1. 泰国无忧花　2. 思茅崖豆藤

印度崖豆 *Millettia pulchra*

【科属】豆科崖豆藤属。【别名】印度鸡血藤。【简介】灌木或小乔木，高 3 ~ 8 m。羽状复叶，小叶 6 ~ 9 对，纸质，披针形或披针状椭圆形，先端急尖，基部渐狭或钝。总状圆锥花序，花 3 ~ 4 朵着生节上，花冠淡红色至紫红色。荚果线形。花期 4—8 月，果期 6—10 月。【产地】产于海南、广西、贵州和云南，生于海拔 1400 m 山地、旷野或杂木林缘。印度、缅甸和老挝也有分布。【观赏地点】樟科植物区路边。

1

2

红花羊蹄甲 *Bauhinia × blakeana* (*Bauhinia blakeana*)

【科属】豆科羊蹄甲属。【别名】紫荆花。【简介】乔木。叶革质，近圆形或阔心形，基部心形，有时近截平，先端2裂为叶全长1/4～1/3。总状花序，花大，花瓣红紫色，近轴的1片中间至基部呈深紫红色，能育雄蕊5枚，其中3枚较长，退化雄蕊2～5枚，丝状，极细。不结果。花期全年，冬季至春季最盛。【产地】自然杂交种，产于我国香港。【观赏地点】彩虹桥至樟树路、西门、药用植物园、新石器时期遗址、细叶榕路。

同属植物

阔裂叶羊蹄甲 *Bauhinia apertilobata*

藤本。叶纸质，卵形、阔椭圆形或近圆形，基部阔圆形，截形或心形，先端通常浅裂为2片短而阔的裂片，老叶分裂可达叶长1/3或更深裂。伞房式总状花序，花瓣白色或淡绿白色，能育雄蕊3枚。荚果扁平。花期5—7月，果期8—11月。产于福建、江西、广东和广西，生于海拔300～600 m山谷和山坡的疏林、密林或灌丛中。（观赏地点：西门门口收费亭旁、藤本园）

1. 红花羊蹄甲　2. 阔裂叶羊蹄甲

1

2

3

1. 羊蹄甲　2. 洋紫荆　3. 印加豆

羊蹄甲 *Bauhinia purpurea*

又名玲甲花。乔木或直立灌木，高 7 ~ 10 m。叶硬纸质，近圆形，基部浅心形，先端分裂达叶长 1/3 ~ 1/2。总状花序少花，花瓣桃红色，倒披针形，具脉纹。荚果带状，扁平。花期 9—11 月，果期 2—3 月。产于我国南部。中南半岛、印度、斯里兰卡也有分布。（观赏地点：彩虹桥至樟树路）

洋紫荆 *Bauhinia variegata*

又名宫粉紫荆。落叶乔木。叶近革质，广卵形至近圆形，宽度常超过长度，基部浅至深心形，先端 2 裂达叶长 1/3。总状花序，花瓣紫红色或淡红色，杂以黄绿色及暗紫色斑纹，能育雄蕊 5 枚，退化雄蕊 1 ~ 5 枚，丝状。荚果带状，扁平。花期全年，3 月最盛。产于我国南部。印度、中南半岛也有分布。（观赏地点：彩虹桥至樟树路、温室外景观园路）

印加豆 *Inga edulis*

【**科属**】豆科印加树属。【**别名**】冰淇淋豆、食用印加树。【**简介**】常绿乔木，株高可达 30 m。羽状复叶，羽片 4 ~ 6 对，小叶椭圆形，先端尖，基部楔形，末端小叶较小，粗糙，叶柄具翅。穗状花序，萼管绿色，裂片 5 枚，花瓣 5 片，花丝白色。荚果。花期秋冬季。【**产地**】产于南美洲。【**观赏地点**】新石器时期遗址旁林中。

羊蹄甲

洋紫荆

红粉扑花 *Calliandra tergemina* var. *emarginata*

【科属】豆科朱缨花属。**【别名】**粉红合欢。**【简介】**半常绿灌木，高 1 ~ 2 m。羽状复叶，叶片歪椭圆形至肾形，先端钝。头状花序，花萼红色，花冠管状，均为红色，雄蕊红色，基部合生为管状，白色，花丝长，聚合成半球状。花期几乎全年。**【产地】**产于墨西哥至危地马拉。**【观赏地点】**藤本园旁凤凰大道、热带雨林室。

同属植物

细叶粉扑花 *Calliandra brevipes*

常绿灌木，株高可达 1.8 m。二回羽状复叶，小叶 30 ~ 40 对，对生，披针形，全缘，不等侧，绿色。头状花序，杂性，花萼钟状，浅裂，花瓣红色，花丝极长，下部白色，上部粉红色。花期春季至夏季。产于巴西、乌拉圭和阿根廷。（观赏地点：菜王椰路和园旁）

1. 红粉扑花　2. 细叶粉扑花

1

2

枕果榕 *Ficus drupacea*

【科属】桑科榕属。【别名】美丽枕果榕。【简介】乔木，高 10 ~ 15 m。叶革质，长椭圆形至倒卵椭圆形，先端骤尖，基部圆形或浅心形，两侧微耳状，全缘或微波状。榕果成对腋生，长椭圆状枕形，成熟时橙红色至鲜红色，雄花、瘿花、雌花同生于一榕果内。瘦果。花期初夏季。【产地】广东、海南栽培或野生，喜生于沟边。南亚、东南亚至澳大利亚也有分布。【观赏地点】龙洞琪林景区、棕榈园、细叶榕路、园林树木区、生物园。

同属植物

地果 *Ficus tikoua*

又名地石榴、地瓜。匍匐木质藤本。叶坚纸质，倒卵状椭圆形，先端急尖，基部圆形至浅心形，边缘具波状疏浅圆锯齿。榕果成对或簇生于匍匐茎上，常埋于土中，球形至卵球形，成熟时深红色，雄花花被片 2 ~ 6 片，雌花无花被。花期 5—6 月，果期 7 月。产于湖南、湖北、广西、贵州、云南、西藏、四川、甘肃和陕西，常生于荒地、草坡或岩石缝中。印度、越南和老挝也有分布。（观赏地点：西门青山路）

1. 枕果榕　2. 地果

1

2

小盘木 *Microdesmis caseariifolia*

【科属】小盘木科小盘木属。【别名】狗骨树。【简介】乔木或灌木，高 3 ~ 8 m。叶片纸质至薄革质，披针形、长圆状披针形至长圆形，顶端渐尖或尾状渐尖，基部楔形或阔楔形，边缘具细锯齿或近全缘。花小，黄色，簇生于叶腋。核果圆球状。花期 3—9 月，果期 7—11 月。【产地】产于广东、海南、广西和云南等地，生于山谷、山坡密林下或灌丛中。中南半岛、马来半岛、菲律宾至印度尼西亚也有分布。【观赏地点】濒危路旁。

旁杞树 *Carallia pectinifolia*

【科属】红树科竹节树属。【简介】灌木或小乔木。叶片长圆形，很少倒披针形，纸质，先端渐尖，基部宽楔形，边缘具细锯齿。聚伞花序，花萼深裂，花瓣白色。果红色，球状。花期冬季，果期春末夏初。【产地】产于广东、广西和云南，生于林中河谷旁。【观赏地点】新石器时期遗址旁林中。

1. 小盘木　2. 旁杞树

菲岛福木 *Garcinia subelliptica*

【科属】藤黄科藤黄属。**【别名】**福木。**【简介】**乔木，高可达20 m。叶片厚革质，卵形，卵状长圆形或椭圆形，稀圆形或披针形，顶端钝、圆形或微凹，基部宽楔形至近圆形。花杂性，5 数，雄花和雌花通常混生，花瓣黄色。浆果。花期 5—6 月，果期夏秋季。**【产地】**产于我国台湾，生于海滨杂木林中。日本和东南亚也有分布。**【观赏地点】**温室外景观路。

金丝桃 *Hypericum monogynum*

【科属】金丝桃科（藤黄科）金丝桃属。【别名】金丝海棠。【简介】灌木，高 0.5 ~ 1.3 m。茎红色，叶对生，叶片倒披针形或椭圆形至长圆形，或较稀为披针形至卵状三角形或卵形，先端锐尖至圆形，基部楔形至圆形。花序具 1 ~ 30 花，花瓣金黄色至柠檬黄色。蒴果。花期 5—8 月，果期 8—9 月。【产地】主要产于我国中南部各地，生于海拔 1500 m 以下山坡、路旁或灌丛中。【观赏地点】西门青山路。

文雀西亚木 *Bunchosia armeniaca*

【科属】金虎尾科林咖啡属。【别名】杏黄林咖啡。【简介】常绿灌木或乔木，一般高 3 ~ 5 m，有时高达 12 m。叶对生，卵形至矩圆形，近光滑无毛，叶缘略波状。总状花序，花小，黄色。果实卵形或近椭圆形，红色或黄色。花果期全年。【产地】产于南美洲，生于低海拔地区。【观赏地点】濒危园路。

1. 金丝桃 2. 文雀西亚木

1

金英 *Thryallis gracilis*

【科属】金虎尾科绒金英属（金英属）。【别名】黄花金虎尾。【简介】灌木，高1～2m。叶对生，膜质，长圆形或椭圆状长圆形，先端钝或圆形，具短尖，基部楔形。总状花序顶生，花瓣黄色，长圆状椭圆形。蒴果球形。花期8—9月，果期10—11月。【产地】产于美洲热带地区。【观赏地点】濒危园路、南美园。

星果藤 *Tristellateia australasiae*

【科属】金虎尾科三星果属。【别名】三星果藤。【简介】常绿木质藤本，蔓长达10m。叶对生，纸质或亚革质，卵形，先端急尖至渐尖，基部圆形至心形，全缘。总状花序顶生或腋生，花鲜黄色，花瓣椭圆形。星芒状翅果。花期春季至夏季，果期夏季至秋季。【产地】产于我国台湾，生于海岸林中。马来西亚和太平洋诸岛也有分布。【观赏地点】西门旁。

2

1. 金英 2. 星果藤

1

2

黄时钟花 *Turnera ulmifolia*

【科属】西番莲科（时钟花科）时钟花属。【简介】宿根草本花卉，株高 30 ~ 60 cm。叶互生，长卵形，先端锐尖，边缘有锯齿，叶基有 1 对明显腺体。花近枝顶腋生，花瓣 5 片，卵圆形，先端近截平，具芒尖，花冠金黄色，每朵花至午前凋谢。花期春季至夏季，果期夏季至秋季。【产地】产于美洲热带地区。【观赏地点】正门小卖部旁、热带雨林植物室。

红花天料木 *Homalium ceylanicum*

【科属】杨柳科（大风子科）天料木属。【别名】斯里兰卡天料木。【简介】乔木，株高 6 ~ 40 m。叶薄革质至厚纸质，椭圆形至长圆形，先端钝，急尖或短渐尖，基部宽楔形至近圆形，边缘全缘或具极疏钝齿。花多数，总状花序腋生，花瓣 5 ~ 6 片，线状长圆形。花期 4—6 月。【产地】产于云南和西藏，生于海拔 630 ~ 1200 m 山谷疏林中和林缘。南亚、东南亚也有分布。【观赏地点】棕榈园文昌桥、中心大草坪。

1. 黄时钟花　2. 红花天料木

构桐 *Garcia nutans*

【科属】大戟科构桐属。【别名】夏西木。【简介】灌木或树木，高可达 15 m。叶互生，椭圆形，近革质，先端渐狭，钝尖，基部近圆形，近全缘。花单性，雌雄同株，花瓣 6 ~ 13 片，纤细，粉红色到深红色，具白色柔毛，花丝红色，柱头红色。蒴果。花期几乎全年。【产地】产于美洲哥伦比亚等地。【观赏地点】温室外景观路。

三宝木 *Trigonostemon chinensis*

【科属】大戟科三宝木属。【简介】灌木，高 2 ~ 4 m。叶薄纸质，倒卵状椭圆形至长圆形，顶端短尖，常骤狭呈尾状，基部楔形，全缘或上部具不明显疏细齿，叶柄顶端具 2 枚锥状小腺体。圆锥花序，花瓣黄色。蒴果近球形。花期 4—9 月。【产地】产于广西，生于山地密林中。越南也有分布。【观赏地点】新石器时期遗址旁林中。

1

2

1. 构桐 2. 三宝木

1

血桐 *Macaranga tanarius* var. *tomentosa*

【**科属**】大戟科血桐属。【**别名**】流血桐。【**简介**】乔木，高 5 ~ 10 m。叶纸质或薄纸质，近圆形或卵圆形，顶端渐尖，基部钝圆，盾状着生，全缘或叶缘具浅波状小齿。雄花序圆锥状，雄花萼片 3 裂，雌花序圆锥状，雌花萼片 2 ~ 3 裂。蒴果。花期 4—5 月，果期 6 月。【**产地**】产于台湾和广东，生于沿海低山灌木林或次生林中。日本、东南亚至澳大利亚也有分布。【**观赏地点**】飞鹅一桥、热带雨林植物室。

娑羽树 *Bersama abyssinica*

【**科属**】新妇花科（娑羽树科）娑羽树属。【**别名**】灯芯绒树。【**简介**】常绿灌木或乔木，高 6 ~ 12 m，最高可达 25 m。叶生于枝顶，奇数羽状复叶，小叶长椭圆至狭披针形，先端尖，基部楔形，叶柄短，绿色。总状花序，花粉白色、淡黄色或带粉红色。蒴果。花期不定。【**产地**】产于非洲热带地区。【**观赏地点**】新石器时期遗址旁林中。

2

1. 血桐　2. 娑羽树

1

2

阿江榄仁 *Terminalia arjuna*

【科属】使君子科榄仁属。【简介】落叶大乔木，高度可达25 m。叶片长卵形，互生，先端尖，基部不等侧。花小，黄白色，无花瓣。核果近球形，具5条纵翅。花期夏秋季，果期秋末冬初。【产地】产于印度和东南亚。【观赏地点】阿江榄仁路、生物园。

同属植物

卵果榄仁 *Terminalia muelleri*

落叶小乔木，高达9 m。叶倒卵形，先端圆钝，基部楔形，全缘，秋季叶片转红。穗状花序，花瓣5片，白色。核果卵形。花期夏秋季，果期秋冬季。产于澳大利亚沿海地区。（观赏地点：彩叶植物区、西门青山路）

1. 阿江榄仁　2. 卵果榄仁

小叶榄仁 *Terminalia neotaliala*

又名细叶榄仁。常绿乔木，高达 15 m。主干通直，侧枝轮生。叶倒卵状披针形，4 ~ 7 枚轮生，全缘，侧脉 4 ~ 6 对。穗状花序，花小，黄绿色。花期春季。产于非洲。（观赏地点：西门停车场）

‘锦叶’榄仁 *Terminalia neotaliala* ‘Tricolor’

常绿乔木，高达 15 m。主干通直，侧枝轮生，树冠呈伞形。叶倒卵状披针形，上具浅红色、浅黄色等斑纹。穗状花序，花瓣 5 片，黄绿色。花期 4—5 月。园艺种。（观赏地点：彩叶植物区）

1

2

1. 小叶榄仁 2. ‘锦叶’榄仁

1. 八宝树
2. 劳氏紫薇

1

2

八宝树 *Duabanga grandiflora*

【科属】千屈菜科（海桑科）八宝树属。【简介】乔木。叶阔椭圆形、矩圆形或卵状矩圆形，顶端短渐尖，基部深裂成心形，裂片圆形，花 5 ~ 6 基数，花瓣近卵形，白色，雄蕊极多数，2 轮排列。蒴果。花期冬末至春季。【产地】产于云南，生于海拔 900 ~ 1500 m 山谷或空旷地。东南亚也有分布。【观赏地点】科学家之家、山茶园、西门门口。

劳氏紫薇 *Lagerstroemia loudonii*

【科属】千屈菜科紫薇属 。【简介】落叶乔木，株高可达 20 m。叶片长椭圆形，先端尖，边全缘，新叶具星状毛。穗状花序腋生或顶生，花萼具不明显肋，花淡紫色，后逐渐转白。蒴果。花期 4—5 月，果期秋季。【产地】产于柬埔寨、老挝和泰国，生于低海拔混交林中。【观赏地点】飞鹅二桥边、生物园、景观园路。

八宝树

劳氏紫薇

1

黄金香柳 *Melaleuca bracteata* ‘Revolution Gold’

【科属】桃金娘科白千层属。【简介】多年生常绿小灌木，嫩枝红色。叶互生，叶片革质，披针形至线形，具油腺点，金黄色。穗状花序，花瓣绿白色。蒴果。花期春季至夏季。【产地】园艺种。【观赏地点】彩叶植物区。

草莓番石榴 *Psidium cattleianum*

【科属】桃金娘科番石榴属。【简介】常绿灌木或乔木，株高可达 12 m。叶对生，长圆形，先端钝，基部渐狭，全缘，具光泽。花腋生，白色。浆果球形，成熟时紫红色。花期春季至初夏。【产地】产于巴西。【观赏地点】濒危园路。

2

1. 黄金香柳　2. 草莓番石榴

1

2

美花红千层 *Callistemon citrinus*

【科属】桃金娘科红千层属。**【简介】**常绿灌木，原产地可高达 10 m。叶互生，具油腺点，披针形，幼时淡红色，刚硬，下面密被腺点。花淡红色，雄蕊红色。蒴果卵圆形。花期 3—5 月和 9—11 月。**【产地】**产于澳大利亚昆士兰州。**【观赏地点】**藤本园旁凤凰大道。

方枝蒲桃 *Syzygium tephrodes*

【科属】桃金娘科蒲桃属。**【简介】**灌木至小乔木，高达 6 m。叶片革质，细小，卵状披针形，先端钝而渐尖，或钝而略尖，基部微心形。圆锥花序，花白色，具香气。果实卵圆形，灰白色。花期 5—6 月。**【产地】**产于海南，常见于低海拔森林里。**【观赏地点】**西门停车场。

1. 美花红千层　2. 方枝蒲桃

银毛蒂牡花 *Tibouchina aspera* var. *asperrima*

【**科属**】野牡丹科蒂牡花属。【**别名**】银毛野牡丹。【**简介**】常绿灌木，高 1.5 ~ 3 m。单叶对生，阔宽卵形，粗糙，两面密被绒毛，银白色。聚伞式圆锥花序直立，顶生，花瓣倒三角状卵形，紫色，具深色放射斑条纹，后变为紫红色。蒴果坛状球形。花期 5—7 月，果期 8—10 月。【**产地**】原产于美洲热带地区。【**观赏地点**】蒲岗。

银毛蒂牡花

人面子 *Dracontomelon duperreanum*

【科属】漆树科人面子属。**【别名】**人面树。**【简介】**常绿大乔木，高达 20 余米。奇数羽状复叶，小叶互生，近革质，长圆形，先端渐尖，基部常偏斜，阔楔形至近圆形，全缘。圆锥花序，花白色，花瓣披针形或狭长圆形。核果，果核压扁，上面盾状凹入。花期春末至夏季，果期夏季至秋季。**【产地】**产于云南、广西和广东，生于海拔 350 m 以下林中。越南也有分布。**【观赏地点】**人面子路。

九里香 *Murraya paniculata*

【科属】芸香科九里香属。**【别名】**七里香。**【简介】**小乔木，高达 12 m。幼苗期的叶为单叶，其后为单小叶及二小叶，成长叶具小叶 3 ~ 5 枚，稀 7 枚，卵形或卵状披针形，边全缘。花序通常具花 10 朵以内，花瓣白色。果橙黄色至朱红色。花期 4—9 月，也有秋季和冬季开花，果期 9—12 月。**【产地】**产于福建、台湾、广东、海南、湖南、广西、贵州和云南，生于低丘陵或海拔高的山地疏林或密林中。东自菲律宾，南达印度尼西亚，西至斯里兰卡各地均有分布。**【观赏地点】**藤本园旁凤凰大道。

1. 人面子　2. 九里香

1

2

三叶藤橘 *Luvunga scandens*

【**科属**】芸香科三叶藤橘属。【**简介**】木质藤本。初生叶及茎干下部叶单叶，叶片带状，茎干上部叶通常3小叶，偶2小叶，小叶长椭圆形或倒卵状椭圆形。总状花序，花瓣4片。浆果。花期3—4月，果期10—12月。【**产地**】产于海南和云南，生于海拔600 m以下河岸和溪谷较湿润的常绿阔叶林中。越南、老挝，柬埔寨、缅甸和印度也有分布。【**观赏地点**】新石器时期遗址旁林中。

爪叶洋茱萸 *Euodia suaveolens* var. *ridleyi*

【**科属**】芸香科洋茱萸属。【**别名**】鸡爪榕。【**简介**】大灌木，株高1.5 ~ 3 m。三出复叶，小叶披针形，先端尖，黄绿色或黄色，边缘波状。穗状花序，花瓣4片，白色。果实绿色，种子黑色。花期秋季，果期冬季。【**产地**】产于东南亚和太平洋岛屿。【**观赏地点**】彩叶植物区。

1. 三叶藤橘　2. 爪叶洋茱萸

截裂翅子树 *Pterospermum truncatolobatum*

【科属】锦葵科（梧桐科）翅子树属。**【简介】**乔木，高达 16 m。叶革质，矩圆状倒梯形，顶端截形并具 3 ～ 5 裂，叶的基部心形或斜心形。花腋生，单生，花瓣 5 片，条状镰刀形。蒴果木质。花期 7 月，果期秋季。**【产地】**产于云南和广西，生于海拔 300 ～ 520 m 石灰岩山上密林中。越南也有分布。**【观赏地点】**飞鹅岭路边林缘。

假苹婆 *Sterculia lanceolata*

【科属】锦葵科（梧桐科）苹婆属。**【别名】**鸡冠木。**【简介】**乔木。叶椭圆形、披针形或椭圆状披针形，顶端急尖，基部钝形或近圆形。圆锥花序腋生，花淡红色，萼片 5 枚，向外开展如星状。蓇葖果鲜红色，种子黑褐色。花期 4—6 月，果期秋季。**【产地】**产于广东、广西、云南、贵州和四川，喜生于山谷溪旁。缅甸、泰国、越南和老挝也有分布。**【观赏地点】**西门青山路。

1

2

1. 截裂翅子树　2. 假苹婆

截裂翅子树

假苹婆

1

2

1. 两广梭罗　2. 长柄银叶树

两广梭罗 *Reevesia thyrsoidea*

【科属】锦葵科（梧桐科）梭罗树属。【简介】常绿乔木。叶革质，矩圆形、椭圆形或矩圆状椭圆形，顶端急尖或渐尖，基部圆形或钝，两面均无毛。聚伞状伞房花序顶生，被毛，花密集，萼钟状，花瓣5片，白色，匙形。蒴果。花期3—4月，果期秋季。【产地】产于广东、海南、广西和云南，生于海拔500～1500 m山坡上或山谷溪旁。越南和柬埔寨也有分布。【观赏地点】樟科植物区路边。

长柄银叶树 *Heritiera angustata*

【科属】锦葵科（梧桐科）银叶树属。【简介】常绿乔木，高达12 m。叶革质，矩圆状披针形，全缘，顶端渐尖或钝，基部尖锐或近心形。圆锥花序，花红色，萼坛状，4～6浅裂。果为核果状，坚硬。花期春季，果期夏季。【产地】产于海南和云南，生于山地或近海岸附近。柬埔寨也有分布。【观赏地点】西门停车场、园林树木区。

同属植物

银叶树 *Heritiera littoralis*

常绿乔木，高约10 m。叶革质，矩圆状披针形、椭圆形或卵形，顶端锐尖或钝，基部钝。圆锥花序腋生，花红褐色，萼钟状，5浅裂。果木质，坚果状，近椭圆形。花期春夏季，果期夏秋季。产于广东、广西和台湾。东南亚各地以及非洲、大洋洲均有分布。（观赏地点：玉兰桥旁）

银叶树

1

红秋葵 *Hibiscus coccineus*

【科属】锦葵科木槿属。【别名】槭葵。【简介】多年生直立草本，高 1 ~ 3 m。叶指状 5 裂，裂片狭披针形，先端锐尖，基部楔形，边缘具疏齿。花单生于枝端叶腋间，萼片叶状，钟形，花瓣玫瑰红至洋红色，倒卵形。蒴果。花期 6—9 月。【产地】产于美国东南部。【观赏地点】露兜园。

海滨木槿 *Hibiscus hamabo*

【科属】锦葵科木槿属。【别名】海槿。【简介】落叶灌木，株高 1 ~ 2.5 m。叶片厚革质，倒卵圆形、扁圆形或宽倒卵形，先端圆形或近平截，基部圆形或浅心形。花单生于枝端叶腋，花冠淡黄色，具暗紫色心。蒴果。花期 5—8 月，果期 8—9 月。【产地】产于浙江，生于海滨盐碱地上。日本和朝鲜也有分布。【观赏地点】西门停车场。

2

1. 红秋葵　2. 海滨木槿

台湾鱼木 *Crateva formosensis*

【科属】山柑科鱼木属。【简介】灌木或乔木，高 2 ~ 20 m。小叶质地薄而坚实，侧生小叶基部两侧很不对称，顶端渐尖至长渐尖，具急尖的尖头，腺体明显，营养枝上小叶略大。花序顶生，花序具花 10 ~ 15 朵，花黄色。果球形至椭圆形，红色。花期 6—7 月，果期 10—11 月。【产地】产于台湾、广东和广西，生于海拔 400 m 以下沟谷或平地、低山水旁或石山密林中。日本也有分布。【观赏地点】望瀑桥。

1

檀香 *Santalum album*

【科属】檀香科檀香属。【简介】常绿小乔木，高约 10 m。叶椭圆状卵形，膜质，顶端锐尖，基部楔形或阔楔形，多少下延。花被管钟状淡绿色，花被 4 裂，内部初时绿黄色，后呈深棕红色。核果，成熟时深紫红色至紫黑色。花期 5—6 月，果期 7—9 月。【产地】产于太平洋岛屿。【观赏地点】檀香园。

2

3

1. 台湾鱼木　2—3. 檀香

蓝花丹

蓝花丹 *Plumbago auriculata*

【**科属**】白花丹科白花丹属。【**简介**】常绿柔弱半灌木，上端蔓状或极开散。叶薄，通常菱状卵形至狭长卵形，有时椭圆形或长倒卵形，先端骤尖而具小短尖，基部楔形。花冠淡蓝色至蓝白色，冠檐宽阔。花期 6—9 月和 12—4 月。【**产地**】产于南非南部。【**观赏地点**】西门青山路边。

锐棱玉蕊 *Barringtonia reticulata*

【**科属**】玉蕊科玉蕊属。【**别名**】红花玉蕊。【**简介**】常绿灌木或小乔木，高 4 ~ 8 m。叶集生枝顶，椭圆形或长倒卵形。总状花序生于无叶老枝上，下垂，花瓣乳白色，花丝线形、深红色，夜晚绽放。果实卵球形，具四棱。花期 5—9 月开花，果期 11 月至次年 1 月。【**产地**】产于东南亚至澳大利亚。【**观赏地点**】西门停车场、热带雨林植物室。

1

2

1. 蓝花丹　2. 锐棱玉蕊

肉实树 *Sarcosperma laurinum*

【**科属**】山榄科肉实树属。【**简介**】乔木，高 6 ~ 15 m，最高可达 26 m。叶于小枝上不规则排列，大多互生，也有对生，枝顶通常轮生，近革质，通常倒卵形或倒披针形，稀狭椭圆形。总状花序或为圆锥花序腋生，花冠绿色转淡黄色。核果。花期 8—9 月，果期 12 月至次年 1 月。【**产地**】产于浙江、福建、海南和广西，生于海拔 400 ~ 500 m 山谷或溪边林中。越南也有分布。【**观赏地点**】新石器时期遗址旁林中。

密鳞紫金牛 *Ardisia densilepidotula*

【**科属**】报春花科（紫金牛科）紫金牛属。【**别名**】罗芒树。【**简介**】小乔木，高 6 ~ 15 m。叶片革质，倒卵形或广倒披针形，顶端钝急尖或广急尖，基部楔形，下延，全缘，常反折。圆锥花序，顶生或近顶生，花瓣粉红色至紫红色。果球形，紫红色至紫黑色。花期 6—8 月，有时可长达 2 个月。【**产地**】产于海南，生于海拔 250 ~ 2000 m 山谷、山坡密林中。【**观赏地点**】紫金牛路。

1

2

1. 肉实树　2. 密鳞紫金牛

1

同属植物

大罗伞 *Ardisia hanceana*

又名郎伞木。灌木，高 0.8 ~ 1.5 m，极少达 6 m。叶片坚纸质或略厚，椭圆状或长圆状披针形，稀倒披针形，顶端长急尖或渐尖，基部楔形。复伞房状伞形花序，花瓣白色或带紫色。果球形。花期 5—6 月，果期 11—12 月。产于浙江、安徽、江西、福建、湖南、广东和广西，生海拔 430 ~ 1500 m 山谷、山坡林下以及阴湿的地方。（观赏地点：紫金牛路）

星毛紫金牛 *Ardisia nigropilosa*

灌木，高 3 m，密被红色星状毛。叶片倒披针形，纸质，先端锐尖或渐尖，中脉及侧脉凸起。花序顶生或侧生，圆锥状、伞形或聚伞状。花粉红色。果实球状，暗红色。花期 5 月，果期 10 月。产于云南，生于海拔 500 m 常绿阔叶林中或溪流两侧。越南也有分布。（观赏地点：紫金牛路）

2

1. 大罗伞　2. 星毛紫金牛

1

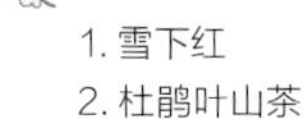

1. 雪下红
2. 杜鹃叶山茶

2

雪下红 *Ardisia villosa*

直立灌木，高 50 ~ 100 cm，稀达 2 ~ 3 m。叶片坚纸质，椭圆状披针形至卵形，稀倒披针形，顶端急尖或渐尖，基部楔形。单或复聚伞花序或伞形花序，花瓣淡紫色或粉红色，稀白色。果球形，深红色或带黑色。花期 5—7 月，果期 2—5 月。产于云南、广西和广东，生于海拔 500 ~ 1540 m 疏、密林下石缝间，坡边或路旁阳处。越南至印度半岛东部也有分布。（观赏地点：紫金牛路）

杜鹃叶山茶 *Camellia azalea*

【科属】山茶科山茶属。**【别名】**杜鹃红山茶。**【简介】**常绿灌木，高 1 ~ 2.5 m。叶片倒卵形至长倒卵形，革质，基部楔形，先端宽钝到圆形，有时微缺。花近顶生，单生或簇生，花瓣 6 ~ 9 片，红色。蒴果。花期 10—12 月。**【产地】**产于广东，生于海拔 100 ~ 500 m 丘陵的森林中或河流边。**【观赏地点】**莱王椰路旁、生物园。

1

芬芳安息香 *Styrax odoratissimus*

【科属】安息香科安息香属。**【别名】**郁香野茉莉。**【简介】**小乔木，高 4 ~ 10 m。叶互生，薄革质至纸质，卵形或卵状椭圆形，顶端渐尖或急尖，基部宽楔形至圆形，边全缘或上部具疏锯齿。总状或圆锥花序，顶生，花白色。果实近球形，顶端骤缩而具弯喙。花期 3—4 月，果期 6—9 月。**【产地】**产于安徽、湖北、江苏、浙江、湖南、江西、福建、广东、广西、贵州等地，生于海拔 600 ~ 1600 m 阴湿山谷、山坡疏林中。**【观赏地点】**新石器时期遗址旁林中。

同属植物

中华安息香 *Styrax chinensis*

又名大果安息香。乔木，高 10 ~ 20 m。叶互生，革质，长圆状椭圆形或倒卵状椭圆形，顶端急尖，基部圆形或宽楔形。圆锥花序或总状花序，花白色，芳香，花冠裂片卵状披针形。果实球形。花期 4—5 月，果期 9—11 月。产于广西和云南，生于海拔 300 ~ 1200 m 密林中。（观赏地点：新石器时期遗址旁林中）

2

1. 芬芳安息香　2. 中华安息香

杜鹃 *Rhododendron simsii*

【**科属**】杜鹃花科杜鹃花属。【**别名**】映山红。【**简介**】落叶灌木，高 2 ～ 5 m。叶革质，常集生枝端，卵形、椭圆状卵形或倒卵形或倒卵形至倒披针形，先端短渐尖，基部楔形或宽楔形，边缘微反卷，具细齿。花 2 ～ 6 朵簇生枝顶，花冠阔漏斗形，鲜红色或暗红色。蒴果。花期 4—5 月，果期 6—8 月。【**产地**】产于我国中南部，生于海拔 500 ～ 2500 m 山地疏灌丛或松林下。【**观赏地点**】正门门口、园林树木区、新石器时期遗址。

杜 鹃

1

2

浓子茉莉 *Benkara scandens*

【科属】茜草科簕茜属。【别名】小叶猪肚刺。【简介】有刺灌木，高 1 ~ 3 m，刺腋生。叶纸质或薄革质，对生或簇生于侧生短枝上，卵圆形、宽椭圆形或薄革质。花单生或 2 ~ 3 朵聚生，花白色，高脚碟状。浆果球形。花期 3—5 月，果期 5—12 月。【产地】产于广东和海南，生于低海拔丘陵或旷野灌丛中。【观赏地点】新石器时期遗址旁林中。

南山花 *Prismatomeris connata*

【科属】茜草科南山花属。【别名】三角瓣花。【简介】灌木至小乔木，高 2 ~ 8 m。叶长圆形至披针形，近革质，有时卵形或倒卵形，全缘，顶端渐尖或钝，基部狭楔形。伞形花序，花冠碟形，白色，冠管向下渐狭，花柱异长，内藏或外伸。核果熟时紫蓝色。花期 5—6 月，果期冬季。【产地】产于福建、广东和广西，生于海拔 300 ~ 1400 m 疏、密林下或灌丛中。【观赏地点】新时期时代遗址旁林中。

1. 浓子茉莉　2. 南山花

山石榴 *Catunaregam spinosa*

【科属】茜草科山石榴属。【别名】簕泡木。【简介】具刺灌木或小乔木，高 1 ~ 10 m。叶纸质或近革质，倒卵形或长圆状倒卵形，少为卵形至匙形，顶端钝或短尖，基部楔形或下延。花单生或 2 ~ 3 朵簇生，花冠初时白色，后变为淡黄色。浆果大，球形。花期 3—6 月，果期 5 月至次年 1 月。【产地】产于台湾、广东、香港、澳门、广西、海南和云南，生于海拔 30 ~ 1600 m 林中或灌丛中。南亚、东南亚和非洲也有分布。【观赏地点】紫金牛路边。

穴果木 *Coelospermum truncatum*

【科属】茜草科穴果木属。【简介】藤本，常呈灌木状或小乔木状。叶对生，革质或厚纸质，椭圆形、卵圆形或倒卵形，顶端短尖、钝或圆，基部楔形或圆形，全缘。聚伞状圆锥花序，花冠高脚碟形，白色或乳黄色。核果浆果状。花期 4—5 月，果期 7—9 月。【产地】产于广东和海南，生于山地和丘陵的疏林下或灌丛中。【观赏地点】西门停车场棚架边。

1

2

1. 山石榴　2. 穴果木

红纸扇 *Mussaenda erythrophylla*

【**科属**】茜草科玉叶金花属。【**简介**】半常绿灌木，高 1 ~ 3 m。叶纸质，椭圆形披针状，顶端长渐尖，基部渐窄，两面被稀柔毛，叶脉红色。聚伞花序顶生，萼裂片 5 枚，“花叶”红色花瓣状，卵圆形。花白色。花期夏秋季，果期秋季。【**产地**】产于西非。【**观赏地点**】水生植物园路、温室门口。

1

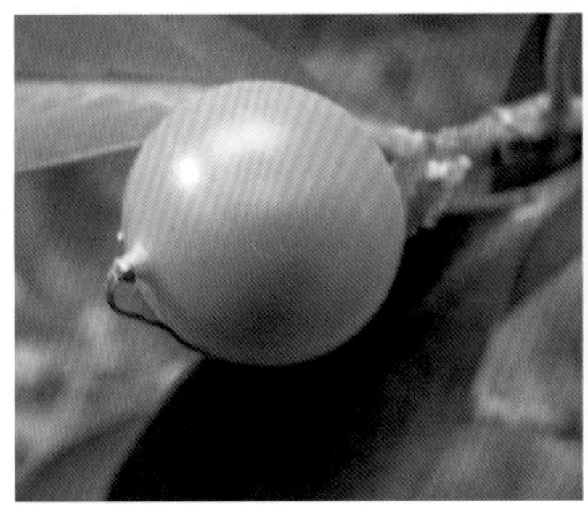

2 3

南非栀子 *Gardenia thunbergia*

【科属】茜草科栀子属。【简介】常绿灌木或小乔木，高 2 ~ 5m。叶子在小枝末端 3 枚或 4 枚轮生，椭圆形，先端圆形或具钝头，基部渐狭，浅绿色，边缘波浪形，全缘。花大，乳白色，具浓香，花瓣通常 7 ~ 9 片。浆果圆形。花期 5—6 月。【产地】产于南非东海岸，生于常绿森林中、林缘或灌丛中。【观赏地点】濒危园路。

灰莉 *Fagraea ceilanica*

【科属】龙胆科（马钱科）灰莉属。【别名】箐黄果。【简介】乔木，高达 15 m。叶片稍肉质，椭圆形、卵形、倒卵形或长圆形，有时长圆状披针形，顶端渐尖、急尖或圆而具小尖头，基部楔形或宽楔形。花单生或组成顶生二歧聚伞花序，花冠漏斗状，稍带肉质，白色，芳香。浆果。花期 4—8 月，果期 7 月至次年 3 月。栽培的品种有‘花叶’灰莉 ‘Variegata’。【产地】产于台湾、海南、广东、广西和云南，生于海拔 500 ~ 1800 m 山地密林中或石灰岩地区阔叶林中。南亚、东南亚等地也有分布。【观赏地点】西门停车场、彩叶植物区、科普信息中心。

1. 南非栀子　2. 灰莉　3.‘花叶’灰莉

黄花夹竹桃 *Thevetia peruviana*

【**科属**】夹竹桃科黄花夹竹桃属。【**别名**】黄花状元竹。【**简介**】乔木，高达 5 m。叶互生，近革质，无柄，线形或线状披针形，两端长尖，光亮，全缘。花大，黄色，具香味，顶生聚伞花序，花冠漏斗状。核果扁三角状球形。花期 5—12 月，果期 8 月至次年春季。【**产地**】产于美洲热带地区。【**观赏地点**】凤凰大道旁。

络石 *Trachelospermum jasminoides*

【**科属**】夹竹桃科络石属。【**别名**】万字茉莉。【**简介**】常绿木质藤本，长达 10 m。叶革质或近革质，椭圆形至卵状椭圆形或宽倒卵形，顶端锐尖至渐尖或钝，基部渐狭至钝。二歧聚伞花序腋生或顶生，花多朵组成圆锥状，花白色，芳香。蓇葖双生，叉开。花期 3—7 月，果期 7—12 月。【**产地**】产于我国大部分地区，生于山野、溪边、路旁、林缘或杂木林中。日本、朝鲜和越南也有分布。【**观赏地点**】细叶榕路、藤本园、药用植物园、樟科植物区。

1. 黄花夹竹桃
2. 络石

1

2

白鹤藤 *Argyreia acuta*

【**科属**】旋花科银背藤属。【**别名**】绸缎藤。【**简介**】攀缘灌木。叶椭圆形或卵形，先端锐尖，或钝，基部圆形或微心形，全缘。聚伞花序腋生或顶生，花冠漏斗状，白色，外面被银色绢毛，冠檐深裂。果球形，红色，为增大的萼片包围。花期夏秋季，果期秋冬季。【**产地**】产于广东和广西，生于疏林下或路边灌丛以及河边。印度、越南和老挝也有分布。【**观赏地点**】度假村路。

棱瓶花 *Juanulloa mexicana*

【**科属**】茄科棱瓶花属。【**简介**】常绿灌木，直立或匍匐，枝稀疏，株高 1 ~ 1.5 m。单叶互生，常聚生于枝顶，椭圆形，全缘，先端渐尖，基部狭，绿色。花序短，下垂，花萼及花瓣橙黄色，蜡质，花冠 5 裂，花萼宿存可达数周。花期春季。【**产地**】产于中南美洲。【**观赏地点**】菜王椰路和园旁。

1

2

1. 白鹤藤
2. 棱瓶花

牛茄子 *Solanum capsicoides*

【**科属**】茄科茄属。【**简介**】草本植物或亚灌木，直立或蔓性，高 0.3 ~ 1 m，茎具大量针刺。叶对生，宽卵形，基部心形，边缘 5 ~ 7 裂，先端急尖，叶脉具大量针刺。总状花序，花冠白色。浆果橙红色。花期 6—8 月，果期 8—10 月，其他季节也可见花。【**产地**】原产于巴西。【**观赏地点**】南美植物区。

刺茄 *Solanum quitoense*

【科属】茄科茄属。**【简介】**常绿灌木或小乔木，株高 2 ~ 3.5 m，全株具棘刺。叶椭圆形，具数个浅裂片，叶背初时深紫色，后变为淡紫色，叶脉紫色，叶柄、新叶、花蕾被有大量紫色绒毛。花萼及花冠 5 片，外被紫色绒毛，花瓣白色。花期春季。**【产地】**产于南美洲。**【观赏地点】**南美植物区。

小苞黄脉爵床 *Sanchezia parvibracteata*

【科属】爵床科黄脉爵床属。**【别名】**金脉爵床。**【简介】**常绿大型灌木，高 1 ~ 2 m。叶对生，长椭圆形，顶端渐尖或尾尖，叶缘具钝锯齿，深绿色，中脉黄色，侧脉乳白色至黄色。穗状花序顶生，苞片橙红色，花黄色，管状。蒴果。花期夏秋季。**【产地】**产于南美洲热带地区。**【观赏地点】**彩叶植物区、新石器时期遗址。

1

2

1. 刺茄　2. 小苞黄脉爵床

刺 茄

斑点马蓝 *Strobilanthes helferi*

【科属】爵床科马蓝属。**【简介】**多年生草本或直立灌木。叶具短柄，卵形，顶端渐尖，基部圆形，叶面及边缘具柔毛，叶脉具紫红色或浅粉色斑点。穗状花序，花冠堇色，冠管短而狭，花冠管及萼片均具长柔毛。花期冬季至次年春季。**【产地】**产于缅甸。**【观赏地点】**木兰园洗手间旁。

鸟尾花 *Crossandra infundibuliformis*

【科属】爵床科十字爵床属。【别名】十字爵床。【简介】常绿亚灌木，株高 0.35 ~ 1 m。叶阔披针形或椭圆形，全缘或波状缘，先端钝尖，基部渐狭下延成柄。穗状花序生于枝顶，苞片绿色，花橙色或黄色，花冠偏向一侧，5 裂。花期全年。【产地】产于印度和斯里兰卡。【观赏地点】菜王椰路边。

海南菜豆树 *Radermachera hainanensis*

【科属】紫葳科菜豆树属。【别名】大叶牛尾连。【简介】乔木，高 6 ~ 20 m。叶为 1 ~ 2 回羽状复叶，有时仅具小叶 5 片，小叶纸质，长圆状卵形或卵形，顶端渐尖，基部阔楔形。花序腋生或侧生，少花，花冠淡黄色，钟状。蒴果。花期春季，果期夏秋季。【产地】产于广东、海南和云南，生于低山坡林中。【观赏地点】杧果路与三拱桥交汇外。

2

1. 鸟尾花　2. 海南菜豆树

烟火树 *Clerodendrum quadriloculare*

【科属】唇形科（马鞭草科）大青属。**【别名】**星烁山茉莉。**【简介】**常绿灌木，高达4 m。叶对生，长椭圆形，表面深绿色，背面暗紫红色。聚伞状圆锥花序顶生，小花多数，紫红色，花冠细高脚杯形，先端5裂，裂片内侧白色。浆果状核果椭圆形，紫色。花期冬季至次年春季。**【产地】**产于菲律宾和太平洋岛屿。**【观赏地点】**彩叶树种区、园林树木区、能源植物园。

亚洲石梓 *Gmelina asiatica*

【科属】唇形科（马鞭草科）石梓属。**【别名】**蛇头花。**【简介】**攀缘灌木，高1 ~ 10 m。叶片纸质，卵圆形至倒卵圆形，基部楔形或宽楔形，顶端渐尖，全缘或3 ~ 5浅裂。聚伞花序组成顶生总状花序，花大，黄色，呈二唇形。核果。花期4—6月，果期秋季。**【产地】**产于广东和广西，生于山坡灌丛中。南亚、东南亚也有分布。**【观赏地点】**细叶榕路路边。

1

2

1. 烟火树　2. 亚洲石梓

粗丝木 *Gomphandra tetrandra*

【科属】粗丝木科（茶茱萸科）粗丝木属。**【别名】**海南粗丝木。**【简介】**灌木或小乔木，高 2 ～ 10 m。叶纸质，狭披针形、长椭圆形或阔椭圆形，先端渐尖或成尾状，基部楔形。聚伞花序，雄花黄白色或白绿色，5 数，花冠钟形，雌花黄白色，花冠钟形。核果椭圆形，由青转黄，成熟时白色，浆果状。花果期全年。**【产地】**产于云南、贵州、广西和广东，生于海拔 500 ～ 2200 m 疏、密林下和石灰山林内及路旁灌丛、林缘。南亚、东南亚也有分布。**【观赏地点】**新石器时期遗址旁林中。

中文名拼音索引

A

B

C

D

E

F

G

H

J

K

L

M

N

O

P

Q

R

S

T

W

X

Y

Z